国家自然科学基金杰出青年科学基金项目（52225404）

国家自然科学基金青年科学基金项目（51904303）

深部开采底板卸荷破裂力学与防控实践

李春元　左建平　著

科学出版社

北　京

内 容 简 介

本书针对我国典型煤矿深部高强度开采条件，以采动围岩体的强烈卸荷效应为主线，明晰了煤层、顶底板岩体和承压水等整体力学平衡体系的联动关系，揭示了底板岩体压剪、卸荷破裂与基本顶结构失稳的联动机理，明确了深部开采底板卸荷破裂的触研效应；界定了基本顶结构失稳作用下底板岩体的应力-渗流分区，研究了其分区破裂演化及分形几何特征；建立了深部开采底板岩体卸荷破裂模型，确立了底板岩体卸荷破裂的灾变机理，细化了深部开采底板岩体卸荷破裂分区并评价了其强扰动危险性，系统构建实施了应力卸荷-渗流调控及注浆改造协同的深部开采底板应力卸荷分区分级防控关键技术，从而为我国深部煤炭资源安全高效开采提供了理论依据和技术支撑。

本书可供采矿工程、安全工程、地质工程、矿山岩体力学、工程力学和岩土工程等专业，以及从事煤炭深部开采、矿山压力、底板突水等领域的科研人员、现场工程技术人员和高等院校师生参考。

图书在版编目（CIP）数据

深部开采底板卸荷破裂力学与防控实践 / 李春元，左建平著. -- 北京：科学出版社，2024.11. -- ISBN 978-7-03-080178-4

Ⅰ. TD82

中国国家版本馆 CIP 数据核字第 2024GE9828 号

责任编辑：刘翠娜　李亚佩/责任校对：王萌萌
责任印制：师艳茹/封面设计：蓝正设计

科学出版社 出版

北京东黄城根北街 16 号
邮政编码：100717
http://www.sciencep.com
涿州市般润文化传播有限公司印刷
科学出版社发行　各地新华书店经销

*

2024 年 11 月第 一 版　开本：720×1000　1/16
2024 年 11 月第一次印刷　印张：18
字数：370 000

定价：130.00 元
（如有印装质量问题，我社负责调换）

前　言

经过长期大规模开发，作为我国主体能源的煤炭资源开采深度平均已达700m，在煤炭消费主力的山东、河北、河南、安徽、东北等中东部地区主要矿井开采深度已超过800m，超千米采深矿井已达50余座，最大开采深度已超1500m。据预测，我国埋深1000m以深的煤炭资源预测储量约为2.95万亿t，占中国煤炭地质总局第三次全国煤田预测资源总量的53%；仅华北型煤田东部山东、河北、河南、安徽、江苏、江西和山西七省埋深在1000~1500m的预测资源量便达2494.11亿t。由此可预见，未来我国煤炭资源开采将不断向深部延伸，尤其在煤炭消费量最大的中东部地区千米或超千米深部煤炭资源开采将逐渐趋于常态，从而为保障我国国民经济和社会发展提供坚强后盾。

而我国中东部地区的煤田也是受地下水害威胁最严重的煤田区域之一，尤其华北型煤田55%以上的矿井受底板突水威胁。与浅部区域地质力学环境不同，中东部地区深部煤炭资源赋存条件极其复杂，并面临由浅部低地应力向深部高地应力转变、由浅部低岩溶裂隙水压向深部高岩溶裂隙水压转变、由浅部简单裂隙结构向深部复杂甚至极复杂结构转变、由浅部开采单一灾害种类向深部开采多灾害链转变的问题。同时，在采高、采宽及回采速度增加形成的大规模、高强度开采扰动作用下，经历高强度应力集中峰值的采动围岩在煤层开采后将形成强烈的卸荷效应，尤其在采动煤层、顶底板岩体和承压水等整体力学平衡体系下，底板高承压水将与顶板剧烈来压、高能级矿震等灾害联动，高采动应力卸荷驱动底板岩体破裂、渗流，甚至失稳，导致深部开采底板突水灾害频发，成为制约深部煤炭安全高效开采的难题。

本书主要针对深部煤炭开采中的卸荷破裂与基本顶结构失稳的联动关系、底板岩体卸荷-渗流破裂致灾机理与分区分级防控关键技术展开研究，具有广泛的工程应用背景。当前，针对底板破坏多集中于单一支承压力、静载荷或弹塑性破坏理论研究岩体的压剪破裂问题，其难以真实反映采场底板突水多位于卸荷状态的采场或采空区，并多发生在初次来压或周期来压等扰动时期的实际环境。针对上述问题，以深部开采卸荷煤岩体的工程稳定与安全为研究目标，聚焦深部采动围岩体的强烈卸荷效应，围绕典型深部矿井开采卸荷的破裂行为，综合运用理论分析、数值模拟、相似模型实验、室内加卸荷-渗流试验、现场实测与工程实践等手段，研究深部开采底板岩体破裂与基本顶失稳的联动关系、底板岩体裂隙的分区破裂-渗透演化和扩展破裂模式、底板岩体卸荷破裂致灾机理及其强扰动危险性，系统构建深部开采底板应力卸荷分区分级防控关键技术，从而提升深部矿井灾害的治理水平，并推动底板水害监测预警与防治技术的发展。

本书共 10 章。第 1 章详细阐述我国深部开采的扰动致灾特点，梳理深部开采底板破裂行为及控制研究进展，提出深部开采底板卸荷面临的科学与技术问题及解决方法；第 2 章针对华北型煤田典型深部矿井，应用微震监测系统获取深部开采底板岩体卸荷破裂的时空分布特征，从实测角度证实底板卸荷破裂突水行为与基本顶失稳的联动关系；第 3 章理论分析深部开采底板破裂力源，研究深部顶底板岩体初次失稳、周期失稳的联动机制，确定基本顶失稳下底板冲击载荷的计算方法；第 4 章应用离散元数值软件 3DEC 模拟不同采深及扰动强度下顶底板初次失稳、周期失稳的联动特征，获得其底板应力和位移的联动变化规律；第 5 章建立深部开采底板岩体的分区破裂模型，研究深部岩体的加卸荷破裂力学特性，获得底板岩体裂隙的分区破裂演化规律，并进行地质雷达探测验证；第 6 章应用相似模型实验研究深部开采过程中底板岩体的动态破裂规律，获得底板岩体裂隙的扩展破裂模式及分形几何特征；第 7 章建立深部开采底板岩体卸荷破裂模型，确立底板岩体卸荷破裂的灾变机理，细化深部开采底板岩体卸荷破裂分区并评价其强扰动危险性；第 8 章应用综合物探技术对深部开采底板的破裂结构开展分区辨识解析和风险评价，构建地面与井下、静态探查与动态监测相结合的深部开采底板卸荷破裂分区评价与监测预警技术；第 9 章根据深部开采底板与顶板的联动破裂及其分区破裂演化与卸荷破裂致灾机理，系统构建实施应力卸荷-渗流调控及注浆改造协同的深部开采底板应力卸荷分区分级防控关键技术；第 10 章提出所开展研究的主要创新点，并对未来所研究内容进行展望。

本书的研究课题及相关研究成果得到了国家自然科学基金杰出青年科学基金项目（52225404）、国家自然科学基金青年科学基金项目（51904303）、中国煤炭科工集团有限公司科技创新创业资金专项重点项目（2022-3-ZD001）、煤炭科学研究总院有限公司创新创业科技专项资助项目（2021-KXYJ-004）的资助，特此表示感谢！

本书集成了作者在深部开采、底板破坏、卸荷岩体力学等方面的相关成果，特别感谢中国矿业大学（北京）诸多老师在理论分析、试验开展及现场实测方面给予的帮助和指导，并感谢本书作者团队的博士研究生、硕士研究生在试验开展、现场实测、绘图和校对工作方面的辛勤付出和劳动。在本书有关现场资料收集与实测过程中，河南能源集团有限公司赵固一矿与冀中能源股份有限公司邢东矿的领导、生产科室、综采队技术管理人员及河北煤炭科学研究院有限公司领导给予了大力支持和热情服务，为本书的编撰和完成提供了诸多帮助，在此一并致以衷心感谢。

　　在本书写作过程中，为了让读者能够更全面地了解该领域的最新进展，书中参考引用了相关领域的一些重要参考文献，在此对各文献的作者表示感谢；同时，由于作者的学识和精力有限，难免会挂一漏万，谨表歉意。此外，本书参考了作者近年来在深部开采底板卸荷破裂行为及监测防控技术方面所发表的论文，很多成果也只是基于作者的现有观点而得出的有限认识，难免存在不足之处，恳请专家、同行及广大读者批评指正。

李春元

2024 年 1 月

目　录

1 绪 论

经过长期大规模开发，作为我国主体能源的煤炭资源开采深度平均已达700m，中东部地区主要矿井开采深度已高达800~1000m，并仍以10~25m/a的速度向深部延伸；在煤炭消费主力的山东、河北、河南、安徽、东北等中东部地区部分矿井开采深度已超千米，该地区千米深井数量约占全国深井的80.84%，其中又以山东最多，占44.68%[1]，故在浅部煤炭资源逐步开采枯竭的背景下，煤炭资源的开发逐步向深部转移已是必然。同时，我国深部煤炭资源储量丰富，埋深1000m以深的煤炭资源预测储量约为2.95万亿t，占中国煤炭地质总局第三次全国煤田预测资源总量的53%；仅华北型煤田东部山东、河北、河南、安徽、江苏、江西和山西七省埋深在1000~1500m的预测资源量便达2494.11亿t[2-3]。因此，我国深部煤炭资源具有巨大的开发潜力，未来我国将不断有更多矿井向千米深度延伸，从而为保障国民经济增长和社会发展提供坚强后盾。

但我国煤炭资源赋存条件极其复杂，尤其处于我国中东部地区的华北煤田55%以上矿井存在底板突水威胁[4]。我国深部煤炭的赋存环境由浅部低地应力、低岩溶裂隙水压向深部高地应力、高岩溶裂隙水压转变，岩体结构由浅部简单向深部复杂甚至极复杂转变，在采高、采宽及回采速度增加形成的大规模、高强度开采扰动作用下，深部采动顶板剧烈来压、高能级矿震等动载扰动现象越来越多[1]。经历高强度应力集中峰值的采动围岩在煤层开采后形成强烈的卸荷效应，极易诱发大范围失稳破坏和冒顶等强扰动破坏；尤其在深部底板高承压水作用下，强烈的开采扰动造成高应力岩体卸荷并驱动底板煤岩体损伤变形破裂使得底板岩层渗透性增高，进而诱发巷道底鼓、底板高承压水突水等重大工程灾害。

根据以往突水实例，采场底板突水多发生在初次来压或周期来压等动载扰动时期[5]，多位于处于卸荷状态的采场或采空区并表现为滞后型突水[6]，形成了非平衡条件下底板煤岩体由动态渐进破裂演化诱发失稳灾变的非线性过程。而深部开采活动作为"高应力（地应力）+动力扰动（开采卸压）"双重作用的力学过程[7]，在煤层、顶板和底板整体力学平衡体系下，煤岩破裂既取决于煤岩材料特性，又受煤岩组合结构影响，使得工程灾害由浅部开采的单一类型向深部开采的多类型灾害链转变，灾变过程更复杂 [8]；并且不同开采扰动强度使采场围岩层产生不同的加荷和卸荷路径，并与高压力承压水的渗流作用耦合导致煤岩体的变形破裂和强度差异明显，进而影响底板突水的灾变机制和响应特征，仅采用加荷试验、单一的底板破坏分析难以准确解释深部高应力状态下矿山底板突水问题，深部煤炭开采的底板卸荷破裂力学及其与裂隙发育的时空演化、渗透演变关系难以界定，从而给深部采场在底板高压力承压水上开采带来安全隐患，进而造成底板突水事故频发，并成为制约深部煤炭安全高效开采的主要难题之一。

因此，本书将针对此问题展开深入研究，旨在通过综合运用理论分析、数值模拟、相似模型实验、室内加卸荷–渗流试验、现场实测与工程实践等手段，明确正常开采期间采动应力及其卸荷破裂不足以使底板隔水层煤岩体失稳，但剧烈来压可致使其失稳灾变的力学行为，重点研究深部开采条件下底板岩体的应力卸荷及渗流破裂力学特性和灾变机理，从而更好地为底板突水防治并保障深部煤炭资源安全高效开采提供理论和实践指导。

1.1 深部开采扰动致灾特点

1.1.1 深部开采工程扰动特点

煤炭开采进入深部以后，深部岩体典型的高地应力、高渗透压力赋存环境 [8]，以及我国煤炭大规模高强度开采的现状，使得深部开采工程岩体出现了多种变化。

1.1.1.1 高地应力

随采深增加，煤层及其围岩逐步进入高地应力环境。与浅部煤矿相比，千米深井最大的特点之一是地应力高。根据 Brow 和 Hoek 对世界各地 116 个现场测量的地应力数据，表明垂直应力随采深呈现线性增长关系；当采深从 500m 增加至1000m 时，垂直地应力从 13.5MPa 增加至 27.0MPa[9]。已有地应力测量数据表明，有些千米深井的最大主应力超过 40MPa，明显高于煤层和一些岩石的单轴抗压强度，致使煤层及其围岩变形与破坏特征发生显著变化 [10]。

1.1.1.2 高岩溶承压水压力

岩溶承压水压力是煤层突水的基本动力，其大小决定着突水与否及突水量的大小；当隔水层条件相同时，水压越大，突水的概率越高。同时，受区域地质及埋深影响，承压水压力变化较大，为掌握不同采深下底板岩溶承压水压力的变化规律，结合华北型煤田邯郸–邢台矿区、焦作矿区、肥城矿区、淮北矿区等大水矿区的主要生产矿井资料 [11-12]，不完全统计绘制了底板岩溶承压水压力与采深的关系曲线，如图 1.1 所示。

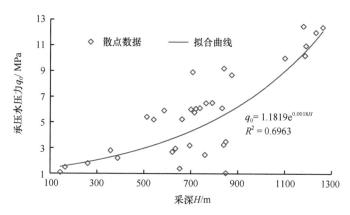

图 1.1　底板岩溶承压水压力与采深的关系曲线

　　根据图 1.1，华北型煤田底板岩溶承压水压力 q_0 随采深 H 增加总体呈升高趋势，其拟合曲线近似指数增长，即 $q_0=1.1819e^{0.0018H}$，拟合优度 $R^2=0.6963$。采深 700m 以浅时，q_0 近似线性增加，而采深 700m 以深，q_0 呈非线性突增，其增长速率远高于 700m 以浅，且采深越大，增长速率越大。因此，随采深增加，底板岩溶承压水压力的非线性升高一定程度上将增加底板突水的危险性，尤其在底板隐伏裂隙发育情况下，深部开采扰动使得高岩溶承压水压力与底板裂隙耦合，将进一步加剧底板隔水层的破裂程度，从而使得底板突水概率增加。

1.1.1.3　强烈的开采应力扰动 [9,13]

　　进入深部开采后，在承受高地应力的同时，煤炭回采形成极大的自由空间引起强烈的支承压力，使受采动影响的围岩承受数倍甚至近十倍的原岩应力，从而造成在浅部表现为普通坚硬的岩石，在深部却可能表现出软岩大变形、高地压、难支护的特征；浅部的原岩体大多处于弹性应力状态，而进入深部以后则可能处于塑性状态，即各向不等压的原岩应力引起的压、剪应力超过岩体强度，造成岩体破坏。

1.1.1.4　强冲击动力破坏

　　进入深部以后，地质构造变得复杂，自重应力增大，煤岩体聚集了大量的固体能量，在深部地应力、构造应力以及工程扰动作用下，聚集的能量大于矿体失稳和破裂所需的能量，造成整个煤岩系统失去结构稳定性，发生较强的冲击地压、矿震、顶板大面积来压或煤与瓦斯突出等煤矿冲击动力灾害破坏 [13]；冲击持续时间很短，其发生、发展及破坏过程的细节繁杂性，围岩、支护体受力与变形的瞬变性，需从更小的时间尺度出发，如毫秒甚至微秒，从而在时间上表现为"突然"，空间上表现为"剧烈"[14]。

分析近年 800m 以深的深部矿井灾害事故统计结果（表 1.1）[15]，深部矿井灾害数量最大的是顶板灾害，瓦斯灾害、突水、冲击地压均占一定比例；而且复合型灾害是深部矿井的一个新特征。随开采深度增加，来自煤矿底板承压水的危害日趋严重，突水概率大大增加，突水事故频繁发生。水害事故是煤矿重特大事故的主要灾害类型之一；并且井下奥陶系灰岩水、溶洞水和顶底板离层水事故所占比例从"十一五"期间的 4.3% 已上升到 13.8%，增幅明显。

表 1.1 近年深部矿井灾害事故分类统计[15]

灾害类型	事故起数		死亡人数	
	数量/件	比例/%	数量/人	比例/%
煤与瓦斯突出	4	10.26	25	13.51
瓦斯爆炸	5	12.82	87	47.03
瓦斯窒息	3	7.69	9	4.86
突水	4	10.26	7	3.78
冲击地压	7	17.95	31	16.76
顶板灾害	16	41.03	26	14.05

同时，深部开采扰动也进一步使矿井灾害的频度、强度和复杂性表现得日益强烈，并导致深部煤岩体产生突发性的、无前兆的破裂失稳；煤炭开采诱发的高地应力力学环境更加凸显，岩体的非线性破裂行为更加凸显，高地应力和高量级的灾害更加凸显，灾害链的孕育机理、致灾过程更加复杂[8]，给深部煤炭资源开采采场维护、岩层控制、地下水资源保护等提出了前所未有的巨大挑战。

因此，煤炭开采进入深部以后，采场围岩承受的地压、岩溶水压越来越大，深部煤炭大规模高强度开采导致的高能冲击、矿震、顶板剧烈来压等动力扰动现象将越来越多，并且经历高强度应力集中峰值的采动围岩在煤层开采后将形成强烈的卸荷效应，加之地应力水平增加伴随岩溶水压升高等因素诱发的强扰动特征越来越突出，特别是在深部水文地质条件复杂条件下，由于地应力和岩溶水压的增高，深部岩体结构的有效应力增大，驱动煤岩体内原生裂隙、节理发生损伤、扩展变形、破裂和贯通，进而诱发底板承压水突水等重大工程问题；尤其是我国华北型煤田 55% 以上矿井存在底板承压水突水威胁[16]，在深部煤炭大规模高度开采衍生的强扰动附加属性和底板高水压驱动下，底板突水灾害频发（图 1.2），已成为制约深部煤炭安全高效绿色开采的突出问题。

底鼓量 1.0m 左右

（a）立柱压死　　　　　　　　（b）巷道底鼓　　　　　　　（c）采场底板突水

图 1.2　深部开采底板工程问题

1.1.2　深部开采顶底板岩体卸荷致灾行为

处于中东部地区的华北型煤田是我国的重要煤田，也是受地下水害威胁最为严重的煤田之一，尤其煤炭大规模开采等强烈开采扰动使得深部高地应力及高储能岩体产生了强卸荷行为，并导致底板突水灾害愈发频繁，严重阻碍了深部煤炭的安全高效绿色开采。

1.1.2.1　深部开采底板卸荷突水行为

根据以往突水实例，不完全统计了华北型煤田动载扰动下不同深度采场底板破裂裂隙型突水典型案例（表 1.2），从而揭示深部采场底板破裂的动载扰动和强扰动特征，并分析深部采场底板岩体卸荷特征与浅部的差异。

由表 1.2 可知，随采深增加，底板含水层水压增高；九龙矿及邢东矿底板隔水层厚度虽达 100m 以上，在底板高水压及卸荷驱动作用下，当隐伏构造埋藏较深时仍然与底板破裂裂隙沟通造成突水灾害。同时，采场来压扰动后，底板卸荷突水过程及特点具有明显的时空特征；但受底板水压、隔水层厚度、岩性及含水层补给能力影响，不同深度采场的最大突水量及突水后的稳定水量具有一定差异。为反映采场底板突水的时空特征，将达到稳定水量的时间设为 150h，根据表 1.2 绘制了采场底板岩体卸荷突水特征（图 1.3）。

因此，在初次来压或周期来压等动载扰动后，不同采深底板岩体均表现为：首先底鼓破裂，深部裂隙孕育、扩展并贯通，随后裂隙渗水形成较小的初期突水量；当底板岩体卸荷至一定程度时失稳突变形成大规模瞬时突水并迅速达峰值；继续卸荷稳定后，突水量趋于降低并稳定。同时，在承压水压力和卸荷作用下，采深越大，承压水压力及底板破裂裂隙贯通深度（以隔水层厚度表示）越大，底板卸荷破裂深度越深。这说明采场底板岩体的卸荷扰动在一定程度上决定了岩体裂隙的扩展破裂及贯通深度。

表 1.2 动载扰动下不同深度采场底板破裂裂隙型突水典型案例[17]

序号	矿名	突水情况			含水层		隔水层		突水类型	埋深/m	采高/m
		工作面名称	最大水量/(m³/h)	突水过程与突水特点	水压/MPa	岩性	岩性	厚度/m			
1	肥城大封矿	10204	2035	回采至38m时，刮板输送机机头突水，水量10m³/h，并逐渐增加，12h后达最大2035m³/h，30天后稳定在1660m³/h	1.1	徐灰岩、奥陶系灰岩	泥岩、粉砂岩	16.5	底板破裂型	144	
2	滨马庄矿	12121	5340	1964年9月29日回采31m，底鼓0.8m，自中段回风巷上回风巷；30日1:30上回风道口突水	1.5	L_8灰岩	砂质泥岩、L_9灰岩	15	底鼓破碎	165	2.1
3	九里山矿	12301	1620	回采23m，初次来压，上下平巷、两端头突水，16:30来483m³/h，20:50增至653m³/h，次日5:10增至1620m³/h	1.7~1.9	L_8灰岩	砂质泥岩、L_9灰岩	23	底板动破裂型	261	2.0
4	东庞矿北井	9208	1550	2010年11月15日4:48机尾架后涌水，初期水量约50m³/h，11:30增大至1550m³/h；13:00水量减小为1250m³/h左右，并趋于稳定	1.8~2.5	奥陶系灰岩、青灰岩	碳质砂岩、粉砂岩等	35~40	底板裂隙型	340	6.3
5	肥城曹庄矿	81004	403	2004年3月27日17:45推进360m时，顶板剧烈来压，支柱卸荷，底鼓0.5m长约70m；初始水量10m³/h，19:50部分支柱折断，水量增至150m³/h，次日1:40水量增大至200m³/h，18:00增至403m³/h，后趋稳定在392m³/h	2.2	五灰岩、奥陶系灰岩	黏土岩、粉砂岩	37.9	底板裂隙型	388	1.8
6	梧桐庄矿	182102	450	初次突水恢复回采37m后，2002年6月7日6:50底板底鼓并突水，初始水量240m³/h，至14时水量达450m³/h，并保持稳定	5.4	野青灰岩	砂岩、泥岩	40.7	底板裂隙型	512	3.3

续表

序号	矿名	工作面名称	最大水量/(m³/h)	突水情况	含水层		隔水层		突水类型	埋深/m	采高/m
				突水过程与突水特点	水压/MPa	岩性	岩性	厚度/m			
7	车集矿	2401	625	2001年9月16日2:50、55#、57#支架底板涌水；6:20水量增至110m³/h。20日23时距切眼67.5m时水量达625m³/h。55#~56#架、73#架底板裂隙裂隙突水，57#架附近存一宽0.3m裂隙，50#架煤壁底板突水	5.9	L_{12}灰岩	砂质泥岩、中砂岩等	50	底板裂隙型	586	2.7
8	赵固一矿	12041	486	2012年4月2日14时回采至62m，顶板剧烈来压，14:32突水量40m³/h左右，17:30增至486m³/h；5月3日恢复生产后，水量维持280m³/h，但来压时均有新突水点	6.0	L_8灰岩	砂质泥岩、L_9灰岩	28.7	底板采动破裂型	700	3.5
9	九龙矿	15423N	720	2007年9月27日底板初始突水量132m³/h；后衰减为90m³/h，推进18m后10月21日周期来压，底鼓突水，峰值水量720m³/h，后减小至90m³/h	9.2	奥陶系灰岩、青灰岩	细砂岩、泥岩等	110	底板裂隙型	840	1.5
10	邢东矿	2127	330	2011年4月13日3时下巷采空区外突水，初期水量20m³/h，17日19时达330m³/h，18日5时减小至90m³/h，并稳定在50m³/h	13.6~14.4	奥陶系灰岩、青灰岩	粉砂岩、铝土岩等	170	底板裂隙型	1250	3.9

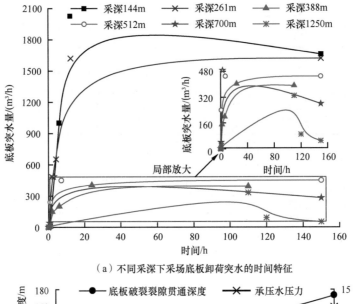

（a）不同采深下采场底板卸荷突水的时间特征

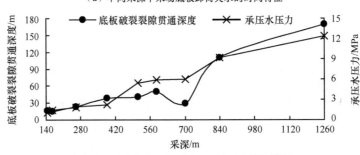

（b）底板破裂裂隙贯通深度与承压水压力的深度特征

图 1.3　采场底板岩体卸荷突水特征

1.1.2.2　赵固一矿深部西二盘区

赵固一矿西二盘区工作面开采后，在基本顶初次剧烈断裂失稳或周期断裂失稳等基本顶失稳时期，采动围岩体均出现了不同程度的变形破裂现象。

基本顶失稳初期，采场内顶底板移近量快速增加，支架立柱下缩量迅速增加，短时内即可导致支架活柱约 1.8m 的柱芯高度压死；同时，两巷超前支护段及采场煤壁侧底板不断鼓起破裂，底板深部裂隙孕育、扩展并贯通，随后裂隙渗水形成较小的初期突水量；当底板卸荷至一定程度时失稳突变，形成大规模瞬时突水，并迅速达峰值；继续卸荷稳定后，突水量趋于降低并稳定，并在 12041 工作面显现最严重，工作面突水量约 486m³/h；其余 3 个工作面在回采初期底板无突水，但回采后期工作面剧烈来压后均受底板水威胁，12011 工作面后期突水量约 260m³/h，12031 及 12051 工作面分别为 65m³/h、180m³/h。

12041 工作面推进 62m 后初次来压，两端头底板突水，最大突水量达 486m³/h；排水系统改造后，工作面非来压期间无新增突水点，但每次周期来压均伴有新突水点。受频繁剧烈来压影响，工作面推进速度由突水前的 5.4m/d 降低至 1.2m/d，开采效率降低 77.8%，大量机电设备损坏、工人劳动强度增加，严重影响矿井安全生产。现场实测总结了 12041 工作面矿压显现特征，见表 1.3 和图 1.4、图 1.5。

表 1.3　12041 工作面矿压显现特征

次序	来压日期	剧烈来压位置及特点
1	5 月 3 日	1～5# 架压死支架，上端头顶底板移近量约 1.4m，底鼓量大，上巷超前巷帮收敛量大
2	5 月 7 日	上端头及超前 10m 剧烈来压，底鼓量 1.0m 以上，上巷两帮收敛严重
3	5 月 13 日	1～20# 架普遍剧烈来压，平均底鼓 1.0m
4	5 月 18 日	支架安全阀开启，呈喷雾状，且响声频繁，1～35# 架压死，1～70# 架立柱下缩量 500mm 以上，上端头底鼓严重，机头顶推至顶板，架后窜矸严重
5	5 月 23 日	1～50# 架安全阀开启，机头及超前 10m 底鼓，人工落机头 500mm 后又鼓起 500mm，1～30# 架矿压显现明显，支架平均立柱下缩量 300mm
6	6 月 2 日	1～40# 架矿压显现严重，支架卸压阀全部开启
7	6 月 10 日	大面来压，支架高度低，煤机无法通过 40～60# 架，工作面整体底鼓
8	6 月 18 日	1～8# 架、35～110# 架来压，103～110# 架煤机无法通过，105# 架压死，104#、105# 架错差 1.4m，115～116# 架伸缩梁压电机，支架柱芯在 600mm 以下
9	7 月 1 日	来压位置由机头向工作面下帮扩展，支架平均立柱下缩量 800mm，7～14# 架压死，1～20# 架、23～30# 架底鼓严重约 1.4m，并将机头顶推至顶板上

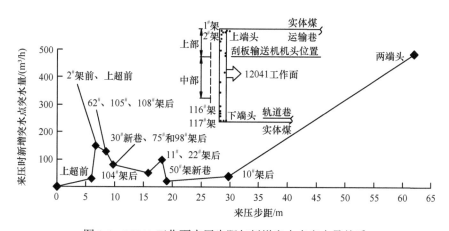

图 1.4　12041 工作面来压步距与新增突水点突水量关系

由表 1.3 和图 1.4、图 1.5 可知，12041 工作面来压分大小周期，小周期为 4～7d，来压步距 6～8m；大周期为 10～12d，来压步距 16～19m；随来压步距增大，工作

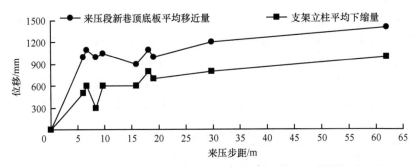

图 1.5　12041 工作面来压步距与顶底板平均移近量及支架立柱平均下缩量关系

面来压段新巷顶底板移近量、支架立柱下缩量及新增突水点突水量均呈增加趋势，顶底板移近量最大达 1.4m，初次来压步距及突水量最大。来压时，在工作面内能听到基本顶失稳冲击的剧烈响声，尤其是 40# 架至上端头及超前 10m 内来压最为剧烈及频繁，其基本顶剧烈周期来压步距为 15.9～19.0m，来压段底鼓量均在 0.8m 左右，最大可达 1.4m，且来压期间不断有新突水点出现，突水量 30～50m³/h。同时，随采场推进基本顶来压时底板突水呈动态变化，其基本顶来压作用地段底板突水点呈非均匀分布，反映了基本顶来压对底板具有强烈的动载扰动作用，从而导致底板应力非均匀分布及底板岩体非均匀破裂。受基本顶断裂失稳扰动底板破裂突水影响，西二盘区剩余煤炭资源至今仍未开掘新工作面。

但在赵固一矿东翼盘区埋深 500m 以浅的浅部工作面，矿井自 2009 年开采至今，仍无一工作面在基本顶剧烈来压期间出现底板突水，包括东翼盘区现正开采的底分层工作面也无突水状况，因此，深浅部开采基本顶失稳扰动底板破裂程度差异巨大。

1.1.2.3　邢东矿深部 -980 水平采区

邢东矿 -980 水平采区现已回采 10 个工作面，回采顺序依次为 2121 → 2123 → 2122 → 2127 → 2124 → 2222 → 2125 → 2126 → 2228 → 2129 工作面，其中仅有位于 -980 水平浅部的 2121、2122、2123、2124 工作面及采取切顶卸压和底板疏放水卸压措施的 2129 工作面未造成底板突水；其余回采工作面均产生了不同程度的底板突水行为，其中突水最严重的为 2228 工作面，其在工作面采线与轨道巷交叉口揭露了 SF$_{27}$ 断层组，该处埋深约 1000m，底板奥陶系灰岩水压力高达 10.2MPa，峰值水量达 2649m³/h；其余工作面在回采前采用直流电法、槽波、瞬变电磁及钻孔勘探等多种方法进行了综合探测，未发现底板 60m 以浅含隐伏断层，且回采初期无底板突水，突水多发生在回采中后期，严重威胁了职工的生命财产安全。

为分析邢东矿深部 -980 水平底板岩体的卸荷破裂行为，统计绘制了 2127 和 2222 工作面底板突水量变化曲线，如图 1.6 所示。

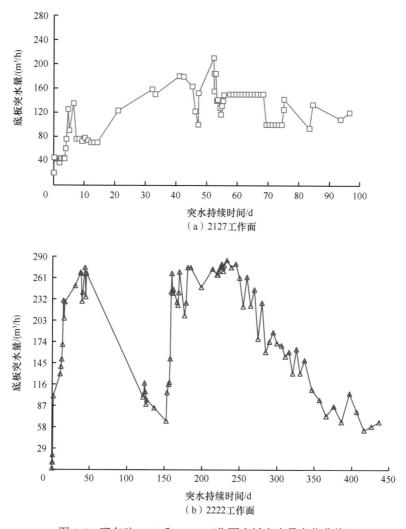

图 1.6 邢东矿 2127 和 2222 工作面底板突水量变化曲线

2127 工作面突水前无任何征兆。突水时，采场累计推进至切眼外 300m 处；突水使得工作面共停采 4 次，突水总量约 40 万 m³。工作面突水初始位置由下巷后方采空区向外突水，水量约 20m³/h，水发浑、有臭味，水面处 H₂S 浓度可达 70mg/L，并伴有瓦斯溢出；约 5h 后工作面突水量明显增大，在工作面 8# 架、15# 架、42# 架向推移杆处流水，并汇至下巷转载机处，水量为 40~50m³/h，工作面突水后停止回采，突水逐渐变清。工作面突水量随突水时间延续或工作面推进呈明显的跳跃型增长特征，如突水约 3d 后，突水量由 44.3m³/h 快速增加至 125m³/h；突水约 47d 后，突水量由 100m³/h 快速增加至 210m³/h。结合突水期间的矿压显现特征，分析发现 2127 工作面底板突水与采场来压存在明显的相关性，工作面突水约 3d 时，工作面矿压显现剧烈，21 个支架压死，其中 26 个立柱和 16 个平衡千斤顶被压坏，6# 架支架立柱顶梁窝被压穿，4# 架底座立柱底窝被压穿；突水后前 67d 内，工作面周期来压距离 10～15m，67d 后约 20m；由此可知，基本顶失稳后，工作面压力显现时突水量明显增大。

而 2222 工作面推进 178.8m 时，底板突水；突水后，工作面共停采 2 次，回采 490m，突水总量约 148 万 m³。工作面初始突水时，82# 架底座前突水，水量约 2m³/h，4.8h 后新增 66# 架突水点，工作面总水量约为 10m³/h。16h 后，50#、66#、83#、87# 和 93# 架处均出现不同程度的突水，工作面总水量逐渐增大至 20m³/h。20.3h 后，运输巷上端头底板突水，初始水量 10m³/h，后逐渐增大，工作面停采，采取施工泄水巷、重开切眼、甩支架等一系列措施后，继续推采，突水 43d 后工作面水量峰值为 275m³/h，152d 后水量逐渐减小至 66m³/h；之后水量再次增大，并维持在 200～285m³/h，232d 后达峰值 285m³/h，后又减小。因此，2222 工作面突水具有明显的两阶段突水特征，两阶段峰值水量仅相差 10m³/h，相差不大，但第一阶段峰值水量持续时间相对短，约 30d，而第二阶段峰值水量持续时间较长，持续时间约 84d，约为第一阶段的 2.8 倍。初次突水后，受工作面停采并采取控制措施影响，采动应力扰动强度降低，底板破裂裂隙沟通能力及破裂深度降低，从而使得采动底板破裂裂隙沟通能力减弱，水量逐渐降低。在第二阶段，由于采场斜长恢复并与初采一致，在采动作用下底板裂隙网络及破裂深度增加，造成突水量同步升高。

因此，深部开采活动作为"高应力（地应力）+动力扰动（开采卸压）"双重作用的力学过程，在煤层、顶板和底板整体力学平衡体系影响和底板高承压水压力作用下，深部开采高采动应力卸荷并驱动底板岩体破裂，形成了非平衡条件下底板岩体由渐进破裂演化至失稳灾变的非线性过程，并使得深部开采底板突水多位于处于卸荷状态的采场或采空区并表现为滞后型突水，严重阻碍了深部煤炭的安全高效绿色开采。

1.2 深部开采底板破裂行为及控制研究进展

煤炭开采进入深部以后，深部岩体典型的高地应力、高岩溶水压、强冲击动力破坏及强烈的开采应力扰动等工程扰动环境，使得底板破裂行为明显异于浅部开采，为进一步深入研究深部开采底板突水灾害发生机理，国内外专家学者从深部岩体的力学特性、深部开采底板应力场演化、深部开采底板破裂机理及其控制等方面开展了攻关，并取得了丰硕的研究成果。

1.2.1　深部岩体力学特性

深部岩体力学特性与其所在的应力环境密切相关，为区分深部岩体的力学差异，Gay 根据实测数据于 1975 年提出了临界深度概念，并指出在临界深度之上垂直应力小于水平应力，在临界深度之下垂直应力大于水平应力[18-19]。而 Hoek 和 Brown[20] 指出水平应力与垂直应力之比 λ_k 可根据式（1.1）估算，且当采深 H 足够大时，λ_k=0.3～0.5。

$$\frac{100}{H} + 0.3 < \lambda_k < \frac{1500}{H} + 0.5 \qquad (1.1)$$

根据世界各国地应力分布统计[1]，随岩层埋藏深度增加，水平应力与垂直应力之比将逐渐减小并趋于 1，且随深度增加，地应力将逐渐由以浅部构造应力为主向深部静水压力转变，深部岩体将完全处于静水压力状态。针对深部工程所处的特殊地质力学环境，何满朝等通过对深部工程岩体非线性力学特点的深入研究，指出进入深部的工程岩体所属的力学系统不再是浅部工程岩体所属的线性力学系统，而是非线性力学系统，传统理论、方法与技术已经部分或大部分失效，并以难度系数及危险指数作为深部工程岩体稳定性控制难易程度的评价指标，从而综合反映深部工程岩体的力学特性与工程特性[13,21]。

受地质力学环境影响，国内外对深部矿井的深度界定仍未达成一致，许多学者认为其含绝对采深，并与开采强度及方法、地质构造等因素紧密相关。苏联专家认为在构造应力和岩石强度影响下，深部开采深度可定为 800m；德国将巷道围岩塑性变形出现的极限深度定为深部开采，介于 800～1200m；而波兰和英国将其定为 750m，日本相对较浅为 600m。邹喜正[22] 根据岩石力学和矿山压力理论，分析了不同围岩类型巷道稳定的极限深度。钱七虎[23] 提出根据分区破裂化界定深部岩体工程；何满潮[21] 以非线性力学特征最先出现的工程岩体所处深度定义深部开采深度。谢和平等[1] 提出根据深部岩体的应力状态、应力水平和围岩属性从力学的角度定义深部的概念；并将平均概念意义下的静水压力作为深部与浅部的分界线，在我国深部的埋深平均为 750～800m[24]。

在高应力作用下，深部岩体的力学特性明显区别于浅部岩体的脆性破坏，主要表现为延性破坏[25]。Paterson 和 Wong[26]、Mogi[27] 等开展了大理石的三轴压缩试验，得出大理石随围压增高将由脆性破坏转变为延性破坏。Heard[28] 研究认为，岩石破坏由脆性转变为延性的应变为 3%～5%。Singh 等[29] 基于应力和强度的关系将 σ_1/σ_3=3.0～3.5 作为岩石脆延性转化的条件。Meissner 和 Kusznir[30]、Ranalli 和 Murphy[31] 则以岩石长期强度与摩擦强度相同确定延性变形状态。谢和平[32] 基于裂纹扩展的分形特征研究了深部岩体的非线性行为。肖桃李等[33] 基于预制单裂隙压缩试验分析了深部单裂隙的破坏特性和强度特征；左建平和陈岩[34] 应用

MTS815 试验机获得了煤岩单体及组合体的力学行为和破坏模式。

浅部岩石变形破坏的本构模型一般以莫尔–库仑准则为主，而深部岩体则用非线性化修正的莫尔–库仑准则、Hoek-Brown 强度准则[35] 等非线性强度准则更符合实际。Ramamurthy[36] 修正并提出了表征高地应力完整岩石的非线性莫尔–库仑强度准则。Dems 和 Mroz[37] 等在弹塑性模型中加入了应力跌落原理及损伤力学理论，得到了岩体的变形破坏过程。周小平等[38] 研究得到了高应力状态下深部岩体产生延性破坏的非线性强度准则。蒋斌松等[39] 采用非线性强度准则计算了围岩破裂区和塑性区半径。

随开采深度增加，岩石物理力学特性发生了一系列变化[40]，并表现出明显的强扰动特征，深部岩体中的卸荷效应[41]、动静组合效应[42] 等应力扰动决定着工程岩体的力学响应、稳定与破坏。Miklowitz[43] 于 1960 年研究发现了动态卸荷将产生动载扰动效应。Desai 和 Toth[44] 于 1996 年提出了扰动状态理论，并将扰动过程应用扰动函数描述，赵毅鑫等[45] 将扰动状态理论引入受开采扰动的巷道围岩变形中，并对巷道围岩的扰动函数进行了研究。考虑施工扰动对岩体参数劣化效应，修正的 2002 版 Hoek-Brown 经验准则提出了扰动系数，并进行了粗略的定性描述[46]。申艳军等[47] 则用声波测试法对扰动系数优化，并运用于开挖扰动岩体弹塑性变形方程的求解，以表示围岩塑性圈半径。Zhu 等[48] 深入开展了动载扰动诱发岩爆的数值模拟研究；唐礼忠等[49] 对深部大理岩进行了高应力下单轴小幅循环动载扰动试验；苏国韶等[50] 在低频扰动载荷与静载作用下研究了不同载荷影响因素对岩爆的影响。胡少斌等[51] 分析了动载扰动引起的应力波在煤岩空间内的传播规律。彭瑞东等[52] 根据深部开采中的动力扰动类型和波动传播规律，分析指出了深部岩体中的流体压力传播特征，揭示了深部动力扰动时间延长和扰动范围扩大的特点。

同时，深部岩体在高应力、高岩溶水压作用下，极易发生大范围的流变或蠕变。杨大林、付敬等[53-54] 研究得出深部硬岩受高应力影响将产生明显的流变特征，巷道围岩移近量最大可达 500mm/月。而深部煤矿巷道流变特征更甚，如大屯姚桥矿巷道顶底板移近量可达 30mm/d，底板鼓起量达 700～800mm，断面减小量达 70%。高延法等[55-56] 采用扰动载荷冲击试验研究得出了不同蠕变阶段的扰动效应，并绘制了不同蠕变阶段的扰动次数–累积变形曲线。刘力源等[57] 建立了深部地层不同岩性岩体变形模量反演分析数值计算模型，开展了不同强度准则、泊松比和岩体黏聚力对岩体变形模量的敏感性分析。

这些研究成果多从深部岩体的地质力学环境、埋深、岩石物理力学特性、破坏强度等方面开展了深入研究，并将深部岩体的赋存环境与深部开采的扰动特征相结合，揭示了深部开采中岩体力学变化的复杂性，在很大程度上保障了深部工程岩体的安全性。

1.2.2 深部开采底板应力场演化

煤层开采后，受采出空间影响，采动底板应力环境变化，并表现为：上覆岩层结构不断运动调整，使覆岩载荷通过采场前方的实体煤和采空区垮落矸石传递至底板，同时底板在临空面作用下卸荷鼓起并导致底板深部应力变化，故采动覆岩结构的运动调整及采出空间特点在一定程度上决定了采动底板的应力特征。

根据半无限体的边界条件，法国数学家 Boussines 应用弹性力学理论得到了均质、各向同性的线弹性半空间体中任意点的 6 个应力分量的数学解答式[58]。唐孟雄[59] 利用弹性理论的半无限体平面问题的解答，从应力增量角度讨论了煤层工作面开采过程中底板某点的应力状态。

德国学者雅可毕把采场底板岩层视为均质弹性体，结合数值模拟计算得到了开采结束后底板的垂直应力分布特征，提出了煤柱或煤体下方为增压区，采空区下方为减压区的观点[60]。Hack 与 Gillitzer 提出的压力拱假说认为：采场上覆岩层的自然平衡形成了顶板"压力拱"，在采场前方煤体内形成了前拱脚 A，在采空区内已垮落矸石上形成了后拱脚 B，如图 1.7 所示[61]。

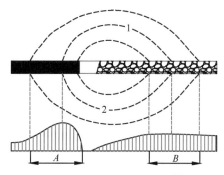

图 1.7 采场压力拱假说[61]

A-前拱脚；B-后拱脚；1-顶板压力拱轴线；2-底板压力拱轴线

根据图 1.7，随采场推进，前、后拱脚不断向前移动；A、B 均为应力增高区，采场则处于应力降低区。该假说对采场前后的支承压力及回采工作空间处于减压范围做出了粗略但却经典的解释，而对压力拱内岩层变形、移动和破坏的发展过程未做分析。

为研究开采对底板应力场的影响，刘天泉[62] 根据底板岩层受采动影响破坏程度沿底板垂向自下向上依次划分为应力变化带、微裂隙带及胀裂带，其中应力变化带距采场底板深为 60~80m。袁亮[63] 从开采卸压角度，以受采动影响程度为标准，提出将采动底板划分为未受采动影响区、影响轻微区、应力降低区及应力增高区 4 个分区。孟召平等[64] 基于采动底板应力变化，沿底板横向划分了采场底板应力分区。王金安等[65] 研究得出底板岩层扩展破裂主要位于采空区内部，并主要表现为拉破裂，而工作面的宏观开采技术参数及地质条件决定了底板破裂的最大深度。王连国等[66] 认为不同深度的底板岩层未同步运动导致了底板岩层层间裂隙的产生，并指出底板岩层的渗透性指标能更好地描述其变形破坏特征。虎维岳和尹尚先[67] 从理论上分析了采煤工作面回采后底板隔水层受力状态的变化规律和空间分布特征，现场实测研究了采场底板隔水层中岩体应力随采掘过程的变化特征。

张文泉等[68]结合覆岩运动结构理论，研究得出采动底板支承压力峰值取决于煤层采深，并得到了支承压力峰值的表达式。朱术云等[69]构建了移动支承压力模型，并基于弹性理论研究了采动底板破坏深度与应力的关系。于小鸽[70]模拟研究了工作面回采时采动底板岩层的垂直应力变化特征。郭惟嘉[71]应用光弹试验结果并结合现场实际观测，室内模拟研究了与突水有关的采面底板应力分布状况。

为研究深部煤层开采后底板应力场的演化规律，刘伟韬等[72]结合钻孔应力解除法获取了深部区域的原岩应力，应用上覆载荷在半无限体中的传播理论，将承压水压力作为一种附加应力，建立了底板采动应力计算模型。王文苗等[73]建立了三维数值计算模型，研究了软-硬-软互层特定沉积结构底板在深部开采条件下的应力、位移以及底板塑性区变化规律，并得出：在工作面推进过程中，煤层底板经历了集中应力压缩-底板隆起卸压-顶板垮落再压缩的反复破坏，应力变化曲线呈类"M"形。李昂等[74]在传统的单一岩层底板塑性滑移线场理论基础上，构建深部开采三层复合结构底板塑性滑移线场力学模型，模拟分析了不同推进度下底板岩体应力场的分布规律。李家卓等[75]采用理论分析、数值模拟和现场实测综合研究方法，系统阐明了深部采场底板围岩三维应力场的空间分布特征和时间变化规律，并指出：底板岩层卸压扰动应力场的重分布具有选择性，底板岩层3个方向的应力并非完全卸压，部分区域甚至存在水平应力集中。

由此可知，采动底板应力场的变化决定了底板的变形破裂程度，准确获取底板应力场的演化规律可为研究底板的破裂及突水机理提供依据，并为研究深部开采底板应力场的演化奠定了基础，但针对深部开采底板卸荷应力场的研究仍较少，而深部采动围岩的高应力卸荷特点，进一步强化了卸荷应力场对围岩破裂的影响，故应深入研究底板应力场的卸荷变化规律及其对底板破裂力学和突水灾害的影响，从而为深部矿井突水灾害防治提供指导。

1.2.3 深部开采底板破裂机理

国内外学者针对底板煤岩体的破裂失稳开展了大量研究工作，在底板裂隙岩体破裂及突水机理方面取得了许多成果，并为现场安全开采提供了可靠依据。

国外主要集中于匈牙利、苏联等国家，如匈牙利韦格弗伦斯提出了相对隔水层概念；苏联 B. 斯列萨列夫将底板视为梁推导出了底板安全水压的计算公式；Santons 等基于改进的 Hoek-Brown 强度准则并引入临界能量释放点的概念分析了底板的承载能力[76]。

国内学者自 20 世纪 60 年代提出了突水系数法以来，先后提出并发展了原位张裂和零位破坏理论、板模型理论、"下三带"与"下四带"理论、关键层理论、岩水关系学说、强渗通道学说、脆弱性指数法、底板优势面理论等成果。"下三带"理论[77-78]认为类似于工作面上覆采动岩层的"上三带"，采场底板煤岩体也存在由导水破坏带、保护带和承压水导升带组成的"下三带"。原位张裂和零位破坏理论[79]将采场前后在水平方向依次划分为超前压缩段、采空区卸压膨胀段和采后重新压缩稳定段,沿底板垂直方向划分为采动直接破坏带、影响带和微小变化带。施龙青等利用损伤力学、断裂力学分析建立了工作面底板煤岩体采动影响破坏的"下四带"理论,将底板煤岩体沿深度依次划分为采动破坏带、新增损伤带、原始损伤带和原始导高带[80-81]。Yin 等[82]结合理论分析现场实测了采动底板导水裂隙带的发育高度,根据水压特征研究了底板的突水机理。王金安等[83]采用相似材料和数值分析揭示了双承压水间深部煤层不同开采尺度下岩体破裂模式和渗流规律。左宇军等[84]建立了底板关键层在动力扰动下失稳的双尖点突变模型,揭示了动力扰动诱发煤层底板关键层失稳的机制。

随开采深度增加,底板突水灾害频率增加,近年来部分学者研究了深部开采底板岩体的破裂及突水机理。郭惟嘉等[85]基于不同地质构造受采动影响特征及其诱发煤层底板突水机理,划分了深部开采底板的突水灾变模式并分析了其突水判据。尹尚先等[86]依据隔水层厚度、底板破坏带高度与奥陶系灰岩导升带高度之和、突水系数,将底板隔水层类型综合划分为极薄、薄、中、厚及巨厚 5 种类型,定义了深部底板奥陶系灰岩及薄层灰岩水害概念及突水模式,阐明了奥陶系灰岩水渗透、扩容、压裂、导升经薄层灰岩中转储运形成面状散流的突水机理。赵庆彪等[87]深入分析了华北型煤田大采深高压力承压水条件下 10 起较典型的煤层底板承压水突水实例,基于时空 4 维结构概念,首次提出了"分时段分带突破"的煤层底板突水机理。翟晓荣等[88]揭示了矿井深部煤层底板原位张裂隙产生—与承压含水层导通—原位导升带发育—采动破坏带与递进导升沟通的突水机理。尹立明等[89]基于突变模型平衡曲面的几何特性分析了深部底板突水在时间上的突发性与滞后性,以及在空间上灾变路径的多模态性。Liu 等[90]建立了沿煤层倾斜方向底板破裂深度的求解力学模型,分析了底板破裂的主要敏感因素。朱术云等[91]开展了底板不同类型岩性水稳性与相关电导率试验,研究了深部水岩相互作用导致岩石劣化的微观机制。马凯等[92]将局部承压水和底板隔水关键层简化为圆筒力学模型,研究了隔水关键层在局部承压水作用下的屈服破坏机制,得到了隔水关键层发生屈服的 4 个临界水压公式。张风达和张玉军[93]构建了考虑原生裂纹面滑移变形和翼状裂纹扩展的破裂力学模型,建立了损伤劣化影响下有效承载应力相对于名义应力的增长幅度表达式,进而研究了深部煤层底板的变形破裂机制。

同时,国内外专家学者研发了多种试验手段,开展了应力−渗流耦合渗透试验,从而为研究底板破坏及突水机理提供了新方法;其中最经典的研究成果为 Lomize 的单裂隙水流运动立方定理,Louis 等学者在此基础上进一步通过试验研究对其进行了修正[94]。随着各种先进的岩石力学试验新设备和新方法的不断研制开发,姜振全和季梁军[95]借助电液伺服刚性试验机研究了岩石变形破坏整个过程的渗透性变化。Souley 等 [96] 建立了完整岩石渗流与蠕变耦合试验系统和方法，研究了渗流−应力长期耦合作用下岩石的蠕变和渗透特性。部分学者则致力于利用细观层次试验技术和方法来研究渗流与应力耦合作用下岩石的损伤破裂特性与机理；如 Oda 等 [97] 利用裂隙张量概念分析了微观结构参数，研究了渗透性张量的有效性；仵彦卿等 [98] 利用螺旋计算机体层扫描（computed tomography，CT）分析了岩石渗透参数演化与岩石损伤破裂过程的关系；Watanabe 等 [99] 基于数值分析和 X 射线 CT 技术研究了不同围压下岩样的破裂规律。同时，在水利和土木工程领域已开始研究卸荷−渗流的耦合作用机制，如许光祥 [100] 针对地下水对边坡的影响，提出了渗透系数与卸荷应力、应变的本构关系；包太等 [101] 分析了岩石卸荷量与渗透系数的关系，建立了裂隙岩体渗流场−卸荷应力场的耦合作用模型；刘先珊等 [102] 基于裂隙变形曲线建立了渗透系数与卸荷应力、应变的本构关系。

而工程尺度上的深部底板煤岩体裂隙扩展破裂，与煤岩体宏细观结构特征密不可分。冯梅梅等 [103] 针对承压水上工作面开采，运用相似材料模拟研究了底板隔水带的裂隙演化规律，结果表明：随工作面推进，底板煤岩体裂隙将不断发育贯通并向深部扩展。许延春和李见波 [104] 运用孔隙裂隙弹性体理论，研究了注浆及采动对岩体孔隙−裂隙类型升降变化的影响，并构建了注浆加固工作面底板突水"孔隙−裂隙升降型"力学模型。张勇等 [105] 根据煤层开采后底板应力的重新分布特征，将采动底板裂隙扩展破裂划分为压缩区、过渡区、膨胀区和重新压实区，如图 1.8 所示。

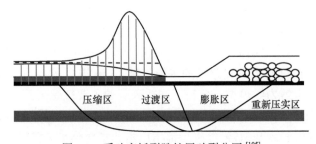

图 1.8　采动底板裂隙扩展破裂分区 [105]

赵家巍等 [106] 针对邯郸−邢台矿区矿井开采深度逐渐加深导致底板奥陶系灰岩层突水威胁日益加重的问题，从开采扰动、隐伏构造、承压水共同作用角度，建立了含隐伏导含水构造的概化力学模型，得出了含水裂隙的起裂条件、抗渗透强度及由主应力表达的裂隙扩展判据。陈军涛等 [107] 基于自主研制的高水压底板突水相似模拟实验系统，建立了深部承压水上含小断层底板采动裂隙演化及导水通道形成的模型，得到了底板及断层采动裂隙的发育及扩展演化规律。高召宁等 [108] 对煤层底板岩体进行了破裂分区，根据断裂力学理论给出了不同区域内裂纹不同破裂模式下的张开位移表达式。高玉兵等 [109] 通过建立裂隙力学模型，从微观角度研究了支承压力和水压对裂隙的作用效果；以薄板理论为依据，从宏观角度研究了含水层水压对底板有效隔水层的作用机理，给出了底板突水极限水压的计算公式，并指出：采场底板突水的实质是采动引起的矿山压力和承压水压力共同作用下微观裂隙的扩张和底板有效隔水层的破裂。

因此，专家学者从理论上建立了底板破裂及岩体裂隙扩展模型，并在一定程度上揭示了底板突水机理，为进一步揭示深部开采底板卸荷破裂力学及灾变机理提供了重要引导和数据支持，也为底板承压水防治及现场安全开采提供了理论基础和可靠依据，推动了岩体破裂机制研究创新及工程应用。

1.2.4　深部开采底板破裂及突水防控

由于采场底板的破坏是一个从孕育、发展到爆发的过程，在底板深部破裂突水前，底板岩体中的应力、变形、水压、水位、水温、水量、水化学等突水前兆信息存在一定变化，通过监测前兆信息可达到防控底板破裂及突水的目的[110]。

为了获得底板破裂及突水的前兆信息，众多学者开展了监测预警研究，并取得了有益的研究成果。靳德武等[110-111]研制开发了一套基于光纤光栅通信和传感技术的底板突水监测预警系统，针对华北型煤田煤层底板突水监测问题，采用多频连续电法监测了充水水源变化与导升情况、"地-井-孔"联合微震监测采动底板的破裂带演化规律。姜福兴等[112]采用全局寻优定位技术，优化布置了微震监测台网，实时监测得到了地质构造的活化规律、底板破裂深度、顶板破裂高度等实测参数，实现了对突水危险性的预测预报。李书奎等[113]利用井下高精度防爆微震监测技术，实现了对倾斜煤层底板破裂深度、底板断层活化程度的三维连续动态监测。刘盛东等[114]发现激励一次场电压、电流可以精确确定渗流液面与渗流速度，提出了采用井下地电场的空间同步监测技术，进行了煤层底板水害的实时监测。徐智敏等[115]提出利用采动过程中的底板电阻率、应力及孔隙水压力变化等信息源，监测底板破坏及突水通道形成、演化以及充水整个过程，并利用高承压矿井突水模拟试验系统进行了验证。刘树才等[116]依据全空间高精度三维电法测量思想，建立了底板采动导水裂隙带动态演化地电模型，提出了煤矿底板导水裂隙带动态监测系统的设计原则和技术要求。刘德民等[117]采用水文地质分析、地理信息系统（geographical information system，GIS）空间分析及人工神经网络（artificial neural network，ANN）预测，建立了底板突水灾害预警重点监测区域评价指标体系。张平松和孙斌杨[118]通过设计光纤底板温度场测试传感装置，构建了地球物理模型，对底板突水所引起的岩层温度场变化进行了测试模拟。高召宁等[119]开展了煤层底板破裂深度的动态直流电阻率 CT 探测，获得了煤层底板的采动破裂带演化过程。

因此，底板岩体的应力、变形、水压、渗透等信息的监测对防控底板破裂甚至突水至关重要；在此基础上，底板破裂及突水防控技术得到了发展。尹万才等[120]将突水原因归纳为矿压、断裂、隔水层、含水层 4 个方面，提出在分析突水因素的基础上，采取疏水降压、注浆改造、缩短工作面斜长等相应措施来预防底板突水。李涛等[121]结合底板精准注浆及突水优势面理论提出了底板分类注浆技术，给出了每种钻孔的注浆工艺。李华奇[122]通过对底板奥陶系灰岩承压水的探测和计算，采用底板注浆方法进行防治水设计，提高煤层底板隔水层强度，保证了煤矿安全生产。隋旺华[123]提出了底板危险源辨识和突水危险性动态评价方法，分析了底板突水灾变的主动防控原理及效果。尹希文等[124]提出了底板水害"采前–采中–采后"全周期的治理技术。马莲净等[125]基于井田单斜构造特征，结合放水试验与地下水流数值模型，构建了一种煤层底板高承压砂岩含水层分阶段疏水降压的水害防控方法。郑士田等[126]提出了工作面区域内、外双（钻）孔组的水平布设方法，优化注浆工艺的同时，提高了钻孔利用率。刘建林[127]针对常规钻孔注浆加固–改造技术固有的局限性，提出采用定向钻孔进行底板水害防治的方法，对钻孔设计、钻孔施工和钻孔注浆技术进行了研究。

而在深部开采底板破裂及突水防控方面，张党育等[128]针对多个复合含水层（段）条件，构建了地面顺层治理与井下穿层治理相结合的底板岩溶水害"三维立体"区域综合治理新模式。赵庆彪[129]根据大采深矿井深部煤层奥陶系灰岩承压水威胁现状，提出了奥陶系灰岩岩溶水上带压开采水害治理的"区域超前治理"理念及"超前主动、区域治理、全面改造、带压开采"防治水关键技术。许延春等[130]应用经验公式、力学理论分析、神经网络和基于支持向量机等多种方法预测了底板的破裂深度，并采用直流电勘探方法进行了验证。徐智敏[131]建立了深部高承压水压力厚隔水层条件下安全开采评价方法以及薄隔水层条件下"底板富水性探查—注浆改造—物探钻探验证—安全开采评价—回采"的决策及实践范例。李建林等[132]提出了由防治技术、防治工程、技术保障系统和矿井水资源化与矿区水资源优化配置 4 个子系统组成的平煤东部三矿二组煤底板灰岩水的防治体系。汪雄友等[133]提出根据工作面突水系数、底板隔水层厚度和承压水压力，可将工作面分为两段进行全覆盖注浆改造。

综上所述，底板煤岩体破坏是多因素综合作用的结果，专家学者的丰硕研究成果为底板承压水防治及现场安全开采提供了可靠依据，但多集中于静载作用下底板的加荷失稳破裂、突水机理及其防控等方面的研究，而深部开采具有"高应力+动力扰动"双重作用的全应力空间力学特征；并且在顶底板整体力学平衡体系下，受开采扰动强度差异形成的加卸荷路径与水力渗流耦合作用影响，底板岩体的卸荷破裂力学及突水灾变机理更加复杂，制约着深部煤炭的安全高效开采。

1.3 深部开采底板卸荷面临的科学与技术问题及解决方法

1.3.1 深部开采底板卸荷面临的科学与技术问题

目前，国内外专家学者已从多方面、多角度运用数学、力学、数值模拟、实验室试验等方法分别对深部岩体力学特性、深部开采底板应力场演化、底板破裂机理及控制等进行了大量有益的探索，并取得了显著的研究成果。但迄今为止，针对深部开采底板卸荷破裂力学、深部岩体的卸荷破裂致灾机理及防控关键技术的研究仍较少，并存在以下问题。

（1）传统岩石力学及开采理论在深部适用性存在争议。对此，专家学者从定性或半定量角度研究了深部围岩分区裂化、大变形与强流变、采动影响行为特征等问题，在一定程度上反映了深部岩石力学的行为与特征，但其致灾机理仍不明，基础理论与技术等尚未形成体系，远远落后于深部资源开采需求。

（2）以往基于深部采动岩体扰动特征的研究更多是基于实验室试验及理论分析，忽略了现场采动岩体卸荷失稳的工程相关性；受深部高地应力影响，采动岩体表现为强动力特征及流变性，有必要基于深部采动岩体的动力特征及流变性进一步研究完善深部采动岩体卸荷失稳的强扰动特征。

（3）对于底板破裂方面，更多研究底板应力场的分布规律并强调静载作用下底板的压剪破裂机制，忽略了冲击扰动和卸荷扰动对底板破裂机制的影响，且底板在不同区域诱发的破裂机制及破裂深度不同，进一步导致现场开采时底板突水行为的变化。

（4）针对底板岩体破裂的研究，过去更多是在实验室进行加荷试验，忽略了深部采动岩体的开挖卸荷作用，而采动底板应力与裂隙破裂必然存在内在联系，因此，有必要进一步揭示深部采场底板应力与裂隙扩展破裂的内在关系。

（5）现有研究成果多采用弹塑性力学方法，侧重于煤层回采结束后采场底板岩体破裂的最大静态深度问题，而采场底板围岩的破裂及破坏并非瞬时完成，需经历一系列复杂的动态演化过程。为此，进一步研究煤层开挖后采动底板裂隙的动态损伤劣化、扩展变形、破裂失稳特征，并揭示深部开采底板的卸荷破裂致灾机理十分必要。

（6）在采动过程中，底板岩体内裂隙水具有导通作用，以往研究多专注于导通作用对矿井突水的影响，忽略了底板深部隐伏裂隙的导升扩展和破裂作用，而底板深部隐伏裂隙与采动底板裂隙的沟通程度在一定程度上决定了底板突水的规模，故底板深部隐伏裂隙的存在与底板突水特征的关系有待进一步研究。

（7）目前，所做有关突水的监测防控往往是结果导向，在底板突水预测和监测方面往往强调单一的监测或防控技术，而忽略了初期的探查透视和解析评价、采前突水防控与采时动态监测预警的有机结合，底板突水监测防控的系统性和体系性不完善，可靠性低，应进一步深入研究。

1.3.2 解决问题思路及方法

本书以河南能源集团有限公司赵固一矿及冀中能源股份有限公司邢东矿地质和开采技术条件等为工程背景，综合运用理论分析、室内试验、数值模拟及现场实测等方法，深入研究深部开采底板岩体卸荷破裂力学及其致灾机理，主要研究内容如下。

（1）深部开采底板岩体卸荷破裂行为。以华北型煤田典型深部开采工程地质特征为基础，应用微震监测系统获取深部开采底板岩体卸荷破裂的时空分布特征，分析底板卸荷破裂与基本顶剧烈失稳的联动行为。

（2）深部开采顶底板联动失稳机理及变形破裂联动特征。基于压力拱及弹塑性力学理论，研究深部开采顶底板岩体初次、周期失稳的联动机理，确定基本顶失稳下底板冲击载荷的计算方法，结合离散元数值软件 3DEC 模拟不同采深及扰动强度下顶底板初次、周期失稳的联动特征，获取底板应力和变形的联动变化规律。

（3）深部开采底板岩体裂隙分区破裂演化。建立深部开采底板岩体分区破裂模型，细化基本顶结构失稳扰动作用下底板的应力及裂隙破裂分区，应用加卸荷试验研究不同应力环境下岩体的破裂与渗透演化规律，基于断裂力学、卸荷岩体力学及应力-渗透理论研究底板岩体裂隙分区破裂演化规律，并进行工程验证。

（4）深部开采底板岩体裂隙动态破裂规律。应用二维相似模型模拟深部开采时底板岩体裂隙扩展破裂的动态演化过程，划分开采卸荷作用下底板裂隙的扩展破裂模式，研究不同扰动强度下底板裂隙破裂全过程的应力、位移及分形演化特征，分析底板裂隙发育的数量、长度、倾角特征。

（5）深部开采底板岩体卸荷破裂致灾机理及强扰动危险性。应用卸荷岩体力学理论分析深部开采卸荷对底板变形破裂的影响，获取深部开采底板岩体卸荷的强扰动特征，建立卸荷量与损伤因子的关系，构建底板岩体卸荷破裂模型，推导裂隙岩体的扩展破裂条件，并划分底板岩体卸荷分区，揭示其卸荷致灾机理，分析深部开采底板卸荷破裂的强扰动危险性。

（6）深部开采底板卸荷破裂分区评价及监测预警技术。结合无线电波坑道透视、直流电法、瞬变电磁等综合物探方法，建立以"超前探测，采前物探"为主的深部开采底板破裂结构辨识解析技术；开展底板卸荷破裂深度评价，融合理论计算、钻孔探查及综合物探等手段构建深部开采底板卸荷破裂风险分区评价技术；建立以水文动态、微震实时事件、矿压数据、底板破裂深度等监测指标为主的深部开采底板卸荷突水分区监测预警技术。

（7）深部开采底板应力卸荷分区分级防控关键技术。提出以降低底板应力卸荷及其控制为主的开采技术条件优化技术，融合井下定向钻孔配合穿层钻孔或地面近水平分支钻孔实现井-地联合分区分级注浆加固，并结合现场人为干预动态引流及充填开采技术，构建开采技术与工艺优化、区域治理与顶板处理、动态引流与疏水降压相结合的深部开采底板卸荷突水分区分级立体防控关键技术体系，从而为我国深部煤炭资源安全高效开采提供技术保障。

本书采用的技术路线如图 1.9 所示。

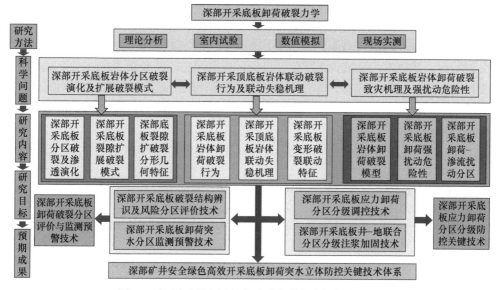

图 1.9 深部开采底板卸荷破裂力学与防控技术路线

1.3.3 研究意义

本书结合国家自然科学基金杰出青年科学基金项目（52225404）及国家自然科学基金青年科学基金项目（51904303），针对深部大埋深、高应力、高水压、强扰动等导致的重大难题，深入研究深部地应力环境以及工程扰动影响下的采动底板卸荷破裂力学、岩体卸荷灾变机理，提出利于深部安全高效绿色开采的关键防控技术，从而为未来我国深部煤炭资源获取提供强力支持，可指导深部矿井安全生产，提升预防重大工程灾害事故的能力，并具有如下重要意义。

（1）完善对采动岩体扰动特征的认识。当前，国内外对采动围岩体扰动特征的研究主要是基于浅部采动围岩变形破坏特点。而进入深部后，其扰动水平及强度与浅部具有本质区别，加之深部采场的动力特征凸显，研究其采动围岩体的动力扰动及卸荷失稳特征将进一步完善对采动岩体强扰动特征的认识。

（2）提升对采动应力卸荷的认识水平。深部采场地应力高，应力环境复杂，而煤层开采卸荷后，煤岩体失稳能力更强，卸荷幅度更大，其采动应力传递转移及力学再平衡效应必影响采动岩体的损伤破裂，研究其采动应力卸荷规律及卸荷幅度必将进一步提高对采动应力卸荷的认识水平。

（3）揭示深部开采卸荷致裂的强扰动灾变机理。根据深部采动岩体的应力变化及卸荷幅度，分析开采后采动岩体裂隙的损伤、扩展、破裂及失稳特征，从而揭示深部开采裂隙岩体的破裂机制和灾变机理。

（4）为煤炭开采提供安全保障。深部开采底板突水、顶板动力灾害严重威胁煤矿的安全生产，摸清采动煤岩体的破裂机制，可为矿井安全生产提供安全保障，为矿井职工提供更安全的工作环境，降低煤矿危险系数。

（5）提升矿井经济效益。研究提出的深部开采底板卸荷破裂分区评价及分区分级防控关键技术，可减少深部矿井投资，提高深部矿井开采的高效性和安全性，提高深部资源回收率，减少施工成本和人工成本，以此提高矿井的经济效益。

参 考 文 献

[1] 谢和平, 高峰, 鞠杨. 深部岩体力学研究与探索[J]. 岩石力学与工程学报, 2015, 35(11): 2161-2178.

[2] 彭苏萍. 深部煤炭资源赋存规律与开发地质评价研究现状及今后发展趋势[J]. 煤, 2008(2): 1-11.

[3] 贾建称, 张妙逢, 吴艳. 深部煤炭资源安全高效开发地质保障系统研究[J]. 煤田地质与勘探, 2012, 40(6): 1-7.

[4] 许延春, 黄磊, 俞洪庆, 等. 基于注浆钻孔数据集的注浆工作面底板突水危险性评价体系[J]. 煤炭学报, 2020, 45(3): 1150-1159.

[5] 钱鸣高, 缪协兴, 许家林, 等. 岩层控制的关键层理论[M]. 徐州: 中国矿业大学出版社, 2000: 72-256.

[6] 煤矿安全监察总局. 2010—2012 年全国煤矿重特大事故案例汇编[M]. [S. l.]: [s. n.], 2013.

[7] 谢和平. "深部岩体力学与开采理论" 研究构想与预期成果展望[J]. 工程科学与技术, 2017, 49(2): 1-16.

[8] 谢和平. 深部岩体力学与开采理论研究进展[J]. 煤炭学报, 2019, 44(5): 1283-1305.

[9] 张农. 深部煤炭资源开采现状与技术挑战[C]//中国煤炭工业协会. 全国煤矿千米深井开采技术, 2013: 2-23.

[10] 康红普. "煤矿千米深井围岩控制及智能开采技术" 专辑特邀主编致读者[J]. 煤炭学报, 2020, 45(3): 1211-1212.

[11] 张风达, 申宝宏. 深部煤层底板突水危险性预测的 PSO-SVM 模型[J]. 煤炭科学技术, 2018, 46(7): 61-67.

[12] 李春元, 张勇, 彭帅, 等. 深部开采底板岩体卸荷损伤的强扰动危险性分析[J]. 岩土力学, 2018, 39(11): 3957-3968.

[13] 何满潮, 谢和平, 彭苏萍, 等. 深部开采岩体力学研究[J]. 岩石力学与工程学报, 2005(16): 2803-2813.

[14] 康红普. 煤炭开采与岩层控制的时间尺度分析[J]. 采矿与岩层控制工程学报, 2021, 3(1): 5-27.

[15] 蓝航, 陈东科, 毛德兵. 我国煤矿深部开采现状及灾害防治分析[J]. 煤炭科学技术, 2016, 44(1): 39-46.

[16] 许延春, 黄磊, 俞洪庆, 等. 基于注浆钻孔数据集的注浆工作面底板突水危险性评价体系[J]. 煤炭学报, 2020, 45(3): 1150-1159.

[17] 李春元. 深部强扰动底板裂隙岩体破裂机制及模型研究[D]. 北京: 中国矿业大学 (北京), 2018.

[18] 谢和平, 冯夏庭. 灾害环境下重大工程安全性的基础研究[M]. 北京: 科学出版社, 2009: 50-122.

[19] Brady B H G, Brown E T. Rock mechanics for underground mining[M]. New York: Kluwer Academic Publishers, 2005: 25-60.

[20] Hoek E, Brown E T. Underground excavations in rock[M]. London: Institution of Mining and Metallurgy, 1980: 30-70.

[21] 何满潮. 深部的概念体系及工程评价指标[J]. 岩石力学与工程学报, 2005, 24(16): 2854-2858.

[22] 邹喜正. 关于煤矿巷道矿压显现的极限深度[J]. 矿山压力与顶板管理, 1993(2): 9-14.

[23] 钱七虎. 深部岩体工程响应的特征科学现象及 "深部" 的界定[J]. 华东理工学院学报, 2004, 27(1): 1-5.

[24] 谢和平, 周宏伟, 薛东杰, 等. 煤炭深部开采与极限开采深度的研究与思考[J]. 煤炭学报, 2012, 37(4): 535-542.

[25] 胡云华. 高应力下花岗岩力学特性试验及本构模型研究[D]. 武汉: 中国科学院研究生院 (武汉岩土力学研究所), 2008.

[26] Paterson M S, Wong F F. Experimental rock deformation: The brittle field[M]. Berlin: Springer, 1978.

[27] Mogi K. Pressure dependence of rock strength and transition from brittle fracture to ductile flow[J]. Bull Earthquake Res Inst Tokyo Univ, 1966, 44: 216-232.

[28] Heard H C. Transition from brittle fracture to duetile flow in Solenhofen limestone as a function of temperature, confining pressure, and interstitial fluid pressure[M]//Griggs D, Handin J. Rock deformation, New York: The Geological Society of America, 1960: 193-226.

[29] Singh J, Ramamurthy T, Rao G V. Strength of rocks at depth[C]//Presented at the ISRM International Symposium, Pau, France, August 1989.

[30] Meissner R, Kusznir N J. Crystal viscosity and the reflectivity of the lower crust[J]. Annuals Geophysics, 1987, 58: 365-373.

[31] Ranalli G, Murphy D C. Rheological stratification of the lithosphere[J]. Tectonophysics, 1987, 132: 281-295.

[32] 谢和平. 矿山岩体力学及工程的研究进展与展望[J]. 中国工程学报, 2003, 5(3): 31-38.

[33] 肖桃李, 李新平, 贾善坡. 深部单裂隙岩体结构面效应的三轴试验研究与力学分析[J]. 岩石力学与工程学报, 2012, 31(8): 1666-1673.

[34] 左建平, 陈岩. 卸载条件下煤岩组合体的裂纹张开效应研究[J]. 煤炭学报, 2017, 42(12): 3142-3148.

[35] Hoek E, Brown E T. Empirical strength criterion for rock masses[J]. Journal of Geotechnical Engineering Division, ASCE, 1980, 106(GT9): 1013-1035.

[36] Ramamurthy T. Stability of rock mass[J]. Indian Geotechnical Journal, 1986, 16: 1-73.

[37] Dems K, Mroz Z. Stablility conditions for brittle-plastic structures with propagating damage surfaces[J]. Journal of structural Mechanics, 2007, 13(1): 95-122.

[38] 周小平, 钱七虎, 杨海清. 深部岩体强度准则[J]. 岩石力学与工程学报, 2008, 27(1): 117-123.

[39] 蒋斌松, 杨乐, 时林坡. 基于 Hoek-Brown 准则的破裂围岩应力分析[J]. 固体力学学报, 2011, 32: 300-305.

[40] 周宏伟, 谢和平, 左建平. 深部高地应力下岩石力学行为研究进展[J]. 力学进展, 2005, 35(1): 91-99.

[41] 谢和平, 周宏伟, 刘建锋, 等. 不同开采条件下采动力学行为研究[J]. 煤炭学报, 2011, 36(7): 1067-1074.

[42] Peng X, Diyuan L, Guoyan Z, et al. New criterion for the spalling failure of deep rock engineering based on energy release[J]. International Journal of Rock Mechanics and Mining Sciences, 2021, 148: 104943.

[43] Miklowitz J. Plan-stress unloading waves emanating from a suddenly punched hole in a stretchedelastic plate[J]. Journal of Applied Mechanics, 1960, 27(4): 165-171.

[44] Desai C S, Toth J. Disturbed state constitutive modeling based on s tress-strain and nondestructive behavior[J]. International Journal of Solids and Structures, 1996, 33(11): 1619-1650.

[45] 赵毅鑫, 姜耀东, 张科学, 等. 基于扰动状态理论的回采巷道稳定性分析[J]. 中国矿业大学学报, 2014, 43(2): 233-240.

[46] Hoek E, Marinos P. A brief history of the development of the Hoek-Brown failure criterion[J]. Soils and Rocks, 2007(2): 1-8.

[47] 申艳军, 徐光黎, 张璐, 等. 基于 Hoek-Brown 准则的开挖扰动引起围岩变形特性研究[J]. 岩石力学与工程学报, 2010, 29(7): 1355-1362.

[48] Zhu W C, Li Z H, Zhu L, et al. Numerical simulation on rockburst of underground opening triggered by dynamic disturbance[J]. Tunnelling and Underground Space Technology, 2010, 25(5): 587-599.

[49] 唐礼忠, 武建力, 刘涛, 等. 大理岩在高应力状态下受小幅循环动力扰动的力学试验[J]. 中南大学学报: 自然科学版, 2014, 45(12): 4300-4307.

[50] 苏国韶, 胡李华, 冯夏庭, 等. 低频周期扰动荷载与静载联合作用下岩爆过程的真三轴试验研究[J]. 岩石力学与工程学报, 2016, 35(7): 1309-1322.

[51] 胡少斌, 王恩元, 沈荣喜. 深部煤岩动力扰动响应特征及数值分析[J]. 中国矿业大学学报, 2013, 42(4): 540-546.

[52] 彭瑞东, 薛东杰, 孙华飞, 等. 深部开采中的强扰动特性探讨[J]. 煤炭学报, 2019, 44(5):

1359-1368.

[53] 杨大林, 王文龙, 张忠宇, 等. 不同支护结构对深部巷道围岩变形的时效分析[J]. 煤炭科学技术, 2010(9): 14-18.

[54] 付敬, 董志宏, 丁秀丽, 等. 高地应力下深埋隧洞软岩段围岩时效特征研究[J]. 岩土力学, 2011, 32(S2): 444-448.

[55] 高延法, 曲祖俊, 牛学良, 等. 深井软岩巷道围岩流变与应力场演变规律[J]. 煤炭学报, 2007, 32(12): 1244-1252.

[56] 高延法, 范庆忠, 崔希海, 等. 岩石流变及其扰动效应试验研究[M]. 北京: 科学出版社, 2007.

[57] 刘力源, 骆奕帆, 王涛, 等. 深部岩体变形模量数值反演计算方法及敏感性分析[J]. 煤炭学报, 2024, 49(S1): 1-13.

[58] 徐芝伦. 弹性力学[M]. 北京: 高等教育出版社, 2002.

[59] 唐孟雄. 采面底板应力计算及应用[J]. 湘潭矿业学院学报, 1990, 5(2): 119-124.

[60] M. 鲍莱茨基, M. 胡戴克. 矿山岩体力学[M]. 于振海, 刘天泉, 译. 北京: 煤炭工业出版社, 1985.

[61] 钱鸣高, 石平五, 许家林. 矿山压力与岩层控制[M]. 徐州: 中国矿业大学出版社, 2010.

[62] 刘天泉. 矿山采动影响工程学及其应用[J]. 煤炭学报, 1997, 22(S): 39-42.

[63] 袁亮. 松软低透煤层群瓦斯抽采理论与技术[M]. 北京: 煤炭工业出版社, 2005.

[64] 孟召平, 王保玉, 徐良伟, 等. 煤炭开采对煤层底板变形破坏及渗透性的影响[J]. 煤田地质与勘探, 2012, 40(2): 39-43.

[65] 王金安, 彭苏萍, 孟召平. 承压水体上对拉面开采底板岩层破坏规律[J]. 北京科技大学学报, 2002, 24(3): 243-247.

[66] 王连国, 宋扬, 缪协兴. 底板岩层变形破坏过程中混沌性态的 Lyapunov 指数描述研究[J]. 岩土工程学报, 2002, 24(3): 356-359.

[67] 虎维岳, 尹尚先. 采煤工作面底板突水灾害发生的采掘扰动力学机制[J]. 岩石力学与工程学报, 2010, 29(S1): 3344-3349.

[68] 张文泉, 刘伟韬, 王振安. 煤矿底板突水灾害地下三维空间分布特征[J]. 中国地质灾害与防治学报, 1997, 8(1): 39-45.

[69] 朱术云, 姜振泉, 姚普, 等. 采场底板岩层应力的解析法计算及应用[J]. 采矿与安全工程学报, 2007, 24(2): 191-194.

[70] 于小鸽. 采场损伤底板破坏深度研究[D]. 青岛: 山东科技大学, 2011.

[71] 郭惟嘉. 采面底板应力分布及对底板突水的影响[J]. 中州煤炭, 1990(1): 19-21.

[72] 刘伟韬, 申建军, 贾红果. 深井底板采动应力演化规律与破坏特征研究[J]. 采矿与安全工程学报, 2016, 33(6): 1045-1051.

[73] 王文苗, 张培森, 魏杰, 等. 深部煤层开采软-硬-软互层组合底板应力分布与破坏特征模拟研究[J]. 煤矿安全, 2019, 50(2): 57-60, 66.

[74] 李昂, 纪丙楠, 牟谦, 等. 深部煤岩层复合结构底板破坏机制及应用研究[J]. 岩石力学与工程学报, 2022, 41(3): 559-572.

[75] 李家卓, 谢广祥, 王磊, 等. 深部煤层底板岩层卸荷动态响应的变形破裂特征研究[J]. 采矿

与安全工程学报, 2017, 34(5): 876-883.

[76] 施龙青, 韩进. 底板突水机理及预测预报[M]. 北京: 中国矿业大学出版社, 2004.

[77] 李白英, 沈光寒, 荆自刚, 等. 预防采掘工作面底板突水的理论与实践[J]. 煤矿安全, 1988(5): 47-48.

[78] 李百英, 沈光寒, 荆自刚, 等. 预防底板突水的理论与实践[C]//第22届国际采矿安全会议论文集. 北京: 煤炭工业出版社, 1987.

[79] 王作宇, 刘鸿泉. 承压水上采煤[M]. 北京: 煤炭工业出版社, 1993.

[80] 杨善安. 采场底板突水及其防治方法[J]. 煤炭学报, 1994, 19(6): 620-625.

[81] 朱第植, 王成绪. 原位应力测试在底板突水预测中的应用[J]. 煤炭学报, 1998, 23(3): 295-299.

[82] Yin S X, Zhang J C, Liu D M. A study of mine water inrushes by measurements of in situ stress and rock failures[J]. Natural Hazards, 2015, 79(8): 1961-1979.

[83] 王金安, 魏现昊, 纪洪广. 双承压水间采煤顶底板破断及渗流规律[J]. 煤炭学报, 2012, 37(6): 891-897.

[84] 左宇军, 李术才, 秦泗凤, 等. 动力扰动诱发承压水底板关键层失稳的突变理论研究[J]. 岩土力学, 2010, 31(8): 2361-2366.

[85] 郭惟嘉, 张士川, 孙文斌, 等. 深部开采底板突水灾变模式及试验应用[J]. 煤炭学报, 2018, 43(1): 219-227.

[86] 尹尚先, 王屹, 尹慧超, 等. 深部底板奥灰薄灰突水机理及全时空防治技术[J]. 煤炭学报, 2020, 45(5): 1855-1864.

[87] 赵庆彪, 赵昕楠, 武强, 等. 华北型煤田深部开采底板"分时段分带突破"突水机理[J]. 煤炭学报, 2015, 40(7): 1601-1607.

[88] 翟晓荣, 吴基文, 张红梅, 等. 基于流固耦合的深部煤层采动底板突水机理研究[J]. 煤炭科学技术, 2017, 45(6): 170-175.

[89] 尹立明, 郭惟嘉, 路畅. 深井底板突水模式及其突变特征分析[J]. 采矿与安全工程学, 2017, 34(3): 459-463.

[90] Liu W T, Mu D R, Xie X X, et al. Sensitivity analysis of the main factors controlling floor failure depth and a risk evaluation of floor water inrush for an inclined coal Seam[J]. Mine Water and the Environment, 2018, 37(11): 636-648.

[91] 朱术云, 宋淑光, 孙强, 等. 不同试验条件下深部下组煤底板水岩相互作用特征[J]. 岩石力学与工程学报, 2014, 33(S1): 3231-3237.

[92] 马凯, 尹立明, 陈军涛, 等. 深部开采底板隔水关键层受局部高承压水作用破坏理论分析[J]. 岩土力学, 2018, 39(9): 3213-3222.

[93] 张风达, 张玉军. 基于有效承载力损伤劣化的深部煤层底板岩体变形破坏机制研究[J]. 矿业安全与环保, 2020, 47(6): 89-93.

[94] Louis C. Rock hydroulics[M]//Led M. Rock Mechanics. New York: Verlay Wien, 1974.

[95] 姜振泉, 季梁军. 岩石全应力-应变过程渗透性试验研究[J]. 岩土工程学报, 2001, 23(2): 153-156.

[96] Souley M, Homand F, Pepa S, et al. Damage-induced permeability changes in granite: A case example at the URL in Canada[J]. International Journal of Rock Mechanics and Mining

Sciences, 2001, 38(2): 297-310.

[97] Oda M, Takemura T, Aoki T. Damage growth and permeability change in triaxial compression tests of Inada granite[J]. Mechanics of Materials, 2002, 34(6): 313-331.

[98] 仵彦卿, 曹广祝, 丁卫华. CT 尺度砂岩渗流与应力关系试验研究[J]. 岩石力学与工程学报, 2005, 24(23): 4204-4209.

[99] Watanabe N, Ishibashi T, Ohsaki Y, et al. X-ray CT based numerical analysis of fracture flow for core samples under various confining pressures[J]. Engineering Geology, 2011, 123(4): 338-346.

[100] 许光祥. 裂隙岩体渗流与卸荷力学相互作用及裂隙排水研究[D]. 重庆: 重庆大学, 2001.

[101] 包太, 刘新荣, 朱可善, 等. 裂隙岩体渗流场与卸荷应力场耦合作用[J]. 地下空间, 2004(3): 386-390.

[102] 刘先珊, 林耀生, 孔建. 考虑卸荷作用的裂隙岩体渗流应力耦合研究[J]. 岩土力学, 2007, 28(S1): 192-196.

[103] 冯梅梅, 茅献彪, 白海波, 等. 承压水上开采煤层底板隔水层裂隙演化规律的试验研究[J]. 岩石力学与工程学报, 2009, 28(2): 336-340.

[104] 许延春, 李见波. 注浆加固工作面底板突水"孔隙-裂隙升降型"力学模型[J]. 中国矿业大学学报, 2014, 43(1): 49-55.

[105] 张勇, 张春雷, 赵甫. 近距离煤层群开采底板不同分区采动裂隙动态演化规律[J]. 煤炭学报, 2015 , 40(4): 786-792.

[106] 赵家巍, 周宏伟, 薛东杰, 等. 深部承压水上含隐伏构造煤层底板渗流路径扩展规律[J]. 煤炭学报, 2019, 44(6): 1836-1845.

[107] 陈军涛, 郭惟嘉, 尹立明, 等. 深部开采底板裂隙扩展演化规律试验研究[J]. 岩石力学与工程学报, 2016, 35(11): 2298-2306.

[108] 高召宁, 孟祥瑞, 郑志伟. 采动应力效应下的煤层底板裂隙演化规律研究[J]. 地下空间与工程学报, 2016, 12(1): 90-95.

[109] 高玉兵, 刘世奇, 吕斌, 等. 基于微观裂隙扩张的采场底板突水机理研究[J]. 采矿与安全工程学报, 2016, 33(4): 624-629.

[110] 靳德武. 煤层底板突水灾害实时监测预警技术基础研究[D]. 西安: 西安理工大学, 2007.

[111] 靳德武, 赵春虎, 段建华, 等. 煤层底板水害三维监测与智能预警系统研究[J]. 煤炭学报, 2020, 45(6): 2256-2264.

[112] 姜福兴, 叶根喜, 王存文, 等. 高精度微震监测技术在煤矿突水监测中的应用[J]. 岩石力学与工程学报, 2008(9): 1932-1938.

[113] 李书奎, 张连福, 张少峰. 微震监测技术在煤层底板突水防治中的应用[J]. 煤矿开采, 2011, 16(5): 94-96.

[114] 刘盛东, 王勃, 周冠群, 等. 基于地下水渗流中地电场响应的矿井水害预警试验研究[J]. 岩石力学与工程学报, 2009, 28(2): 267-272.

[115] 徐智敏, 孙亚军, 巩思园, 等. 高承压水上采煤底板突水通道形成的监测与数值模拟[J]. 岩石力学与工程学报, 2012, 31(8): 1698-1704.

[116] 刘树才, 刘鑫明, 姜志海, 等. 煤层底板导水裂隙演化规律的电法探测研究[J]. 岩石力学与

工程学报, 2009, 28(2): 348-356.

[117] 刘德民, 尹尚先, 连会青. 煤矿工作面底板突水灾害预警重点监测区域评价技术[J]. 煤田地质与勘探, 2019, 47(5): 9-15.

[118] 张平松, 孙斌杨. 煤层回采工作面底板破坏探查技术的发展现状[J]. 地球科学进展, 2017, 32(6): 577-588.

[119] 高召宁, 孟祥瑞, 赵光明. 煤层底板变形与破坏规律直流电阻率 CT 探测[J]. 重庆大学学报, 2011, 34(8): 90-96.

[120] 尹万才, 尹增德, 施龙青. 矿井突水原因及其防治[J]. 焦作工学院学报, 1999(1): 20-23.

[121] 李涛, 高颖, 艾德春, 等. 基于承压水单孔放水实验的底板水害精准注浆防治[J]. 煤炭学报, 2019, 44(8): 2494-2501.

[122] 李华奇. 煤层底板高承压奥陶系石灰岩水注浆防治[J]. 煤矿安全, 2012, 43(5): 101-104.

[123] 隋旺华. 矿山采掘岩体渗透变形灾变机理及防控Ⅱ: 底板突水[J]. 工程地质学报, 2022, 30(6): 1849-1866.

[124] 尹希文, 于秋鸽, 张玉军, 等. 坚硬顶板厚隔水层条件下底板突水致灾机理及全周期治理技术[J]. 煤炭科学技术, 2023, 51(S1): 318-327.

[125] 马莲净, 赵宝峰, 吕玉广. 煤层底板分阶段疏水降压水害防控方法[J]. 中国安全科学学报, 2022, 32(S1): 145-151.

[126] 郑士田, 马荷雯, 姬亚东. 煤层底板水害区域超前治理技术优化及其应用[J]. 煤田地质与勘探, 2021, 49(5): 167-173.

[127] 刘建林. 基于井下定向钻孔的煤层底板水害防治技术研究[J]. 煤炭工程, 2017, 49(6): 68-71.

[128] 张党育, 蒋勤明, 高春芳, 等. 华北型煤田底板岩溶水害区域治理关键技术研究进展[J]. 煤炭科学技术, 2020, 48(6): 31-36.

[129] 赵庆彪. 奥灰岩溶水害区域超前治理技术研究及应用[J]. 煤炭学报, 2014, 39(6): 1112-1117.

[130] 许延春, 陈新明, 姚依林. 高水压突水危险工作面防治水关键技术[J]. 煤炭科学技术, 2012, 40(9): 99-103.

[131] 徐智敏. 深部开采底板破坏及高承压突水模式、前兆与防治[J]. 煤炭学报, 2011, 36(8): 1421-1422.

[132] 李建林, 高培强, 赵帅鹏. 深部煤层底板灰岩水防治体系的构建——以平煤东部三矿为例[J]. 煤田地质与勘探, 2019, 47(S1): 47-51.

[133] 汪雄友, 陈海军, 朱和俊, 等. 深部煤层高承压水底板注浆改造防治水技术的应用[J]. 中国煤炭地质, 2017, 29(7): 46-51.

2 深部开采底板卸荷破裂微震特征

深部煤层开采后，基本顶的初次或周期失稳将对采场及煤层底板造成动载扰动，从而导致底板岩层破裂并形成突水威胁。而经历动载扰动的顶底板岩层在高应力作用下破裂产生微震和声波，故应用微震监测技术可监测顶板动载扰动对底板岩体破裂的影响。本章以赵固一矿及邢东矿工作面回采期间监测系统监测的微震事件数据为基础参数，获取了深部开采底板卸荷破裂的微震特征。

2.1 华北型煤田典型深部开采工程地质

2.1.1 赵固一矿深部开采工程地质

焦作煤田赵固一矿地处太行山复背斜隆起带南段东翼，其北部为太行山区，天然水资源量 38541 万 m^3/a，山区出露的灰岩面积约 1395km^2，广泛接受大气降水补给，补给量 26.28m^3/s。区内寒武系、奥陶系灰岩岩溶裂隙发育，为地下水提供了良好的储水空间和径流通道，岩溶地下水总体流向在峪河断裂以北（含赵固一矿井田）为 SE、SW 向，以南为 NW 向，一般在断裂带附近岩溶裂隙发育，常常形成强富水、导水带，如凤凰岭断层强径流带，朱村断层强径流带、方庄断层强径流带等。太原组上段 L_8 灰岩为二$_1$煤层主要充水含水层，二$_1$煤层水文地质勘探类型为第三类第二亚类第二型，即以底板水为主的岩溶充水条件中等型矿床。赵固一矿综合水文地质柱状示意图如图 2.1 所示。

2.1.1.1 含水层

1）中奥陶统灰岩岩溶裂隙含水层

由中厚层状白云质灰岩、泥质灰岩组成，本区揭露最大厚度 100.79m，一般揭露厚度 8～12m，含水层顶板埋深 437.26～834.61m，一般上距 L_2 灰岩 19m、距二$_1$煤层 118.26～142.58m，水压约 7.1MPa，一般不影响煤层开采，但在断

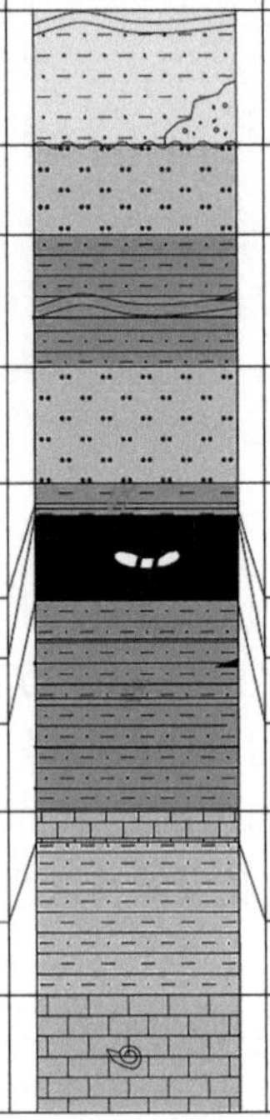

岩层	层厚/m	柱状	岩性描述
松散黏土层	567.8		新近系及第四系松散层，棕黄色，含粗砂，偶见砾石
中砂岩	6.5		分层厚，裂隙发育，层间夹泥岩
砂质泥岩	56.4		缓坡状层理，层间夹泥质，破碎
大占砂岩	8.4		以石英为主，裂隙发育，高角度节理发育，完整性差
泥岩、砂质泥岩	1.9		水平层理，遇水泥化，含云母及黄铁矿结核，局部夹砂岩层
泥岩	0～0.5		黑色，含植物化石及碳质
二$_1$煤	6.2		结构简单，块状，内生裂隙
砂质泥岩	13.8～15.3		灰黑色，缓波状层理，节理较发育
L$_9$灰岩	1.8～2.2		深灰色，隐晶质，具裂隙
砂质泥岩	11.1		含薄层泥岩，块状结构，裂隙发育
L$_8$灰岩	8.5		灰色，中厚层状，隐晶质结构，闭合裂隙发育，局部连通性好

图 2.1 赵固一矿综合水文地质柱状示意

裂沟通情况下对矿井威胁大。该含水层在古剥蚀面的岩溶裂隙发育，钻孔漏失量 12m³/h，钻孔抽水单位涌水量 0.226L/(s·m)，渗透系数 0.701m/d，稳定水位标高 87.01m。

2）太原组下段灰岩含水层

由 L$_2$、L$_3$ 灰岩组成，其中 L$_2$ 灰岩发育较好，厚度由西向东、由浅向深变厚，一般厚 15m，最厚 18.98m。据 18 个钻孔统计，遇岩溶裂隙涌、漏水钻孔 3 个，占揭露总孔数的 16.7%，涌、漏水钻孔主要分布在断层两侧和附近，区内钻孔涌水量 4.0m³/h，区内近似水位标高+86.2m。区外钻孔抽水单位涌水量 1.090L/(s·m)，渗透系数 9.87m/d，为富水性较强的含水层。该含水层直接覆盖于一$_2$煤层之上，上距二$_1$煤层 89.27～104.36m，为二$_1$煤层间接充水含水层。

3）太原组上段灰岩含水层

主要由 L$_9$、L$_8$、L$_7$ 灰岩组成，其中 L$_8$ 灰岩发育最好，据揭露该层的 34 个孔统计，含水层厚度一般为 8～11m，平均 8.75m，最厚 11.50m，灰岩岩溶裂隙较发育，连通性较好，在倾向上好于走向。统计漏水 6 孔，占揭露总孔数的 17.65%，漏水钻孔主要分布在古剥蚀面、NE 向断层及露头附近，漏水量 0.12～12.0m³/h。钻孔抽水单位涌水量 0.5507L/(s·m)，渗透系数 9.82～10.94m/d，水位标高 87.92～88.85m，比前两年水位升高 3～6m，为中等富水含水层。水压 6.0MPa 左右，pH 为 7.7～8.35。

该含水层上距二₁煤层 24.08～39.89m，平均 31.94m，为二₁煤层底板主要充水含水层。同时，二₁煤层底板隔水层内砂质泥岩水平层理发育，块状结构，节理裂隙发育，裂隙充填方解石脉；L₉灰岩裂隙发育，并被方解石脉充填。

2.1.1.2　隔水层

1）本溪组铝质泥岩隔水层

指奥陶系含水层上覆的铝质泥岩层、局部薄层砂岩和砂质泥岩层，全区发育，厚度 2.80～28.85m，分布连续稳定，具有良好的隔水性能。

2）太原组中段砂泥岩隔水层

指 L₄ 顶至 L₇ 底之间的砂岩、泥岩、薄层灰岩及薄煤等岩层，该层段总厚度 28.94～53.25m，以泥质岩层为主，为太原组上下段灰岩含水层之间的主要隔水层。

3）二₁煤底板砂泥岩隔水层

指二₁煤层底板至 L₈ 灰岩顶之间的砂泥岩互层，以泥质类岩层为主。该段的总厚度为 24.08～39.89m，平均 31.94m，其分布连续稳定，是良好的隔水层段，但遇构造处隔水层变薄，隔水性明显降低。

2.1.1.3　开采技术条件

赵固一矿采用走向长壁倾斜分层开采近水平二₁煤层，顶分层采厚 3.5m，全部垮落法处理顶板，回采巷道沿煤层顶板掘进，两巷宽均为 4.5m；西翼西二盘区煤层平均厚 6.2m，埋深约 700m，其中松散层厚达 567m，基岩厚约 75m，工作面回采前已对 L₈ 灰岩注浆改造使其变为弱含水层。西二盘区共回采 4 个工作面，回采顺序依次为 12011、12041、12031 及 12051 工作面，开采技术参数见表 2.1，L₈ 灰岩含水层特征见表 2.2[1]，工作面布置如图 2.2 所示。其中 12041 及 12011 工作面回采时两侧均为实体煤，12031 及 12051 工作面回采时一侧采空区，一侧为实体煤。

根据矿井及工作面综合柱状图及现场顶底板探查钻孔实际，结合在赵固一矿所做矿井顶底板物理力学测试[2-3]，确定煤层顶底板岩性特征见表 2.3[4]。

表 2.1　西二盘区工作面开采技术参数 [1]

工作面名称	走向长/m	倾斜长/m	倾角/(°)	埋深/m	采高/m	支架	
						型号	数量/架
12011	1700～1766	214.5	1～5.7	570～683	4.3	ZY13000/25/50	120
12041	777.4～810	182.8	4～10	662～702	3.5	ZF8600/19/38	117
12031	1174	195	1～5	592～672	3.5	ZF10000/20/38	134
12051	1369.4	180	2～5	578～680	3.5	ZF10000/20/38	122

表 2.2　西二盘区工作面 L_8 灰岩含水层特征 [1]

工作面名称	厚度/m	水压/Pa	突水系数/(MPa/m)	隔水层厚度/m	最大涌水量/(m³/h)
12011	8.7	5.8	0.223	26.0	260
12041	9.0	6.0	0.209	28.7	486
12031	9.0	5.8	0.215	27.0	65
12051	9.0	5.0	0.185	27.0	180

表 2.3　西二盘区采场顶底板岩性特征表 [1-4]

岩层名称	厚度/m	容重/(kN/m³)	内摩擦角/(°)	弹性模量/GPa	抗拉强度/MPa	泊松比
松散黏土层	567.78	21	25		0.16	0.30
中砂岩	6.5	28	31	17	5.10	0.24
砂质泥岩	56.4	26	36	14.1	3.45	0.21
泥岩	4.7～5.3	27	38	4.77	1.02	0.19
大占砂岩	8.4	28	30	8.8	6.10	0.20
泥岩、砂质泥岩	1.9	27	38	4.77	1.02	0.19
泥岩	0～0.5	27	38	4.77	1.02	0.19
二₁煤	6.2	14	28	1.93	0.93	0.24
砂质泥岩	13.8～15.3	26	36	14.1	3.45	0.21
L_9 灰岩	1.8～2.2	26	42	39.2	11.8	0.29
砂质泥岩	11.1	26	36	14.1	3.45	0.21
L_8 灰岩	8.5	26	42	39.2	11.8	0.29

　　根据赵固一矿采用 KX-81 型空心包体三轴应力计所做地应力测试 [2]，在井底车场以北外水仓入水口及西二盘区的西翼回风巷布置两个测点，最大主应力为水平应力，分别为 29.72MPa、27.30MPa，最小主应力为垂直应力，分别为 14.94MPa、15.14MPa；最大水平主应力与最小水平主应力的比值分别为 1.91、1.71，而平均水平主应力与垂直应力的比值分别为 1.50、1.41，1 号测点和 2 号测点大致

图 2.2 西二盘区工作面布置示意

相同，其比值在 1.40～1.50。受区域构造影响，赵固一矿区域水平应力大于垂直应力，并属于高应力矿井。

2.1.2 邢东矿深部开采工程地质

邢东矿主要可采煤层 2# 煤厚度稳定，位于区域岩溶水位之下，属带压开采区，面临下伏区域奥陶系灰岩强含水层岩溶水的威胁。区内水文地质条件较复杂，中奥陶统峰峰组、马家沟组岩溶裂隙较发育，地下水补、蓄条件良好，矿井中西部赋存有较丰富的岩溶水；矿井水文地质类型为极复杂型，区域综合地质柱状图如图 2.3 所示。

2.1.2.1 煤层及其顶底板

2# 煤层位于山西组下部，是井田内主采煤层，煤厚 2.65～5.48m，煤层层位和厚度稳定，井田内全区可采。煤层结构简单，少量夹矸；煤层倾角一般为10°～15°，较为平缓，受褶曲和断层影响局部煤层倾角变化较大。2# 煤呈深黑色，强玻璃光泽，条痕为棕黑色和黑色，原生节理发育，断口为参差状，导电性极差，主要由亮煤组成，夹有镜煤、暗煤条带，属半光亮型煤。

2# 煤顶板岩性以粉砂岩和中细粒砂岩为主，局部为泥岩和粉砂质泥岩；底板岩性主要为粉砂岩，其次为中细砂岩，局部为泥岩和碳质泥岩。

2.1.2.2 含水层特征

根据含水层的孔隙特征和埋深情况，区内含水岩组可分为埋深小于 300m 的第四系孔隙含水层、埋深介于 800～1000m 的裂隙含水层、埋深大于 1100m 的裂隙岩溶含水层三种基本类型，其中前两者均为 2# 煤顶板含水层，底板含水层埋深均大于 1100m。矿井深部分布有 11 个含水层（组）[5-7]，见表 2.4。

（1）第四系顶砾孔隙含水层（X_2）：由下部的砾石和其上部的中细砂岩组成，厚度 30～93m，其中砾石层厚度一般为 10～20m。含水层富水性强至极强，据民井抽水试验资料，单位涌水量 1.29～9.83L/(s·m)，水位标高 54.50～60.40m，水质类型为 $HCO_3 \cdot Cl\text{-}Ca \cdot Mg$ 和 $HCO_3 \cdot SO_4\text{-}Ca \cdot Mg$ 型，矿化度（total dissoloved solid，TDS）为 0.185～0.590g/L。

（2）第四系中部孔隙含水层（$X_{1\text{-}1}$）：以中细砂岩为主，分选、滚圆较好，一般由 5 个单层组成，层厚 27～71m，平均 42m 左右，上部较松散，下部微固结。含水层富水性弱，据邢台井田抽水试验资料，钻孔水位标高+77.56～+78.83m，单位涌水量 0.0237～0.0344L/(s·m)，水质类型为 $HCO_3\text{-}Ca$ 型，TDS 为 0.186～0.340g/L。

柱状	岩层	厚度 最小-最大 平均/m	间距 最小-最大 平均/m	岩性特征	单位涌水量 最小-最大 平均 /[10⁻³L/(s·m)]	渗透系数 最小-最大 平均 (10⁻²m/D)	富水程度
	下石盒子组砂岩	6.90-39.90 19.83		灰绿色带少量紫斑粉砂岩，灰色、深灰色粉砂岩及中细粒砂岩组成，粉砂岩具鲕状结构，含植物化石，砂岩主要成分为石英、长石，泥质胶结，裂隙不发育，底部常有一层较稳定的厚层中细粒砂岩	1.44	0.353	弱富水
			19.09-48.12 34.56	以深灰色、黑灰色粉砂岩为主，2～3层中细砂岩，粉砂岩层理发育，其间夹1～3层薄层煤层			
	2#煤顶板砂岩	0.99-16.03 8.05		灰白色中细砂岩，成分以石英为主，长石次之，分选一般，钙质胶结，裂隙发育，多被线状方解石脉充填，层位不稳定，厚度变化较大，个别钻孔缺失	1.04-1.08 1.06	0.72-1.19 0.955	弱富水
			42.54-67.90 53.16	灰色、深灰色粉砂岩，浅灰色、灰白色中细粒砂岩，下部灰岩以上为黑灰色泥岩，含菱铁质结核，砂岩裂隙多不发育，段内含3～4层煤，其中可采者2层			
	野青灰岩	1.27-4.26 2.23		灰色、黑灰色，质不纯含泥质，隐晶结构，含黄铁矿散晶，裂隙不发育，内多充填方解石脉和黄铁矿	3.56-3.82 3.69	14.2-17.8 16.0	弱富水
			28.56-49.73 41.01	以深灰色粉砂岩为主，夹1～2层细粒砂岩和数层煤，其中可采一层，底部为一层位稳定的厚层泥岩			
	伏青灰岩	0.63-3.26 1.95		灰色、黑灰色，质不纯含泥质，隐晶结构，含黄铁矿散晶，裂隙不发育，内多充填方解石脉和黄铁矿	2.63-2.97 2.80	11.1-20.1 15.6	弱富水
			24.56-59.57 36.36	浅灰色、深灰色，质较纯，裂隙发育，内多充填方解石脉，局部可见溶孔和小溶洞，个别钻孔漏水			
	大青灰岩	1.70-8.22 5.34		中上部以灰色粉砂岩为主，夹1～2层细粒砂岩，下部为厚层状泥岩，细腻、性脆，含煤2～3层，可采者1层	1.41-4.32 0.921	9.25-41.4 25.3	弱富水
			4.69-33.76 20.91	上部为煤层，中下部以铝土质粉砂岩为主，次为细砂岩			
	本溪灰岩	0.00-8.88 3.49		深灰色，隐晶质，含少量泥质，裂隙较发育，多充填方解石脉，未发现漏水钻孔，厚度一般为3～6m，夹10#煤	191-3438 （邢台矿井抽水资料）		中等富水
			2.93-38.0 5-10	浅灰色、灰白色铝土岩，铝土质粉砂岩，有时见细砂岩			
	中奥陶统8段灰岩	45.23-94.59 65.03		岩性单一，以灰色、深灰色灰岩和花斑状灰岩为主，局部夹少量白云质灰岩，偶见角砾状，石灰岩质纯，为一巨厚层状，隐晶结构，局部显波状或水平层理，全段裂隙和小溶洞发育，部分裂隙内充填方解石脉，穿过本层钻孔普遍漏水和涌水	38.2-3776 1046	7.16-745 184	强富水

图 2.3　邢东矿区域综合地质柱状图

表 2.4 邢东矿含水层特征一览表

含水层名称	厚度/m	富水性	单位涌水量/[L/(s·m)]	水质类型
第四系顶砾孔隙含水层（X_2）	30～93	强至极强	1.29～9.83	$HCO_3 \cdot Cl\text{-}Ca \cdot Mg$ $HCO_3 \cdot SO_4\text{-}Ca \cdot Mg$
第四系中部孔隙含水层（X_{1-1}）	27～71	弱	0.0237～0.0344	$HCO_3\text{-}Ca$
第四系底砾孔隙含水层（X_1）	0～13	弱	0.00293	$SO_4 \cdot HCO_3\text{-}Ca \cdot Na$
上石盒子组二段砂岩裂隙含水层（Ⅸ）	70	中等	0.118	$HCO_3\text{-}Na \cdot Ca$
下石盒子组底部砂岩裂隙含水层（Ⅷ）	6.9～39.9	弱	0.00078～0.00144	$HCO_3\text{-}Na$
2# 煤顶板砂岩裂隙含水层（Ⅶ）	0～16.03	弱	0.00104～0.00108	$HCO_3\text{-}Na$ $HCO_3 \cdot SO_4\text{-}Na$
野青灰岩裂隙岩溶含水层（Ⅵ）	1.27～4.26	弱	0.00382～0.0356	$HCO_3\text{-}Na$ $HCO_3 \cdot Cl\text{-}Na$
伏青灰岩裂隙岩溶含水层（Ⅳ）	0.63～3.26	弱	0.00263～0.00297	$HCO_3 \cdot Cl\text{-}Na$ $HCO_3 \cdot SO_4\text{-}Na$
大青灰岩裂隙岩溶含水层（Ⅱ）	1.70～8.22	弱	0.0007～0.0141	$HCO_3\text{-}Ca \cdot Na$
本溪灰岩裂隙岩溶含水层（I_1）	3.5	弱		
奥陶系灰岩岩溶裂隙含水层（Ⅰ）	545	弱至强	0.0382～3.776	$HCO_3\text{-}Ca$、$SO_4\text{-}Ca$

（3）第四系底砾孔隙含水层（X_1）：以石英砂岩为主，混有黏土和散砂，层厚0～13m，一般2～4m，分布不稳定。含水层富水性弱，单位涌水量0.00293L/(s·m)，钻孔水位标高+63.57m，水质类型为 $SO_4 \cdot HCO_3\text{-}Ca \cdot Na$ 型，TDS 为0.592g/L。

（4）上石盒子组二段砂岩裂隙含水层（Ⅸ）：以中粗砂岩为主，含砾，裂隙较发育，厚度70m左右。富水性中等，据东庞井田4230孔抽水结果，单位涌水量0.118L/(s·m)，钻孔水位标高+80.67m，水质类型为 $HCO_3\text{-}Na \cdot Ca$ 型，TDS 为0.328g/L。

（5）下石盒子组底部砂岩裂隙含水层（Ⅷ）：以中细砂岩为主，泥质胶结，裂隙不发育，一般2～4层，以底部含砾中砂岩（或细砂岩）最稳定，层厚6.9～39.9m。含水层富水性弱，地下水以静储量为主。单位涌水量0.00078～0.00144L/(s·m)，渗透系数平均0.00353～0.00465m/d，水质类型为 $HCO_3\text{-}Na$ 型，TDS 为0.436g/L。

（6）2# 煤顶板砂岩裂隙含水层（Ⅶ）：以中细砂岩为主，分选、滚圆一般，泥钙质胶结，裂隙较发育，多被钙质充填，层厚0～16.03m，平均8.05m。含水层富水性弱，单位涌水量0.00104～0.00108L/(s·m)，渗透系数0.0072～0.0119m/d，平均0.00955m/d，钻孔水位标高+64.01～+68.02m，2013年奥陶系灰岩水位标高介于+7～+28m，水质类型为 $HCO_3\text{-}Na$、$HCO_3 \cdot SO_4\text{-}Na$ 型，TDS 为0.448～0.485g/L。

（7）野青灰岩裂隙岩溶含水层（Ⅵ）：上石炭统太原组野青灰岩，质不纯，含少量泥质，裂隙、岩溶均不发育，厚度 1.27～4.26m，平均 2.23m。含水层富水性弱，地下水以静储量为主，单位涌水量 0.00382～0.0356L/(s·m)，水质类型为 HCO_3-Na 和 HCO_3·Cl-Na 型，TDS 为 0.451～0.625g/L。

（8）伏青灰岩裂隙岩溶含水层（Ⅳ）：上石炭统太原组伏青灰岩，质不纯，含泥质，裂隙、岩溶均不发育，厚度 0.63～3.26m。含水层富水性弱，地下水以静储量为主，单位涌水量 0.00263～0.00297L/(s·m)，水质类型为 HCO_3·Cl-Na 和 HCO_3·SO_4-Na 型，TDS 为 0.519～0.533g/L。

（9）大青灰岩裂隙岩溶含水层（Ⅱ）：由灰岩组成，质较纯，裂隙较发育，大部被方解石充填，局部可见小溶洞和溶孔，层厚 1.70～8.22m。含水层富水性弱，单位涌水量 0.0007～0.0141L/(s·m)，钻孔水位标高 -93.34～+64.42m，水质类型以 HCO_3-Ca·Na 型为主，TDS 为 0.325～0.817g/L。

（10）本溪灰岩裂隙岩溶含水层（I_1）：上石炭统太原组本溪灰岩，质不纯，含少量泥质，裂隙、岩溶均不发育，平均厚度 3.5m 左右。含水层富水性弱，在揭露的 28 个钻孔中无漏水现象，泥浆消耗量均小于 0.5m³/h。

（11）奥陶系灰岩岩溶裂隙含水层（Ⅰ）：奥陶系灰岩为煤系地层的基盘，厚度 447.80～639.20m，平均厚度 545m，为一套海相碳酸盐岩地层。

根据其岩性组合、沉积旋回及水文地质特征划分为三组八段即峰峰组（7、8段）、上马家沟组（4、5、6段）和下马家沟组（1、2、3段）；其中 1、4、7段为相对隔水层。含水层中上部岩性为中厚层灰岩组段，岩溶、裂隙发育，含水丰富，构成相对统一的含水体，富水性弱至强，单位涌水量 0.0382～3.776L/(s·m)，钻孔水位标高 +35.86～+66.82m，水质类型为 HCO_3-Ca 和 SO_4-Ca 型，TDS 为 0.306～0.544g/L；其富水性具有明显的不均一性。

2.1.2.3　开采技术条件

邢东矿采用单一厚煤层走向长壁综合机械化一次采全高后退式采煤法开采 2# 煤，开采标高 -585～-1200m；采用 MG500/1140-WD 型采煤机落煤，并配合 ZY5000/25/50 型两柱掩护式支架支护顶板，全部垮落法处理采空区，局部用充填开采；回采巷道沿煤层顶板掘进，轨道巷宽×高=5.0m×3.5m，运输巷宽×高=5.0m×3.5m 或 4.5m×3.5m，采用锚网梁锚索联合支护。矿井采用立井分水平开拓方式，开采水平为 -760 水平和 -980 水平，并在 -980 水平设中间辅助水平，上下水平采用暗斜井连接；-760 水平有 1100 和 1200 采区两个采区，-980 水平有 2100 和 2200 采区两个采区，埋深 1000～1275m。邢东矿 -980 水平部分工作面开采技术参数见表 2.5，工作面布置图如图 2.4 所示。

表 2.5 −980 水平部分工作面开采技术参数 [8]

工作面名称	走向长/m	倾斜长/m	倾角/(°)	埋深/m	采高/m	最大涌水量/(m³/h)
2125	548	148	6～23	1091～1185	3.7～4.6	79.8
2126	530	145	3～13	1116～1215	3.6～4.5	278
2127	541	141	12～15	1184～1275	3.1～4.7	210
2129	391.5	92.8	9～14	1127～1225	3.8～4.1	未突水
2222	711	162	10～18	1136～1239	3.2～4.2	285
2228	249.5	165	16～22	1132～1235	3.5～4.2	2649

工作面直接充水水源为 2# 煤顶板砂岩裂隙水和下石盒子组底部砂岩裂隙水，两含水层富水性弱，易疏干；−980 水平距 2# 煤底板约 46.3m、96.0m、149.4m 的野青灰岩、伏青灰岩、大青灰岩含水层为矿井涌水的主要组成部分，其表现为突水初始时水量较大，随后渐趋稳定，并以消耗静储量为主，一般水量在 25m³/h 左右，偶尔可达 30m³/h，大部分延续一段时间后，水量减小或消失，其对矿井安全不构成威胁。但距 2# 煤底板约 170m 的奥陶系灰岩含水层为井田主要含水层，且不可疏放，补给水源稳定，储量大，水压高达 13.3MPa，突水系数为 0.065～0.084；奥陶系灰岩含水层厚度大、富水性强且极不均一，加上邢东矿开采深度大，2127 工作面埋深最大达 1275m，2# 煤被断层分割严重，一旦导通奥陶系灰岩水将危及矿井安全。

根据邢东矿在 1200 采区的两个地应力测试数据[9]，1 号测点位于 1300 集中运料巷中部，2 号测点位于 1200 集中运料巷。在两个测点巷帮距巷道底板 1.5m 处施工钻孔，向上倾斜 3°～5°，钻孔深度为 10m。采用空心包体钻孔应力解除法进行地应力测试，测点埋深 809～820m，最大、最小主应力均为水平应力，最大水平主应力分别为 33.1MPa、32.5MPa，最小水平主应力分别为 8.2MPa、10.1MPa；中间主应力均为垂直应力，其值分别为 18.3MPa、22.4MPa，最大水平主应力系数分别为 1.81、1.45，最小水平主应力系数分别为 0.58、0.45，两个测试钻孔的侧压力系数差异不大[9]。因此，受区域构造影响，邢东矿的整体地应力高，区域最大水平主应力高于垂直应力，原岩应力以水平应力为主，也为高地应力矿井。

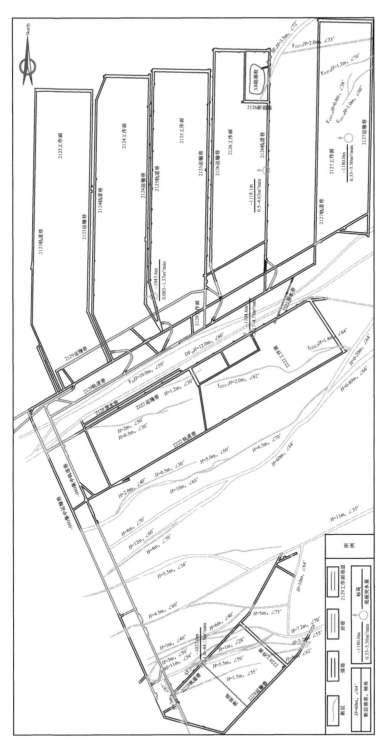

图 2.4 邢东矿-980 水平工作面布置

2.2 赵固一矿底板卸荷破裂微震特征

2.2.1 微震监测原理及监测方案

赵固一矿 12011 工作面采用 BMS 型微震监测系统，其结构及工作原理[10-11]如图 2.5 所示。在采动围岩内布置多组检波器实时采集数据，应用震动定位原理，根据顶底板岩层破裂时震动波传至检波器的时差及震源与检波器间距离确定岩层破裂位置并在三维空间显示，如图 2.6 所示。

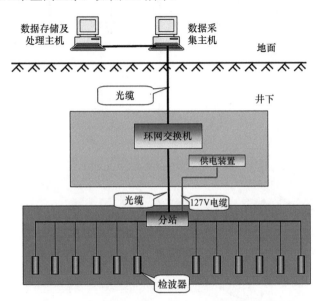

图 2.5　BMS 型微震监测系统结构及工作原理[10-11]

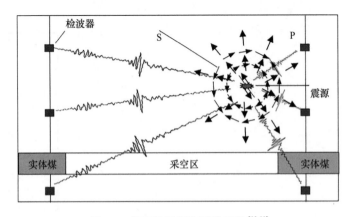

图 2.6　微震监测岩体断裂示意[10-11]

在 12011 工作面轨道巷内对顶板和底板采用台网方式分别布置测点，如图 2.7 所示。

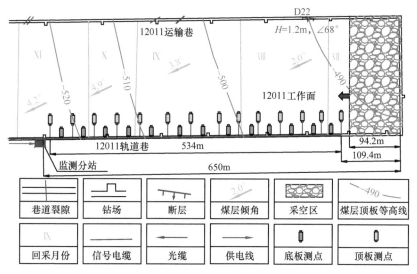

图 2.7　12011 工作面微震监测布置

自距切眼 109.4m 处向外布置监测钻孔，共 14 个顶板钻孔，13 个底板钻孔，相邻钻孔间距约 20m，顶底板岩层各 6 个测点，共设 12 个检波器，监测分站距切眼 650m。经系统调试后，在切眼外 107m 处顶板岩层以里 2.6m 深度放标定炮，并根据岩层弹性波波速测试确定岩体破裂产生弹性波的传播速度为 4.1m/ms，定位误差 3.6m，小于 10.0m，定位精度满足要求。

2.2.2　微震监测事件分布特征

监测期间，工作面自距切眼 94.2m 处向外共推进了约 250.8m，回采速度平均 5.7m/d。统计了基本顶失稳等明显扰动期间的微震事件分布规律，如图 2.8～图 2.11 所示，图中圆球表示微震事件发生位置，圆球色谱灰度代表微震能量 E_J 的等级；●代表 $E_J < 10^3 J$，●代表 $10^3 J \leqslant E_J < 5 \times 10^3 J$，●代表 $5 \times 10^3 J \leqslant E_J < 10^4 J$，●代表能量在 $10^4 J \leqslant E_J < 10^5 J$，●代表 $10^5 J \leqslant E_J < 10^6 J$；顶板虚线、底板虚线为根据所监测微震事件绘制的扰动期间煤岩破裂线轮廓。

根据图 2.8～图 2.11，基本顶失稳期间，采空区顶底板及超前实体煤顶底板均出现了不同能级的微震事件，即顶板的失稳扰动必然伴随底板岩体的破裂，且顶板微震事件的能级不同将形成不同能级的底板微震事件，即扰动强度不同底板煤岩破裂特征不同。沿工作面倾向，微震事件主要分布于回采巷道两侧；而走向方向主要分布于工作面煤壁两侧。同时，根据微震事件分布绘制的煤岩破裂线均呈

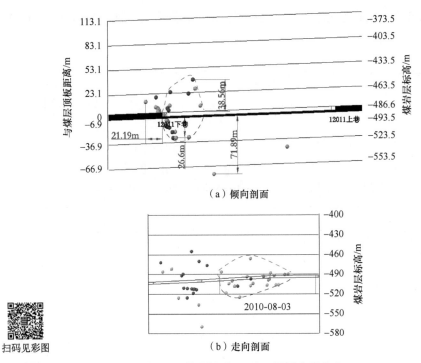

（a）倾向剖面

（b）走向剖面

图 2.8 工作面推进 148.2m 微震事件分布

扫码见彩图

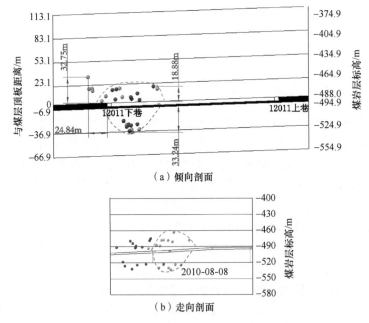

（a）倾向剖面

（b）走向剖面

扫码见彩图

图 2.9 工作面推进 179.9m 微震事件分布

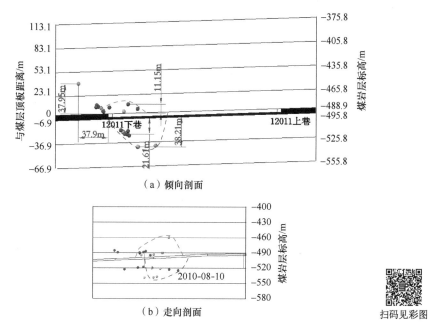

（a）倾向剖面

（b）走向剖面

图 2.10　工作面推进 194.0m 微震事件分布

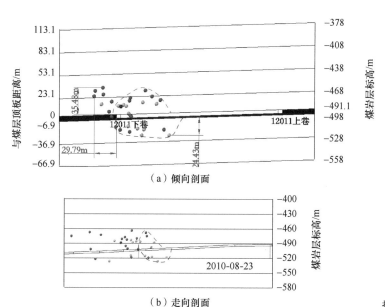

（a）倾向剖面

（b）走向剖面

扫码见彩图

图 2.11　工作面推进 265.2m 微震事件分布

压力拱轴线形式分布，采空区顶板破裂扰动也引起底板岩体的卸荷破裂。

工作面推进 148.2m 时，共监测到 50 个微震事件，采空区顶板最大破裂高度为 38.56m，底板最大破裂深度为 26.6m；受超前压应力影响，超前底板最大破裂深度达 71.89m；监测的最大能量为 25954.16J，最小能量为 1947.04J。推进至 179.9m 时，共监测到 30 个微震事件，采空区顶底板的最大破裂深度分别为 18.88m、33.24m；微震事件最大能量为 18531.42J，最小能量为 1451.26J。推进 194.0m 时，共监测到 23 个微震事件，采空区顶底板最大破裂深度分别为 11.15m、38.21m；最大能量达 33400.29J，最小能量为 1187.71J。工作面推进 265.2m 时，共监测到 31 个微震事件，采空区顶底板的最大破裂深度分别为 33m、24.43m；最大能量为 16602.68J，最小能量仅为 668.33J。推进不同距离的微震事件表明，采空区顶底板的微震事件一定程度上反映了采空区顶底板岩体的破裂程度，微震事件在采空区底板的分布数量明显高于超前实体煤底板，高能级微震事件多分布于采空区顶底板，微震事件能级越高对顶板破裂的影响越大，顶板高能级扰动将造成底板破裂深度增加。

统计绘制了随工作面推进顶底板微震事件分布的数量特征，如图 2.12 所示。

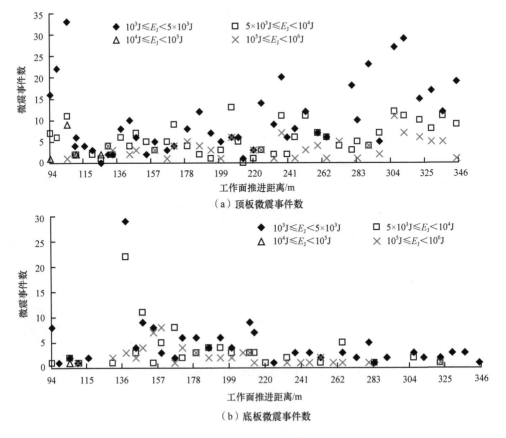

（a）顶板微震事件数

（b）底板微震事件数

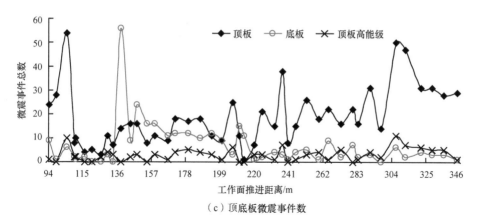

（c）顶底板微震事件数

图 2.12　随工作面推进顶底板微震事件数分布[12]

随工作面推进，工作面顶底板微震事件能量 $E_J < 5 \times 10^3$J 的低能级微震事件分布较多，而 $E_J \geqslant 5 \times 10^3$J 的高能级微震事件分布较少。顶、底板微震事件分布总数未呈必然的相关关系，但基本顶失稳期间主要表现为顶底板强烈卸荷形成的高能级微震事件诱发了底板破裂，顶板高能级微震事件总数与底板微震事件总数基本呈正相关关系如图 2.12（c）所示；故顶板高能级微震事件对底板的破裂程度起决定作用，底板破裂程度与基本顶失稳的扰动强度密切相关。

2.2.3　基于微震事件的顶底板破裂特征

计算所有微震事件与工作面的相对位置，并将所有微震事件固定至沿工作面走向的剖面，以工作面位置不变，呈现微震事件在采场前后的分布形式，从而清晰表明微震事件在顶底板的分布状况，如图 2.13 所示。

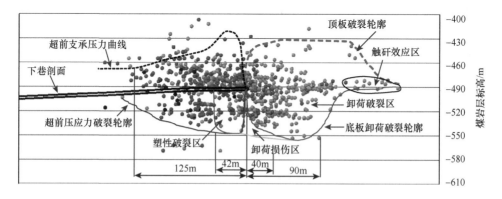

图 2.13　沿走向固定工作面微震事件分布剖面[10]

由图 2.13 可知，工作面超前实体煤侧顶底板以 $E_J < 5 \times 10^3 J$ 的低能级微震事件分布为主，而采空区侧以 $E_J \geqslant 5 \times 10^3 J$ 的高能级微震事件为主，采空区顶底板形成了以压力拱轴线为主的卸荷优势破裂带。在工作面超前 0～42m 范围内顶底板形成了采动影响明显的超前支承压力优势破裂带，超前影响范围最大达 125m。而在采空区侧，卸荷最大影响范围距工作面煤壁约 90m，底板破裂程度最严重区域距煤壁距离 40m 以内，顶板失稳扰动形成的顶板压力拱优势破裂带与由于扰动引起的底板压力拱卸荷优势破裂带相对应，基本顶岩梁失稳的煤壁端顶底板微震事件数量明显高于采空区触矸区域；由于采出空间的作用，顶板失稳形成的高能级微震事件在触矸区域附近分布较多，而煤壁端则以低能级微震破裂事件为主，且基本顶岩梁失稳的触矸区域底板在矸石垫层和底板浅部破坏带缓冲作用下基本无微震事件分布。

同时，统计绘制了基于微震事件的顶底板岩层破裂深度特征，如图 2.14 所示。

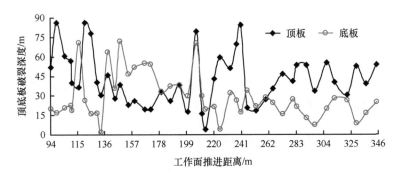

图 2.14　基于微震事件的顶底板岩层破裂深度特征

根据图 2.14，顶板微震事件分布的最大高度为 86.28m，位于采空区基本顶岩梁的近煤壁端，这与西二盘区 12011 工作面基本顶及其随动岩层位置一致；而底板微震事件分布的最大深度为 71.89m，位于超前压力作用下的实体煤侧底板，但卸荷导致的微震优势破裂带最大深度为 54.99m。

由此可知，超前压应力导致的实体煤底板破裂深度可大于卸荷破裂深度，即超前扰动影响深度可大于卸荷破裂深度。工作面正常开采期间，底板破裂深度约 25m，而基本顶剧烈失稳扰动期间底板最大卸荷破裂深度达 54.99m，比正常增加约 30m，增加约 1.2 倍，且大于底板隔水层厚度。而观测期间底板实际突水量约 1m³/h，这主要是由于采空区底板深部微震优势破裂带内裂隙未满足卸荷破裂条件，且由于卸荷形成的裂隙扩展区未贯通隔水层厚度或未与承压水导升带沟通，故微震破裂最大深度范围内未发生底板突水，而当卸荷导致的裂隙扩展区贯通隔水层厚度或与承压水导升带沟通时将诱发底板突水。

2.3 邢东矿底板卸荷破裂微震特征

2.3.1 微震监测系统及监测方案

邢东矿采用 KJ1073 型煤矿微震监测系统监测了−980 水平工作面的微震事件分布特征[13-14]。该微震监测系统监测主机采用 24 位 6/8 通道数字微地震采集分站，采样频率 5~20kHz；拾震传感器有三分量、两分量和单分量三种结构，速度为 1.6~25mm/s，频率为 10~500Hz。该微震监测系统采用长短时平均法自动识别微震事件和判定初动，采用盖格算法、改进盖格算法、单纯型和双差定位等方法寻找震源点位置和事件的最优目标解，再应用校正炮选择适合本区域的定位算法。

−980 水平 2222 工作面底板突水后，为监测−980 水平各工作面底板岩体的破裂及导水通道发育情况，分析微震事件的时空变化规律，对工作面回采过程中突水危险地段进行监测评价，在−980 水平布置了 3 个监测分站（矩形方框），12 个12 通道检波器，其中 9 个单轴检波器（编号：1#、2#、4#、5#、6#、8#、10#、11#、12#），3 个三轴检波器（编号 3#、7#、9#）[15]，具体布置如图 2.15 所示。

检波器主要布置在轨道下山、皮带下山，该区域受 F_{22} 断层及 DF_{10} 断层影响较大，底板隐伏裂隙发育；可监测 F_{22} 断层两侧的 2222、2125、2126 及 2129 等多个工作面的底板破裂状况，以充分发挥微震监测系统的作用。

检波器采用半包围式布置，并埋置在钻孔中，埋设深度 6.0~8.5m，安装角度 65°~80°。在系统整体安装完成、运行正常后，在煤层底板进行了校正炮爆破作业，校正炮钻孔深度约 2m，药量以多数检波器收到震动信号为准，一般大于 600g，总数为 10 个，校正误差满足要求。

2.3.2 采空区底板卸荷破裂微震事件分布特征

监测获取了 2222 工作面推进至 690m 处的底板破裂微震事件，此时底板突水处于第二阶段突水峰值期。由于深部奥陶系灰岩水向上进入工作面需经过位于煤层底板下方 145m、96m、46m 的大青灰岩、伏青灰岩、野青灰岩等薄层灰岩含水层，为此以三个薄灰岩含水层为目标将底板全部微震事件按 0~30m、30~60m、60~120m、120~180m 不同深度段进行分组，并投影至平面图上，绘制 2222 工作面底板微震事件分布平面图，如图 2.15 所示。

由图 2.15 可知，底板微震事件主要有两处异常区域，1# 异常区位于 2222 底板，微震事件分布相对集中；2# 异常区位于 F_{22} 断层北侧已回采的 2124 工作面与未回采的 2125 工作面开口位置底板深部，微震事件较分散。在 2222 工作面底板以深 120~180m 大青灰岩段，微震事件分布形成了一个长轴约 120m 的不规则椭圆形

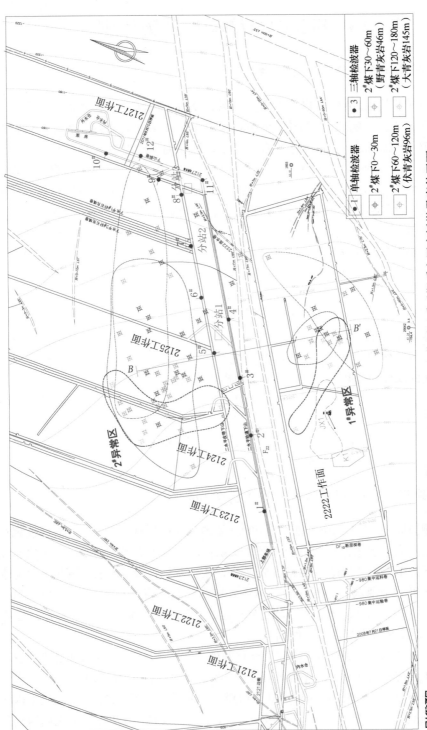

图 2.15 −980 水平微震检波器布置及 2222 工作面回采后期采空区底板微震事件平面

区域；在底板以深 60～120m 伏青灰岩段，微震事件较多，并位于大青灰岩段的后上方；在底板以深 30～60m 野青灰岩段，微震事件少于伏青灰岩段，野青灰岩附近岩层运动不如伏青灰岩附近活跃，可能由于该区域含有两层 5～6.4m 厚的泥岩，以及岩石裂隙程度弱。

同时，沿 2222 工作面突水后位于采空区煤柱中部的剖面线 BB′ 作垂直于地层的剖面，将距 BB′ 剖面水平距离 100m 范围内的所有微震事件投影至 BB′ 剖面上（下文垂直剖面同此，不再赘述），获得了微震事件的纵向分布图（图2.16）。

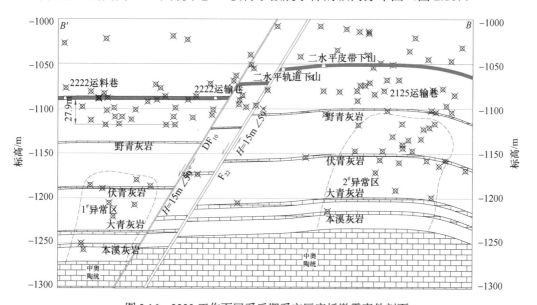

图 2.16　2222 工作面回采后期采空区底板微震事件剖面

由图 2.16 可知，2222 工作面回采后期，伏青灰岩、大青灰岩及以深在微震事件平面上呈椭圆形或不规则扁圆形分布；微震监测范围内工作面下方 30～180m 微震事件集中分布在 1# 异常区和 2# 异常区附近，两个异常区自深部奥陶系灰岩顶部向上连续、重叠发育，应为奥陶系灰岩水向上导升的通道位置，而空间上 1# 异常区和 2# 异常区相互独立，无直接连通迹象；故在底板 90m 以深段应以垂直向上的破裂导升为主，底板微震事件主要分布在底板 29.7m 以浅的采动裂隙破裂带及底板 90m 以深的导升破裂地段。而在底板以深 29.7～90m 段基本无微震事件，野青灰岩富水性、导水性相对较差；同时，采场附近底板微震事件较少，主要由于深部奥陶系灰岩水由导水通道运移至采场附近底板裂隙带的阻力较小，未发生明显的破裂。

由此可判定 2222 工作面的导水路径为：在底板 90m 以深至奥陶系灰岩段，底板高压力承压水导升及裂隙破裂扩展作用使得奥陶系灰岩水沿裂隙运移；而在底板 29.7～90m 段，由于突水初期水长时间浑浊，推测为断层泥，并以 DF$_{10}$ 或 F$_{22}$ 断层区域的构造发育、岩层破碎等薄弱地段活化渗透为主，且在突水初期导水通道形成时未对底板破裂实施监测，后期监测时导水通道已稳定，水流的沿程阻力较小，从而无明显微震事件；在底板 29.7m 以浅以采动破裂带沟通采掘空间为主，以此形成了完整的导水通道。

结合图 2.15 分析，2222 工作面底板深部（伏青灰岩以深）微震事件主要分布在距切眼 240～470m 的煤柱附近，并在处于采空区的煤柱中部区域微震事件重叠，主要为采空区应力卸荷地段的微震破裂事件；结合底板突水过程，底板突水整体经历了初始突水→初次突水峰值→突水稳定→水量降低（采宽变窄、原有裂隙闭合、水量减小）→水量增加（采宽增加）→二次突水峰值→再稳定的变化过程，在采宽变窄段底板采动裂隙破裂深度变浅，对断层的扰动程度减弱，导水通道沟通程度弱，但工作面再次推进至采宽增加后，又加剧了对断层的扰动，且采宽变宽段应力大范围卸荷，导水裂隙卸荷张开破裂，水量增加。因此，位于 2222 工作面采空区底板区域的 DF$_{10}$ 或 F$_{22}$ 断层及其衍生断层并未直接沟通底板奥陶系灰岩水，突水量大小更多取决于采空区底板 29.7m 以浅的采动裂隙破裂带及底板 90m 以深的裂隙导升发育及水力渗透程度。

2.4　本章小结

本章以华北型煤田典型深部开采工程地质为基础，应用微震监测系统获取了深部开采底板岩体卸荷破裂的微震特征，主要得到以下结论。

（1）现场实测了华北型煤田典型矿井深部开采底板卸荷破裂与基本顶失稳的联动破裂行为，并指出：基本顶失稳的周期性诱发了底板卸荷破裂和底板突水的周期性，基本顶的剧烈失稳与底板卸荷突水具有联动关系。

（2）现场微震监测表明：基本顶剧烈失稳期间，采空区顶底板均形成了以压力拱轴线为主的卸荷优势破裂带；并且工作面超前实体煤侧顶底板以 $E_J < 5 \times 10^3$J 的低能级微震事件为主，而采空区侧以 $E_J \geqslant 5 \times 10^3$J 的高能级微震事件为主，顶板高能级微震事件总数与底板微震事件总数呈正相关，基本顶失稳的煤壁端顶底板微震事件数量明显高于采空区触矸区域。

参 考 文 献

[1]　李春元. 深部强扰动底板裂隙岩体破裂机制及模型研究[D]. 北京: 中国矿业大学 (北京), 2018.

[2]　杨子泉. 赵固一矿地应力影响巷道围岩稳定性的力学机制及控制技术研究[D]. 焦作: 河南理工大学, 2012.

[3] 李振华. 薄基岩突水威胁煤层围岩破坏机理及应用研究[D]. 北京: 中国矿业大学 (北京), 2010.

[4] 李春元, 张勇. 深埋薄基岩顶板来压与底板破坏深度关系[J]. 煤炭科学技术, 2016, 44(8): 74-79.

[5] 王朋朋. 深部高承压水上采动底板损伤破裂突水机理及控制研究[D]. 北京: 中国矿业大学 (北京), 2022.

[6] 胡宝玉. 邯邢矿区深部开采煤层底板奥灰突水机理及防治关键技术[D]. 北京: 煤炭科学研究总院, 2020.

[7] 黄丹. 邢东矿深部煤层底板变形破坏机理研究[D]. 西安: 长安大学, 2019.

[8] Li C Y, Zuo J P, Huang X H, et al. Water inrush modes through a thick aquifuge floor in a deep coal mine and appropriate control technology: A case study from Hebei, China[J]. Mine Water and the Environment, 2022, 41: 954-969.

[9] 邢世坤. 千米深井地应力测试技术研究与应用[J]. 煤炭与化工, 2022, 45(12): 50-52, 57.

[10] 曾志龙, 孔令海, 姜福兴, 等. 基于微地震监测的大水量矿区厚煤层围岩破裂特征[J]. 矿业安全与环保, 2012, 39(2): 12-14, 18.

[11] 孔令海, 齐庆新, 姜福兴, 等. 长壁工作面采空区见方形成异常来压的微震监测研究[J]. 岩石力学与工程学报, 2012, 31(S2): 3889-3896.

[12] 李春元, 张勇, 左建平, 等. 深部开采砌体梁失稳扰动底板破坏力学行为及分区特征[J]. 煤炭学报, 2019, 44(5): 1508-1520.

[13] Zuo J P, Wu G S, Du J, et al. Rock strata failure behavior of deep Ordovician limestone aquifer and multi-level control technology of water inrush based on microseismic monitoring and numerical methods[J]. Rock Mechanics and Rock Engineering, 2022, 55: 4591-4614.

[14] Li C Y, Zuo J P, Xing S K, et al. Failure behavior and dynamic monitoring of floor crack structures under high confined water pressure in deep coal mining: A case study of Hebei, China[J]. Engineering Failure Analysis, 2022, 139: 106460.

[15] 孙运江, 左建平, 李玉宝, 等. 邢东矿深部带压开采导水裂隙带微震监测及突水机制分析[J]. 岩土力学, 2017, 38(8): 2335-2342.

3 深部开采顶底板联动失稳模型与力学机制

根据表 1.2、表 1.3 及图 1.6，深部开采基本顶失稳导致的剧烈初次来压及周期来压将对底板形成强烈的动载扰动作用，并导致底板突水动态变化，且来压地段底板突水点非均匀分布。同时，根据《煤矿水害事故典型案例汇编》，在采场底板突水的 25 个案例中，有多达 12 次发生在初次来压期间，占比达 48%；至少 5 次发生在周期来压期间，占比 20%[1]。因此，采场基本顶失稳导致的剧烈初次来压及周期来压作为一种矿压显现现象，其对底板的破裂程度最强烈、最难以控制，基本顶的失稳和急剧下沉与底板的鼓起变形、突水必然存在着一定联动关系，基本顶失稳诱发采场底板联动破裂的效应不可忽视。

3.1 深部开采底板破裂力源

以赵固一矿 12041 工作面为例分析基本顶岩梁失稳的动载作用；根据赵固一矿西二盘区顶底板发育状况，首先对失稳的基本顶位置及载荷应用关键层理论进行判别和计算，对顶板关键层位置进行判别[2]，见式（3.1）：

$$\begin{cases} (q_n)_1 = \left(E_1 h_1^3 \sum_{i=1}^{n} \gamma_i h_i \right) \Big/ \sum_{i=1}^{n} E_i h_i^3 \\ q_{n+1} < q_n \\ l_j < l_{j+1}, \quad j = 1, 2, \cdots, m_r \end{cases} \tag{3.1}$$

式中，q_{n+1}、q_n 分别为计算到第 $n+1$ 层与 n 层时第 1 层关键层所受载荷，MPa；E_i 为岩层弹性模量，MPa；h_i 为岩层厚度，m；γ_i 为岩层体积力，kN/m³；n 为第 1 层岩层所控制的岩层达到 n 层；l_j 为基本顶失稳时第 j 层的跨距，m；m_r 为硬岩层层数。

计算可知：大占砂岩层为亚关键层，砂质泥岩和中砂岩的复合破断层为主关键层，故大占砂岩层和砂质泥岩与中砂岩的复合破断层将对基本顶来压造成重要影响。根据"砌体梁"结构不发生滑落的条件[2]：

$$\begin{cases} \dfrac{h}{L/2} \leqslant \dfrac{\tan\varphi}{2} \\ h+h_0 \leqslant \dfrac{2\sigma_t}{\gamma}\left(\tan\varphi + \dfrac{3}{4}\sin\theta\right)^2, \text{复合破断层} \end{cases} \tag{3.2}$$

式中，θ 为破断块体回转角，（°）；$\sin\theta = [M-h_z(k_p-1)]/L$，$h_z$ 为直接顶厚度，m，M 为采高，m；k_p 为岩石碎胀系数，取 1.3；h 为关键层厚度，m；h_0 为随关键层同步破断的覆岩厚度，m；σ_t 为关键层抗拉强度，MPa；γ 为顶板岩层体积力，kN/m^3；φ 为岩层内摩擦角，（°）；L 为基本顶来压步距，m。

计算表明，顶板大占砂岩及砂质泥岩和中砂岩的复合破断层极易发生滑落失稳。由表 2.3 可知，大占砂岩层节理发育，完整性差，故其在砂质泥岩载荷层的作用下将先发生破断。而顶板砂质泥岩为缓波状层理且破碎，只是其厚度较大能起到一定的承载作用，加上中砂岩的复合破断作用，其来压步距将大于大占砂岩层，但由于其同步破断岩层厚度波及上覆松散层，故其矿压显现规律与浅埋薄基岩煤层相似，在工作面表现为顶板的台阶下沉，从而引起工作面来压剧烈频繁、顶底板移近量大甚至压架。因此，关键层破断后"砌体梁"结构失稳对工作面造成了频繁剧烈来压与动载扰动；而大占砂岩层和砂质泥岩及中砂岩复合破断层破断距离不同，造成了大小周期来压等剧烈的动载荷作用并导致底板破坏。

煤层开采后，随采场推进，基本顶岩梁跨距增大，基本顶变形断裂，并首先离层下沉；随基本顶跨距增加，基本顶岩梁上的载荷不断增加，基本顶结构将逐渐由弹性状态进入弹塑性状态，基本顶跨距继续增加至岩梁达到塑性极限状态时将导致基本顶失稳破断，从而对煤壁端部及采空区底板造成动载扰动。根据弹塑性力学理论，当梁截面全部进入塑性时，截面上的正应力将达到屈服极限 σ_s，此时截面上的弯矩为极限弯矩 M_u，则极限条件为 [3]

$$M_u = b_u h_u^2 \sigma_s \tag{3.3}$$

式中，b_u 为基本顶岩梁的截面宽度；h_u 为基本顶岩梁厚度的一半。

根据压力拱假说，结合图 1.4、图 2.12～图 2.15 及图 2.17 可知，基本顶岩梁在失稳后将在顶底板内形成压力拱，其前拱脚位于工作面前方煤体的煤壁端部，后拱脚位于基本顶岩梁在采空区的触矸点处；由于基本顶岩梁的动载扰动作用，在前拱脚和后拱脚处将形成应力增高区，而在前后拱脚之间为应力降低区即卸荷区。故基本顶岩梁的失稳作用将导致煤壁端部和采空区触矸点处底板应力增高区内岩体产生压剪破裂；而在两者之间卸荷区内岩体发生卸荷破裂。

根据相似模型实验及已有研究 [2,4]，采场基本顶初次、周期失稳时往往形成两端固支梁的初次失稳结构、一端固支另一端自由或铰接的悬臂梁或砌体梁结构。在基本顶结构失稳导致的剧烈动载力源作用下，底板岩体应力、变形及破裂程度发生显著变化，并形成了深部开采顶底板岩体的联动破裂失稳。

3.2 顶底板初次失稳结构模型及联动机制

3.2.1 顶底板初次失稳结构模型

煤层开采后，基本顶离层下沉变形，在基本顶自重及其上覆岩层载荷 $\gamma(H-h_m-h_z)$ 作用下，基本顶可视为两端固支的岩梁，其中 γ 为顶板岩层体积力，H 为煤层埋深，h_m 为基本顶厚度，h_z 为直接顶厚度；随回采推进，跨距增加，基本顶岩梁结构载荷增大，其力学状态由弹性逐渐过渡至弹塑性，其结构模型如图 3.1 所示，梁上载荷近似均匀分布，如图 3.1（b）所示。

根据结构力学理论[5]，梁 A、B 端极限弯矩较小，如图 3.1（c）所示，首先形成塑性铰，且塑性铰产生相对转动，转向与其极限弯矩一致，并使基本顶岩梁产生与岩层破断角度基本相同的破断线，但梁上其他位置仍处于弹性或弹塑性状态。随回采继续推进，梁 A、B 端弯矩不变，但其塑性铰仍存在，而梁上均布载荷逐渐增加至极限值 q_u 时，跨中 C 截面弯矩将增加至极限弯矩 M_u，并产生塑性铰，破断线沿跨中同步形成，基本顶岩梁则达到塑性极限并产生初次垮断，失稳后模型及机构如图 3.1（d）～（f）所示。

若忽略基本顶岩梁的变形和内力，以基本顶岩梁的瞬时失稳为研究对象，取 AC 段分析其平衡条件，可计算基本顶岩梁的极限跨距 l[5]：

$$l=\sqrt{\frac{16M_u}{q_u}} \tag{3.4}$$

式中，M_u 可根据式（3.3）计算。

受采出空间影响，基本顶岩梁结构失稳形成的动载荷将对采场围岩产生扰动而形成剧烈的初次来压，梁 A、B 端则对切眼及超前煤壁端下位煤岩体产生挤压冲击作用使底板应力变化；在跨中 C 端则以回转角度 θ_A[图 3.1（f）]下落触矸，触矸区域距煤壁的水平距离约为 $l/2$，从而由矸石垫层将下落的动载荷传递至底板。因此，基本顶岩梁结构的初次失稳，使得岩梁 A、B、C 端的采场及采空区底板产生了联动破裂效应。

3.2.2 顶底板初次失稳联动机制

结合压力拱理论[2]，由于基本顶岩梁的初次失稳作用，底板压力拱前后拱脚区域应力增高，两拱脚间卸荷，压力拱拱脚变换，从而造成底板产生了相应的压剪与卸荷破裂联动。

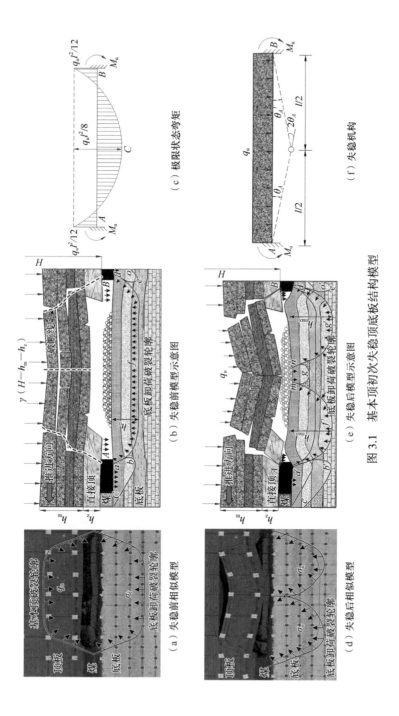

图 3.1 基本顶初次失稳顶底板结构模型

3.2.2.1 底板压剪破裂联动

根据支承压力分布特征及其对底板的作用，基本顶初次失稳前，沿工作面走向可将煤壁端及超前区域载荷分别简化为三角形、梯形线性分布[6]，如图 3.2（a）所示。

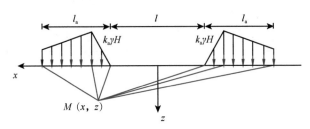

（a）基本顶初次失稳前[6]

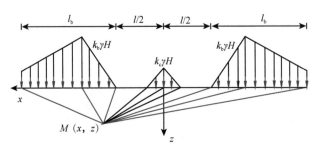

（b）基本顶初次失稳后

图 3.2 基本顶初次失稳前后底板力学模型

在底板半无限平面上，其前后拱脚分别位于图 3.1（b）中梁端 A、B 附近的切眼煤壁及超前煤壁端部，且两者的支承压力峰值基本相等，为 $k_a\gamma H$，其影响距离均为 l_a，其中 k_a 为应力集中系数；据此可计算在压力拱前后拱脚任一点 $M(x, z)$ 的水平应力及垂直应力分量为 σ_{xa}、σ_{za}，其值可基于应力叠加原理，将各线性载荷作用下的应力分量对应叠加，由此形成了底板应力增高区，如图 3.1（b）中曲线 abc 及 deo 所包围区域。

而基本顶初次失稳后，梁 A、B 端的失稳及 C 端的下落触矸形成的动载荷将分别通过切眼及超前煤壁端部作用于底板。在梁 A、B 端动载荷与支承压力的载荷叠加作用下，将导致支承压力峰值增加为 $k_b\gamma H$，其影响距离均为 l_b，k_b 为动载荷与支承压力载荷叠加形成的应力集中系数；在梁 C 端，触矸形成的动载荷亦对底板作用形成水平应力及垂直应力分量 σ_{xg}、σ_{zg}，设触矸区域动载荷为由触矸点向两侧线性降低至 0，触矸载荷应力峰值为 $k_c\gamma H$，k_c 为触矸形成的动载荷应力集中系数。结合底板力学计算模型［图 3.2（b）］，由于其增加了触矸区域线性载荷的应力分量作用，且超前及切眼煤壁端线性载荷应力分量增高，故超前及切眼煤壁端底板任一点 $M(x, z)$ 的水平应力及垂直应力分量增加至 σ_{xb}、σ_{zb}，其与基本顶岩梁初次失稳前相比将形成水平应力增量 $\Delta\sigma_x$ 及垂直应力增量 $\Delta\sigma_z$，即

$$\Delta\sigma_x = \sigma_{xb} - \sigma_{xa}$$
$$\Delta\sigma_z = \sigma_{zb} - \sigma_{za}$$

$$(3.5)$$

因此，基本顶岩梁初次失稳后，基本顶岩梁触矸区域底板形成了一应力增高区［如图 3.1（e）曲线 gmn 所包围区域］，而底板压力拱前拱脚位置基本不变，但拱脚处应力显著增高，底板应力增高区范围扩大至图 3.1（e）中的曲线 a'b'c' 及 d'e'o' 所包围的区域；而后拱脚位置由切眼煤壁端部迅速变换为岩梁失稳后的触矸区域，底板压力拱由图 3.1（b）中宽为 l 的单一拱结构变换为两个宽度均约为 l/2 的双拱结构，如图 3.1（e）所示；即梁 A 端仍为前拱脚，但动载荷叠加导致压应力峰值增大；梁 C 端则变为后拱脚，梁的下落触矸形成对底板的再次压剪破裂效应。

而由于基本顶岩梁的失稳，岩梁失稳的扰动应力将通过梁端首先对煤壁端部和采空区触矸点加荷，再通过能量积聚或应力传递作用扰动煤壁端部和触矸点处底板，煤壁端和触矸区域的底板应力增加，底板应力增高区在基本顶岩梁失稳后也相应扩大。受应力增高影响，煤壁端部及触矸点处底板裂隙岩体在高应力加荷扰动作用下将导致超前压应力增加及裂隙进一步扩展，且由于应力增高区范围扩大，煤壁端部超前破裂轮廓和触矸点区域的裂隙扩展范围相应扩大，并将形成明显的煤壁端部效应区和触矸效应区。

因此，基本顶失稳形成的动载荷，使底板压力拱前后拱脚区域的压应力及应力增高区显著增加，结合莫尔-库仑强度准则，则煤壁端部及触矸区域底板的压缩变形加剧，其压剪破裂与基本顶岩梁失稳的联动效应增强。在底板应力传播衰减规律一致情况下，前拱脚应力将向底板以深扰动扩展；而变换后的后拱脚区域，σ_{zg} 将对底板浅部已经历压剪和临空面卸荷破裂的岩体产生再次压剪破裂，其限制了临空区域底板岩体继续向采空区底板中部挤压变形，转而由 σ_{xg} 不断挤压底板岩体向煤壁端部移动变形，如图 3.1（e）所示，使该区域岩体形成了更为剧烈的挤压流动效应。

随采深增加，各线性载荷作用下的应力分量增加，压力拱前后拱脚应力峰值增加，应力增高区范围扩大，将进一步造成压力拱的扰动深度增加，底板压缩变形破坏程度加剧，故采深越大，基本顶初次失稳导致底板的联动压剪效应越强。

3.2.2.2 底板卸荷破裂联动

根据前述各应力分量的叠加原理，在底板压力拱内侧任一点的水平应力及垂

直应力分量将由基本顶失稳前的 σ_{xau}、σ_{zau} 增加为失稳后的 σ_{xbu}、σ_{zbu}。但由于压力拱内侧为处于临空面下方的采空区或采场底板岩体，其由煤层开采前承受向下的三向压应力状态转变为两向受压一向应力不断向临空面卸荷的受力状态，位移由向下压缩变形转变为向临空面卸荷鼓起，并形成了一定的卸荷区。

为保持底板岩体结构平衡，卸荷将不断向深部传递扰动，增高后的应力分量 σ_{xbu}、σ_{zbu} 继续卸荷，直至底板岩体不再卸荷，应力分量稳定至 σ_{xbf}、σ_{zbf}，并形成了底板深部岩体的应力卸荷再平衡效应。而卸荷作用相当于在增高后的应力场中施加一个反向的拉应力[7]，故基本顶岩梁失稳后，在前后拱脚增高应力的挤压传递、动载荷及支承压力应力分量的叠加作用下，转换为双拱结构的底板压力拱内侧岩体的水平应力及垂直应力的卸荷起点分别增加至 σ_{xbu}、σ_{zbu}，卸荷稳定状态为 σ_{xbf}、σ_{zbf}；结合卸荷应力定义[7]，压力拱内侧岩体的水平应力及垂直应力的卸荷应力分别为 $\Delta\sigma_{xu}$ 及 $\Delta\sigma_{zu}$，即

$$\Delta\sigma_{xu} = \sigma_{xbu} - \sigma_{xaf}$$
$$\Delta\sigma_{zu} = \sigma_{zbu} - \sigma_{zbf}$$

(3.6)

根据式（3.3），由于基本顶岩梁的失稳扰动，底板卸荷区水平应力及垂直应力卸荷起点增加，导致其卸荷应力增加；基本顶初次失稳的动载荷越高，底板岩体的卸荷应力越高。

同时，由于基本顶失稳导致增高的各分段线性载荷传播距离向底板深部延伸，且靠近煤壁端的应力增高水平远高于触矸区域；在两煤壁端底板共同挤压作用下，底板卸荷区范围由图 3.1（b）中曲线 afd 包围区域扩大至图 3.1（e）中曲线 a'f'm 及 d'g'n 包围区域，底板破裂深度将由基本顶失稳前的 h_0 增加至最大值 h_{max} 如图 3.1（e）所示，并靠近煤壁一侧，底板的卸荷变形鼓起亦在煤壁侧达到最大，呈非对称鼓起特征。同时，由于基本顶失稳的触矸区域为某一范围，图 3.1（e）中曲线 a'f'm 及 d'g'n 可变异，两卸荷破裂轮廓在触矸区域底板深部可交叉，并导致其卸荷位移产生一定变化，但其受基本顶失稳触矸形成的双压力拱结构不会改变。

随采深增加，在底板卸荷区同一深度处，压力拱前后拱脚应力峰值增加使得各线性载荷的应力分量增高，当应力卸荷传播衰减规律相同时，底板卸荷应力相应增加，则采深越大，基本顶初次失稳亦将导致底板卸荷破裂的联动效应增强。

同时，基本顶初次失稳的回转下落高度 h_s 与直接顶厚度 h_z 相关，两者关系为[2]

$$h_s = M - h_z(k_p - 1)$$

(3.7)

式中，M 为煤层厚度；k_p 为岩石碎胀系数。

因此，在 M 及 k_p 一定情况下，h_z 减小，h_s 增加，且基本顶岩梁跨中直接顶垮落的矸石垫层厚度减小，则在基本顶自重及其覆岩载荷与重力加速度共同作用下，

基本顶岩梁初次破断回转失稳对跨中底板的冲击强度增加，底板破裂与基本顶岩梁初次失稳的联动效应将增强；反之，联动效应减弱。

3.3　顶底板周期失稳结构模型及联动机制

基本顶初次失稳后，随回采推进，基本顶岩梁跨距不断增大，载荷增加，并开始离层下沉及变形破裂，基本顶岩梁结构将逐渐由弹性状态进入弹塑性状态，直至塑性极限状态时结构失稳，而形成周期卸荷失稳。

3.3.1　顶底板周期失稳结构模型

3.3.1.1　悬臂梁失稳结构特征

受采空区充填不实并存在一定空间影响，基本顶岩梁易出现一端固支，一端自由的悬臂梁结构，模型如图 3.3 所示。随采场推进，基本顶悬臂梁长度不断增加，悬臂梁上载荷不断增大，当固定端 A 截面上的均布载荷 q_u 满足图 3.3（e）、（f）的极限弯矩 M_u 时，悬臂梁将在 A 端沿岩层破断角形成破断线并失稳，失稳机构如图 3.3（g）所示。

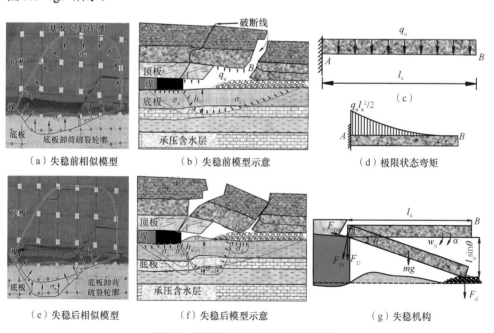

图 3.3　悬臂梁失稳顶底板结构模型

根据结构力学，失稳时，基本顶岩梁的极限跨距 l_u 为 [8]

$$l_{\mathrm{u}} = \sqrt{\frac{2M_{\mathrm{u}}}{q_{\mathrm{u}}}} \tag{3.8}$$

同时，在采出空间作用下，悬臂梁破断失稳将回转下落运动，并形成剧烈的扰动；梁 A 端将作用于煤壁或煤壁前方直接顶，B 端在 A 端限制作用下回转下落并触矸，触矸区域距采场煤壁的距离 $l_{\mathrm{u}}\cos\theta$，θ 为悬臂梁的回转下落角度，悬臂梁失稳产生的冲击载荷将通过梁端分别传至煤壁端部底板及采空区底板触矸区域，从而诱导底板破裂加剧。

3.3.1.2　砌体梁失稳结构特征

当基本顶岩梁间块体相互挤压铰接时，将形成一端固支，一端简支的砌体梁结构如图 3.4（a）、（b）所示，梁和载荷模型如图 3.4（c）所示，该结构为一次超静定结构，将在固定端 A 形成一塑性铰，沿近煤壁端形成破断线；随砌体梁上载荷继续增加，将在跨中附近某截面 C 形成一塑性铰而成为失稳机构，并在铰接端形成破断线，其极限状态弯矩如图 3.4（d）所示，破断后状态如图 3.4（e）、（f）所示，失稳机构如图 3.4（g）所示。由于 C 截面弯矩最大，其截面剪力为 0，求解可得基本顶岩梁的极限跨距为[9]

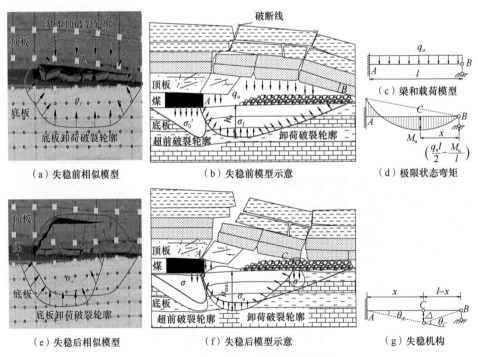

图 3.4　砌体梁失稳顶底板结构模型

$$l_u = \sqrt{\frac{11.66M_u}{q_u}} \tag{3.9}$$

与悬臂梁结构类似,当砌体梁结构 A、C 端底板失稳后,在采出空间作用下,砌体梁结构回转或滑落失稳时,A 端将作用于煤壁或煤壁前方直接顶,C 端在挤压下落作用下至底板矸石,C 端触矸点距工作面煤壁的距离为 $x=0.586l_u$,而 B 端由于砌体梁结构的铰接作用,其缓慢运动调整至平衡状态。砌体梁结构失稳产生的能量或应力扰动将通过梁端分别传至煤壁端部底板及采空区底板砌体梁触矸点,从而对煤层底板造成动载扰动。

3.3.2 顶底板周期失稳联动机制

根据深部煤炭开采的地应力特征,深部岩体的垂直应力、水平应力升高且两者比值渐趋于 1,并处于准静水压力状态,开采扰动后近煤壁端实体煤底板受高围压及支承压力影响,垂直主应力 σ_1 显著增加,而悬臂梁或砌体梁失稳的扰动应力 σ' 作用进一步使 σ_1 增高,并不断向底板深部传递形成高应力压剪破裂行为;循环推进后在临空面作用下,经历高强度应力集中峰值的采场底板岩体应力则不断卸荷减小,形成了强烈的卸荷行为。根据压力拱理论,悬臂梁或砌体梁失稳后扰动底板产生压力拱,前拱脚位于超前实体煤煤壁端部,后拱脚在采空区砌体梁结构的触矸区域;故悬臂梁或砌体梁失稳后煤壁端部和采空区触矸区域 [图 3.3(f)或图 3.4(f)中实线区域]底板形成压剪破裂行为,而在两者之间应力卸荷并不断扰动底板深部岩体形成卸荷破裂行为,造成剧烈来压期间回采巷道或采场顶板急剧下沉、底鼓、突水等采动围岩破裂现象。

3.3.2.1 底板压剪失稳联动

1)底板压剪失稳联动行为

与基本顶岩梁初次失稳扰动底板破裂类似,悬臂梁结构失稳和砌体梁结构失稳后其扰动应力 σ' 将通过梁 A、B 端(或 C 端)首先对煤壁端部和采空区触矸点加荷,再通过能量积聚或应力传递作用扰动煤壁端部和触矸点底板,且冲击载荷不断向底板深部传递导致压力拱变化,其前拱脚位置仍位于近煤壁 A 端,但失稳时支承压力 σ_a 与冲击载荷作用形成的动载应力 σ_D 叠加导致该区域应力集中峰值增大,而后拱脚位置由上一基本顶冲击区域迅速变换为梁 B 端触矸区域,悬臂梁 B 端或砌体梁 C 端在 F_d 作用下挤压触矸区域,形成对已产生部分卸荷破裂的底板岩体再次加荷扰动;煤壁端和触矸区域的底板应力将由图 3.3(b)或图 3.4(b)中的 σ_0' 增加至图 3.3(f)或图 3.4(f)中椭圆形区域所示的 σ,底板应力增高范围在悬臂梁或砌体梁结构失稳后也相应扩大。

同时，受应力增高影响，煤壁端部及触矸点处底板岩体在高应力加荷扰动作用下将导致裂隙扩展，并且由于应力增高区范围扩大，煤壁端部超前破裂和触矸区域裂隙扩展范围相应扩大，形成明显的煤壁端部效应区和触矸效应区。

但与基本顶初次失稳扰动底板破裂相比，由于周期来压步距较小，动载扰动强度低，悬臂梁或砌体梁结构失稳扰动底板的范围较小，底板破裂程度较弱。

2）底板压剪失稳力学过程

为进一步分析底板在高压应力下的压剪破裂机制，假定岩体内微元强度服从韦布尔（Weibull）分布，以微元破裂概率作为岩体损伤变量 D，则底板发生压剪破裂的损伤演化方程为 [10]

$$D = 1 - \exp[-(\sigma_{se}/\sigma_c)^{m_0}] \tag{3.10}$$

式中，σ_{se}、σ_c 分别为岩体的微元强度、统计平均抗压强度；底板岩体压剪破裂符合莫尔-库仑强度准则，$\sigma_{se}=\sigma_1-[(1+\sin\varphi)/(1-\sin\varphi)]\sigma_3$，$\sigma_1$、$\sigma_3$ 分别为煤层开采后岩体内最大主应力、围压，φ 为岩体内摩擦角；m_0 为材料的均质度。

根据式（3.10），由于底板岩体的 σ_c、φ 及 m_0 基本不变，但在基本顶结构失稳的动载扰动作用下，超前底板应力增高区及触矸效应区内 σ_1 升高，而 σ_3 受挤压作用变化小，故随 σ_1 升高，D 不断增加，底板岩体压剪破裂程度不断加剧。结合常规三轴压缩试验 [11]，对 σ_1 绘制了底板岩体压剪破裂的演化过程示意图如图 3.5 所示，其中图 3.5（d）为已卸荷破裂岩体受触矸效应区应力 σ_g 再次加荷所致；图中 σ_0、σ_y 分别为底板岩体的原岩应力和塑性屈服力，σ_p 为底板岩体所经历的压应力峰值。

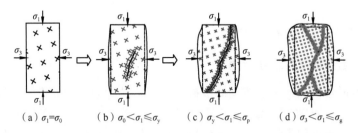

| (a) $\sigma_1=\sigma_0$ | (b) $\sigma_0<\sigma_1\leqslant\sigma_y$ | (c) $\sigma_y<\sigma_1\leqslant\sigma_p$ | (d) $\sigma_3<\sigma_1\leqslant\sigma_g$ |

图 3.5 底板岩体压剪破裂演化过程示意

由图 3.5 并结合式（3.10）可知，当 $\sigma_1=\sigma_0$ 时，底板岩体处于原岩损伤区；当 $\sigma_0<\sigma_1\leqslant\sigma_y$ 时，底板损伤程度增加，并逐渐达到岩体的塑性屈服状态，局部岩体损伤劣化并开始出现微裂纹；当基本顶失稳的扰动强度导致 $\sigma_y<\sigma_1\leqslant\sigma_p$ 时，即底板岩体内应力满足其破裂强度时，底板岩体产生压剪破裂，局部裂纹贯通，损伤破裂程度进一步加剧。而图 3.5（d）中触矸效应区内岩体为经历采动卸荷破裂后的底板浅部岩体，在 σ_g 作用下应力虽然升高，但其为二次压剪破裂，更多表现为裂

隙扩展变形，且其应力不断向深部转移，挤压卸荷区岩体使其不断产生卸荷作用。因此，随动载扰动强度增大，采场超前底板内 σ_1 增大，岩体的损伤破裂程度严重。

3.3.2.2 底板卸荷失稳联动

随采场推进，深部底板高应力岩体由开采前三向受压状态转变为应力向采出空间不断卸荷，位移由向下压缩变形改变为向采场临空面反弹鼓起，并导致底板裂隙扩展贯通形成卸荷破裂。

1）底板卸荷失稳联动行为

根据图 3.3（b）或图 3.4（b），悬臂梁或砌体梁失稳前，底板压力拱前后拱脚分别位于梁 A 端实体煤及梁 B 端触矸处；在卸荷作用下，底板塑性屈服区煤岩向临空面处压力拱内侧挤压变形，并形成了卸荷破裂深度 h_0。

而悬臂梁或砌体梁失稳后，岩梁失稳的动载荷通过梁端分别扰动煤壁端实体煤及触矸区域底板，扰动应力不断向底板深部传递导致底板压力拱变化，底板压力拱的前拱脚位置仍位于近煤壁 A 端，但后拱脚位置由上一岩梁扰动触点 B 端迅速变换为岩梁失稳后的触矸区域，如图 3.3（f）或图 3.4（f）中 C 端椭圆形区域；原底板压力拱拱脚区域改变并形成宽约 $l_u\cos\theta_A$ 或 $0.586l_u$ 的压力拱，卸荷范围改变。

而当卸荷深度达到底板力学再平衡状态时，在压力拱内侧至采场底板表面则形成了卸荷破裂区；压力拱改变后，扰动应力 σ' 向底板传递的同时，底板岩体卸荷起点应力将由扰动前的应力 σ_f 增加至扰动后的应力 σ_u，并进一步使采场底板变形鼓起破裂，卸荷破裂深度将由 h_0 增加至最大值 h_{max}，并靠近煤壁一侧，且底板岩体卸荷鼓起变形量及破裂深度远大于砌体梁失稳前，如图 3.3（f）或图 3.4（f）中近煤壁端底板表面虚线，且底板岩体卸荷变形量及破裂深度远大于结构失稳前。

因此，悬臂梁或砌体梁失稳扰动后，由于悬臂梁或砌体梁的触矸冲击作用使得触矸区域底板应力增高，并导致沿采场推进方向的底板压力拱宽度减小，但由于扰动应力作用导致其卸荷破裂程度及深度增加，底鼓变形破裂加剧。

2）底板卸荷失稳力学过程

随采场推进，端部效应区应力 σ 增高至 σ_p 的岩体进入卸荷区并开始卸荷，则 σ_p 为底板岩体的卸荷起点；或由于动载扰动和应力传递作用导致采场底板卸荷起点应力 σ_f 增加至 σ_u。而卸荷作用相当于在增高后的应力场中施加一个反向的拉应力 [12]，或由于卸荷导致岩体差异变形而形成垂直于卸荷面的拉应力 [13]，该拉应力为卸荷应力 $\Delta\sigma$，则卸荷稳定后岩体内应力为（$\sigma_p-\Delta\sigma$）或（$\sigma_u-\Delta\sigma$），对 σ_1 卸荷稳定后的应力（$\sigma_1-\Delta\sigma_1$）分解如图 3.6 所示。

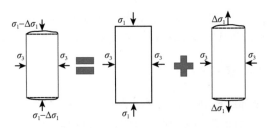

图 3.6　底板卸荷后应力分解示意

根据图 3.6，底板岩体卸荷可视为处于压应力状态的卸荷起点应力、位移与卸荷应力、卸荷鼓起位移的叠加作用。由于煤层开采后底板浅部岩体可卸荷至 0 甚至拉应力 σ_t，则其 $\Delta\sigma=\sigma_p$（或 $\Delta\sigma=\sigma_u$）甚至 $\Delta\sigma=\sigma_p+\sigma_t$（或 $\Delta\sigma=\sigma_u+\sigma_t$）；在底板鼓起变形破裂的同时，为保持底板结构平衡，卸荷不断向深部传递扰动，直至底板岩体不再卸荷，并形成了底板深部岩体的应力再平衡效应，此时 $\Delta\sigma=0$，以此可确定底板卸荷反弹的最大扰动深度 h_{max}。同时，底板 σ_p 和 σ_u 越大，则底板浅部 $\Delta\sigma$ 越大，卸荷鼓起位移量越大；为保持底板应力平衡，$\Delta\sigma$ 的扰动深度将越深。

此外，由于端部效应区应力达到 σ_p 时岩体已受压剪作用产生损伤破裂，故卸荷作用的实质为进一步加剧岩体损伤破裂过程。卸荷过程中 D 的演化方程可表示为 $\Delta\sigma$ 与时间的指数函数关系[12]：

$$D = 1 - (a_0\Delta\sigma)^{-b_0 t} \tag{3.11}$$

式中，t 为卸荷后岩体位移急剧增加的时间；a_0、b_0 为岩体参数。

由式（3.11）可知，当 t 及 a_0、b_0 一定时，随 $\Delta\sigma$ 增大，D 增加；当 $\Delta\sigma$ 一定时，t 越大，D 也越大，底板卸荷破裂程度越严重。结合常规三轴卸荷试验[14]，对 σ_1 绘制了卸荷起点产生塑性破坏前后底板岩体卸荷破裂的演化过程分别如图 3.7、图 3.8 所示。

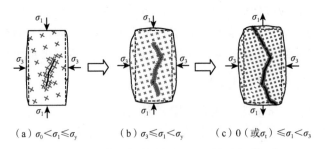

（a）$\sigma_0 < \sigma_1 \leqslant \sigma_y$　　　（b）$\sigma_3 \leqslant \sigma_1 < \sigma_y$　　　（c）0（或σ_t）$\leqslant \sigma_1 < \sigma_3$

图 3.7　塑性破坏前底板岩体卸荷破裂演化过程

由图 3.7 可知，岩体卸荷起点未发生塑性破坏时，随卸荷应力增加，岩体可能沿压剪破裂产生的微裂纹继续扩展形成翼型裂隙；当卸荷至围压以下时，裂隙不断损伤扩展直至贯通。而卸荷起点发生塑性破坏后，随卸荷应力增加，岩体可能在压剪破裂所导致的贯通裂隙基础上产生分支裂纹如图 3.8（b）所示，也可能在岩体损伤严重的其他位置产生新的微裂纹；随卸荷继续，分支裂隙间可能交错贯通，也可能衍生出更多新裂隙。但图 3.7 与图 3.8 相比，卸荷起点提高后，底板卸荷破裂程度加剧，分支裂隙增加，且相互间较易沟通。因此，扰动强度越大，采场超前底板内 σ_1 越大，卸荷起点越高，岩体卸荷破裂程度越严重。

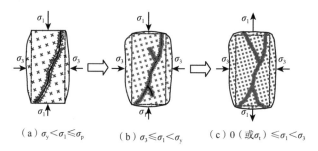

（a）$\sigma_y < \sigma_1 \leqslant \sigma_p$ （b）$\sigma_3 \leqslant \sigma_1 < \sigma_y$ （c）0（或σ_t）$\leqslant \sigma_1 < \sigma_3$

图 3.8   塑性破坏后底板岩体卸荷破裂演化过程

3.4   基本顶失稳下底板卸荷变形规律

由于基本顶岩梁结构的失稳导致梁端对煤壁端部及采空区触矸点处底板造成了动载扰动，并以能量或应力扰动的形式作用于煤层底板；现从能量角度及应力传递角度分析基本顶岩梁（以悬臂梁为例）结构失稳对底板的扰动作用，从而确定底板的冲击载荷与卸荷变形规律。

3.4.1   底板冲击载荷

基本顶岩梁结构发生回转或滑落失稳[2] 往往伴随一定强度的动载荷，并通过下位顶板传至采场，进而对底板造成扰动，且越靠近采场，岩梁块体越不稳定，扰动效应越剧烈[15]。

设基本顶岩梁达到极限跨距时，其内部能量为覆岩载荷及自重做功 U_0[16] 即

$$U_0 = \int_0^{l_u} q_u w(x) \mathrm{d}x \tag{3.12}$$

式中，$w(x)$ 为基本顶岩梁在覆岩载荷及自重作用下所产生的竖向位移。

设岩梁失稳前其挠度满足弹性力学计算公式，则

$$w(x) = \frac{q_u x}{24 E_u I}(2l_u - x^3 - l_u^3) \tag{3.13}$$

式中，E_u 为岩梁弹性模量；I 为惯性矩，$I = (2b_u h_u^3)/3$。

将式（3.13）代入式（3.12）积分，可得

$$U_0 = \frac{q_u^2 l_u^5}{80 E_u b_u h_u^3} \tag{3.14}$$

当基本顶岩梁失稳时，一部分能量以塑性功 W_P 的形式耗散掉；同时，岩梁失稳时其内部能量需克服岩梁失稳所需消耗的能量，设 A_u 为岩梁失稳时单侧自由表面的表面积，γ_u 为失稳裂隙表面能密度，则失稳时两个自由表面总的破裂表面能 T_u 为

$$T_u = 2 A_u \gamma_u \tag{3.15}$$

将基本顶岩梁失稳后的块体视为刚性体，忽略其回转或失稳运动时的变形作用，基本顶岩梁失稳后除 W_P、T_u 外，其内部多余的能量将转化为岩梁的动能而释放，设释放的动能为 E_s，则

$$E_s = \sum \frac{1}{2} m_i v_i^2 \tag{3.16}$$

式中，m_i 为破断岩块的质量；v_i 为破断岩块的速度。

在基本顶岩梁失稳下落运动时，岩梁将在平面上产生转动，根据动能定理，设破断岩块的角速度为 w，与梁端的垂直距离为 r，则岩块的线速度为 $v_i = rw$，故破断岩块转动时的动能 E_v 为

$$E_v = \frac{1}{2} w^2 \sum m_i r_i^2 \tag{3.17}$$

当岩梁转动下落时，在重力作用下将产生势能，设基本顶岩梁的下落高度为 Δ_h，则岩梁下落产生的势能 E_p 为

$$E_p = \sum m_i g \Delta_h \tag{3.18}$$

受破断岩块间的摩擦及挤压作用，基本顶岩梁失稳后将有一部分能量耗散或损伤，设其为 U_d；同时，由于破断岩梁一端作用于煤壁端部直接顶上或沿煤壁切落，另一端作用于采空区矸石上，破断下落后的岩梁能量由于梁端直接顶、煤体及矸石的压缩变形作用部分能量被吸收，梁端被吸收的能量为 U_b。

根据能量守恒定律，基本顶失稳后所产生的能量在经过初始动能、转动动能、重力势能、能量耗散及部分被吸收后的剩余能量将被煤壁端部底板及采空区触矸点处底板吸收，设基本顶岩梁失稳被底板吸收的能量为 U，则

$$U = U_0 - W_P - T_u + E_v + E_p - U_d - U_b \tag{3.19}$$

与此同时，底板吸收的能量必然以做功的形式作用于底板岩梁，U 将与基本顶岩梁破断前的底板岩梁应变能 U_ε 一起以水平应力做功 W_1 和垂直应力做功 W_2 的形式作用于底板岩梁，且在底板临空面作用下，能量释放导致底板岩体变形鼓起，

并最终形成底板岩梁的平衡结构。

当基本顶岩梁失稳的扰动能量 U 不断向煤壁端部及采空区触矸点处的底板深部积聚，并足以扰动至承压水导升带时，为保持底板岩梁结构的平衡，能量将向底板浅部释放，在底板变形破裂作用下将诱发底板突水。

基本顶岩梁失稳至底板能量积聚的过程具有诸多参数且涉及诸多方程，无解析解，为便于分析岩梁失稳对底板造成的冲击载荷，假定悬臂梁为刚性体，不计变形；悬臂梁触矸后，忽略采空区矸石垫层的变形缓冲作用；冲击时，声、热等能量损耗很小，忽略不计；由于悬臂梁失稳产生的动载荷远大于支架的支护阻力，并导致支架压死等现象，故忽略支架的护顶缓冲作用；悬臂梁失稳后，梁 A 端为铰支结构，梁绕 A 端向下转动。

根据以上假设，悬臂梁在回转过程中 A 端约束不做功，仅有重力做功，取梁整体为研究对象如图 3.3（g）所示，根据动能定理，初始动能为 0，当梁转动角度 θ 时，则

$$1/2mv^2 + 1/2J_A\omega_0^2 = 1/2mgl_u\sin\theta \qquad (3.20)$$

式中，m 为悬臂梁的质量；v 为梁的下降速度，$v=1/2l_u\omega_0^2$；ω_0 为梁的角速度；J_A 为悬臂梁对 A 轴的转动惯量，$J_A=1/3ml_u^2$；g 为重力加速度。

根据式（3.20），可计算得

$$\omega_0 = \left(\frac{12g\sin\theta}{7l_u}\right)^{1/2} \qquad (3.21)$$

将式（3.21）两侧对时间 t 求一次导数，由于 $\omega_0=\mathrm{d}\theta/\mathrm{d}t$，角加速度 $\alpha=\mathrm{d}\omega_0/\mathrm{d}t$，则

$$\alpha = \frac{6g\cos\theta}{7l_u} \qquad (3.22)$$

当悬臂梁触矸后，设梁受底板一反作用力 F_d，外力对梁 A 端取矩，根据定轴转动微分方程，可得

$$1/3ml_u^2 \cdot \alpha = -mg \cdot (1/2l_u\cos\theta) + F_d \cdot l_u\cos\theta \qquad (3.23)$$

计算可知，$F_d=11/14mg$，其为梁转动触矸后对底板的冲击载荷。

同时，由运动学可知，梁质心点处的法向加速度 α^n 及切向加速度 α^t 可表示为

$$\begin{aligned} \alpha^n &= 1/2l_u \cdot \omega_0^2 = 6/7g\sin\theta \\ \alpha^t &= 1/2l_u \cdot \alpha = 3/7g\cos\theta \end{aligned} \qquad (3.24)$$

令梁 A 端沿轴向及与梁垂直的约束力分别为 F_{Dn}、F_{Dt}，根据质心运动定理，可得

$$\begin{cases} F_{Dn} - mg\sin\theta + F_d\sin\theta = ma^n \\ F_{Dt} - mg\cos\theta + F_d\cos\theta = ma^t \end{cases} \tag{3.25}$$

联立式（3.21）和式（3.22），可得 $F_{Dn}=15/14mg\sin\theta$，$F_{Dt}=9/14mg\cos\theta$；F_{Dn}、F_{Dt} 在竖直向下的合力 F_D 为

$$F_D = F_{Dt}\cos\theta - F_{Dn}\sin\theta = (9/14\cos^2\theta - 15/14\sin^2\theta)mg \tag{3.26}$$

结合悬臂梁的下落高度与长度，可计算梁的转动角度 θ：

$$\theta = \arcsin\frac{H_0 + h_z(1-k_p)}{l_u} \tag{3.27}$$

式中，H_0 为采高；h_z 为直接顶厚度；k_p 为直接顶的碎胀系数。

据此，可简化计算悬臂梁失稳后对底板造成的冲击破裂作用。根据 F_D 与 F_d 的计算结果，基本顶悬臂梁上的重量即载荷越大，梁失稳形成的冲击载荷越大；跨距越大，回转角度越小，悬臂梁失稳作用于煤壁端底板的冲击载荷越大。在工程上，可采用降低采高、预裂基本顶，并提高液压支架的工作阻力防止基本顶超前或切顶破裂，从而减小基本失稳时形成的冲击载荷。

3.4.2 底板卸荷变形

基本顶岩梁失稳前，采场底板沿煤层走向在上一次基本顶失稳影响下，采空区端底板沿上一次基本顶失稳位置产生压缩破裂，并成为底板岩梁的自由端，而煤壁端底板受煤层及底板深部岩体夹持作用而为固支端。基本顶失稳后，σ_D 与 σ_a 叠加，或由于悬臂梁失稳导致底板卸荷起点应力 σ_u 增加至 σ_{ud}；可视卸荷为压缩裂隙的张开破裂过程并进一步促使了底板岩梁结构的变形破裂。

为分析应力卸荷对底板结构变形的影响，σ_1 在悬臂梁失稳前后的卸荷应力分别为 $\Delta\sigma_u$、$\Delta\sigma_{ud}$；由于卸荷起点不同，底板不同深度范围岩体可卸荷至零甚至拉应力 σ_t，并在煤壁侧及触矸侧底板的水平应力挤压作用下以 σ_1 的卸荷作用为主，且近似认为底板岩梁煤壁侧与触矸侧底板的水平应力相等，则 $\Delta\sigma_u = \sigma_1$，甚至 $\Delta\sigma_{ud} = \sigma_1 + \sigma_t$。同时，由于开采震动及支架支护采出空间使底板浅部产生一定破裂，但其与矿压作用相比较小，故忽略开采震动及支架支护对底板的变形破裂作用。设底板岩梁的分层厚度为 h，自重应力为 γh；基本顶失稳前，支承压力为 $\sigma_a = k_a\gamma H$，k_a 为应力集中系数，γ 为上覆岩层的平均体积力，H 为采深，底板岩体承受向上的卸荷应力为 $\Delta\sigma_u - \gamma h$；基本顶失稳后，触矸点位于 $l_u\cos\theta$ 处，并承受集中力 F_d 作用，在煤壁端则为支承压力与悬臂梁失稳的动载荷 F_D 叠加，形成对底板岩梁端部的压作用，且使底板岩梁向上的卸荷应力由 $\Delta\sigma_u - \gamma h$ 增加为 $\Delta\sigma_{ud} - \gamma h$，采空区端底板承受上一次基本顶失稳后形成的覆岩自重均布载荷 $q_r = k_r\gamma H$，k_r 为上覆岩层应力恢复系

数。结合图 3.3，可将底板岩梁结构简化为图 3.9。

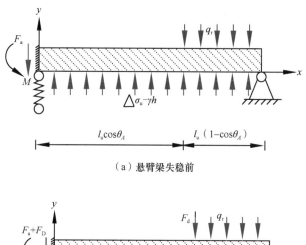

（a）悬臂梁失稳前

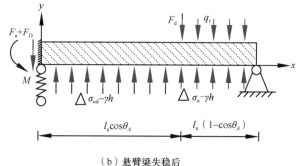

（b）悬臂梁失稳后

图 3.9　悬臂梁失稳前后底板卸荷变形力学模型

受卸荷作用影响，底板岩层不断向采出空间挤压鼓起，除底板浅部煤层少量岩体卸荷至拉应力而离层破裂外，底板深部岩层变形仍可视为连续变形，据此结合图 3.9 及弹性力学理论，可近似计算悬臂梁失稳前后底板岩梁的挠度 w。

设底板岩梁卸荷应力为均布力，则 $\Delta\sigma_u-\gamma h$ 及 $\Delta\sigma_{ud}-\gamma h$ 可分别转换为单位长度的均布载荷 q_A 及 q_B，梁端部 σ_a 为单位面积梁上的端部载荷 F_a，梁固定端的力矩为 M_1；由于梁左端部被沿煤层走向方向上下的岩层夹支，梁的长度在采场推进方向可认为无限长，设岩梁左端承受一竖向集中力 F_1，利用弹性力学中的 Boussinesq 解[17]，可知

$$F_1 = \pi E_0 \Delta / (1-\mu^2) \tag{3.28}$$

式中，Δ 为在梁端单位厚度竖直方向的位移；E_0 为底板岩梁的弹性模量；μ 为岩石的泊松比。

令 $k=\pi E_0/(1-\mu^2)$，则 $F_1=k\Delta$，对图 3.9（a）纵坐标轴 y 进行整体受力平衡，$\sum F_y=0$，即

$$k\Delta + q_A l_u + F_r - q_r l_u(1-\cos\theta) - F_a = 0 \tag{3.29}$$

式中，F_r 为底板岩梁右侧的垂直作用力。

在梁右端进行整体力矩分析，则 $\sum M_1 = 0$，即

$$M_1 - k\Delta l_u + F_a l_u - \frac{q_A}{2} l_u^2 + \frac{q_r}{2} l_u^2 n_\theta^2 = 0 \tag{3.30}$$

式中，$n_\theta = 1 - \cos\theta$。

联合式（3.29）和式（3.30），可得

$$\begin{cases} k\Delta = \dfrac{M_1}{l_u} + F_a - \dfrac{q_A}{2} l_u + \dfrac{q_r}{2} l_u (1 - \cos\theta)^2 \\ F_r = \dfrac{q_r l_u}{2} (1 - \cos^2\theta) - \dfrac{q_A}{2} l_u - \dfrac{M_1}{l_u} \end{cases} \tag{3.31}$$

采用叠加法，自梁左侧向右侧求解梁各部分弯矩，可得底板岩梁 M_1 与横坐标轴 x 的关系式（3.32）：

$$M_1(x) = \begin{cases} -M_1 - F_a x + k\Delta x + \dfrac{q_A}{2} x^2, & 0 < x < l_u \cos\theta \\ -M_1 - F_a x + k\Delta x + \dfrac{q_A}{2} x^2 - \dfrac{q_r}{2} (x - l_u \cos\theta)^2, & l_u \cos\theta_A < x < l_u \end{cases} \tag{3.32}$$

根据积分法计算梁的变形公式（3.33），可计算梁的挠度：

$$E_0 I \omega = \int \left[\int M_1(x) \mathrm{d}x \right] \mathrm{d}x + C_0 x + D_0 \tag{3.33}$$

式中，I 为底板岩梁的惯性矩；C_0、D_0 为常数。

由于梁变形后，两端存在转角 θ_r，当 $x = l_u \cos\theta_A$ 时，梁左右两侧转角及变形连续，结合梁的边界条件，可知

$$\begin{cases} \theta_r \big|_{x = l_u \cos\theta^-} = \theta_r \big|_{x = l_u \cos\theta^+} \\ \omega \big|_{x = l_u \cos\theta^-} = \omega \big|_{x = l_u \cos\theta^+} \\ \omega \big|_{x=0} = \Delta \\ \omega \big|_{x = l_u} = 0 \end{cases} \tag{3.34}$$

联立式（3.35）、式（3.36）和式（3.37），可得

$$\omega = \begin{cases} \dfrac{1}{E_0 I} \left(-\dfrac{M_1}{2} x^2 - \dfrac{F_a}{6} x^3 + \dfrac{k\Delta}{6} x^3 + \dfrac{q_A}{24} x^4 \right) - \arctan\dfrac{\Delta}{l_u} x + \dfrac{l_u - x}{l_u} \Delta, & 0 < x < l_u \cos\theta \\ \dfrac{1}{E_0 I} \left(-\dfrac{M_1}{2} x^2 - \dfrac{F_a}{6} x^3 + \dfrac{k\Delta}{6} x^3 + \dfrac{q_A}{24} x^4 - \dfrac{q_r}{24} (x - l_u \cos\theta)^4 \right) \\ \quad - \arctan\dfrac{\Delta}{l_u} x + \dfrac{l_u - x}{l_u} \Delta, & l_u \cos\theta < x < l_u \end{cases} \tag{3.35}$$

当 $x=l_u$ 时，$w=0$，则根据式（3.35），可得

$$M_1 = -\frac{F_a}{3}l_u + \frac{k\Delta}{3}l_u + \frac{q_A}{12}l_u^2 - \frac{q_r}{12}l_u^2 n_\theta^4 - \frac{2E_0I\Delta}{l_u^2} \tag{3.36}$$

联立式（3.30）和式（3.36），可得

$$\Delta = \frac{8F_a l_u^3 - 5q_A l_u^4 - q_r l_u^4\left(n_\theta^4 - 6n_\theta^2\right)}{8kl_u^3 + 24E_0I} \tag{3.37}$$

同理，对图 3.9（b）受力分析，可得悬臂梁失稳后底板岩梁的挠度 w_d、力矩 M_d 及压位移 Δ_d 见式（3.38）：

$$
\begin{cases}
\omega_d = \dfrac{1}{E_0I}\left(-\dfrac{M_1}{2}x^2 - \dfrac{F}{6}x^3 + \dfrac{k\Delta}{6}x^3 + \dfrac{q_B}{24}x^4\right) - \arctan\dfrac{\Delta}{l_u}x + \dfrac{l_u - x}{l_u}\Delta, \quad 0 < x < l_u\cos\theta_A \\[3mm]
\omega_d = \dfrac{1}{E_0I}\left[-\dfrac{M_1}{2}x^2 - \dfrac{F}{6}x^3 + \dfrac{k\Delta}{6}x^3 + \dfrac{q_B}{24}x^4 - \dfrac{q_C}{24}\cdot\left(x - l_u\cos\theta_A\right)^4 - \dfrac{F_d}{6}\left(x - l_u\cos\theta_A\right)^3\right] \\[3mm]
\qquad - \arctan\dfrac{\Delta}{l_u}x + \dfrac{l_u - x}{l_u}\Delta, \qquad\qquad\qquad l_u\cos\theta_A < x < l_u \\[3mm]
M_d = -\dfrac{F}{3}l_u + \dfrac{k\Delta}{3}l_u + \dfrac{q_B}{12}l_u^2 - \dfrac{q_C}{12}l_u^2 n_\theta^4 - \dfrac{2E_0I\Delta}{l_u^2} - \dfrac{1}{3}F_d l_u n_\theta \\[3mm]
\Delta_d = \dfrac{8Fl_u^3 - 5q_B l_u^4 - q_C l_u^4\left(n_\theta^4 - 6n_\theta^2\right) - 4F_d l_u^3\left(n_\theta^3 - 3n_\theta\right)}{8kl_u^3 + 24E_0I}
\end{cases} \tag{3.38}
$$

式中，$F=F_a+F_D$；$q_C=q_r+q_B-q_A$。

根据赵固一矿顶底板力学参数及开采状况，基本顶失稳厚度按来压剧烈时最大垮落高度估算，取 8 倍采高，即基本顶悬臂梁厚度 $h_m=28m$，密度 $\rho_m=2800kg/m^3$，$l_u=15.9m$，$g=9.81N/kg$，$H_0=3.5m$，$k_p=1.3$，$h_z=1.9m$，$k_a=3.0$，$\gamma_0=27kN/m^3$，$H=700m$，$k_r=0.7$，$E_0=14GPa$，$\mu=0.21$，$\gamma=26kN/m^3$，$F_a=\sigma_a S_0=\sigma_a$，$F_D=\sigma_D S_0=\sigma_D$，$F_d=\sigma_d S_0=\sigma_d$，$q_A=(\Delta\sigma_u-\gamma h_0)\cdot l_0=(\Delta\sigma_u-\gamma h)$，$q_B=(\Delta\sigma_{ud}-\gamma h_0)\cdot l_0=(\Delta\sigma_{ud}-\gamma h)$，$S_0$、$l_0$、$h_0$ 分别为作用底板岩梁的单位面积 $1m^2$、单位长度 $1m$ 及单位宽度 $1m$。设底板浅部砂质泥岩应力可卸荷至 0，即 $\Delta\sigma_u=\sigma_a$，$\Delta\sigma_{ud}=\sigma_a+\sigma_D+\sigma_d$；根据底板层理、节理发育，将其分层厚度定为 3.0m，即底板岩梁厚度 $h=3.0m$，则 $I=2.25m^4$，以此分别联合式（3.35）～式（3.38）及冲击载荷 F_D 与 F_d 计算，获得了基本顶失稳前后底板变形规律如图 3.10 所示。

根据图 3.10，基本顶失稳后，底板变形明显增加。基本顶失稳前，底板变形量最大为 619.4mm，距煤壁的水平距离为 9.21m；而基本顶失稳后，底板变形量达 801.9m，增加了 182.5mm，增加约 29.5%，但变形最大值位置仍距煤壁 9.21m，未变化。同时，触矸点距煤壁距离为 15.63m，而基本顶长度为 15.9m，两者仅相差 0.27m，即基本顶回转距离较小，回转角度 θ 仅 10.62°，并与采高及基本顶跨距

相关，当采高增大或悬臂梁跨距变小时，触矸点将靠近采场煤壁，卸荷对底板变形的影响将加剧。

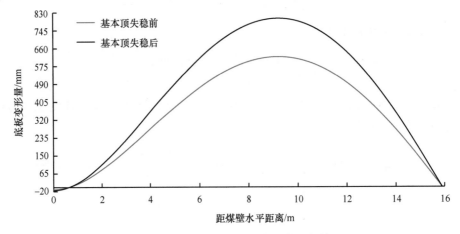

图 3.10　基本顶失稳前后底板变形规律

由于同一采场底板不同深部区域的卸荷应力不同，向底板深部卸荷应力逐渐降低。根据三轴卸荷试验，岩石的变形模量 E_u 随卸荷应力增大而降低，其拟合公式可表示为[18]

$$E_u = a_1 e^{-b_1 \Delta\sigma} \cdot E_0 \qquad (3.39)$$

式中，a_1、b_1 为拟合参数，取 $a_1=1.0$，$b_1=0.005$。

基于此，结合 $\Delta\sigma_{ud}$ 与 σ_1 峰值的比值关系，将卸荷后 $E=E_u$ 代入式（3.38），获得了基本顶失稳后 $\Delta\sigma_{ud}$ 分别为 σ_1 峰值的 20%、40%、60%、80%、100% 时底板的变形规律如图 3.11 所示。

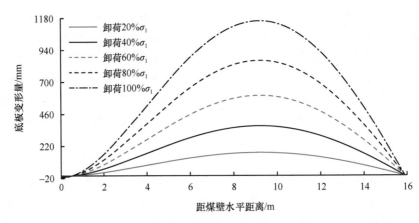

图 3.11　不同卸荷应力下底板变形规律

由图 3.11 可知，卸荷应力越大，底板变形量越大，且随卸荷应力增加，底板变形量最大值的差值变大。当 $\Delta\sigma_{ud}$ 分别为 σ_1 峰值的 20%、40%、60%、80%、100% 时，底板变形量最大值分别为 172.1mm、371.4mm、599.3mm、860.7mm、1158.7mm，两者差值依次为 199.3mm、227.9mm、261.4mm、298.0mm；$\Delta\sigma_{ud}=0.2\sigma_1$ 与 $\Delta\sigma_{ud}=\sigma_1$ 相比，卸荷应力增加 5 倍，底板最大变形量却增加 5.7 倍；而底板变形量最大值的位置差异不大，距煤壁的距离仍约为 9.20m。因此，岩体卸荷应力越大，底板浅部区域变形量非线性增加程度越强烈，底板变形破裂越严重。

为分析采深对底板变形破裂的影响，结合式（3.38）和式（3.39）计算获得了基本顶失稳后，不同采深下底板的变形规律如图 3.12 所示。

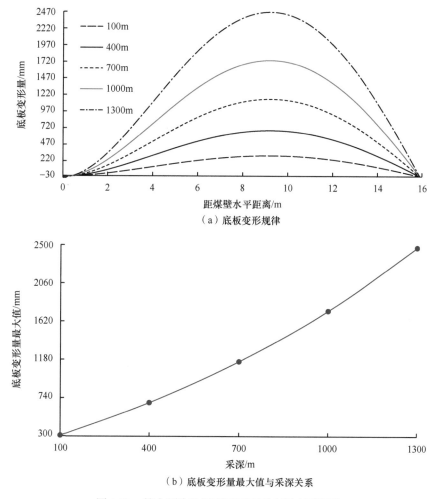

（a）底板变形规律

（b）底板变形量最大值与采深关系

图 3.12　基本顶失稳后不同采深下底板变形规律

由图 3.12 可知，随采深增加，煤壁处的压缩变形量 Δ 也逐渐增加，底板岩梁的卸荷变形量增加，且变形量最大值位置均距煤壁 9.21m，故采深增加对变形峰值位置无影响。当采深 100m 时，底板岩梁最大压缩变形量为 5.0mm，最大卸荷变形量仅 306.2mm，采深 700m 时分别增加至 14.4mm、1158.7mm，采深 1300m 时，则分别增加至 23.9mm、2469.8mm。与采深 100m 相比，采深 700m、1300m 时最大压缩变形量分别增加了 9.4mm、18.9mm，增加约 1.9 倍、3.8 倍，而最大卸荷变形量则分别增加了 852.5mm、2163.6mm，分别增加约 2.8 倍、7.1 倍，故底板的卸荷变形量远远高于压缩变形量，采深增加后主要影响底板的卸荷变形破裂。根据图 3.12（b），采深 700m 以浅时，底板变形量最大值近似线性增加，而采深 700m 以深时底板变形量最大值呈明显的非线性增加。同时，根据 Hoek-Brown 强度准则[19-20]，在岩体力学参数及节理相同情况下，随采深即围压增加，岩体的破裂强度呈非线性增加，采深越大，临界破裂强度的增加程度变缓，底板岩体将更易破裂。因此，采深增加，底板岩体并不单纯为变形量的线性增加，其岩体力学参数的劣化及破裂强度将直接影响底板的变形破裂程度。

为研究不同采深下底板不同深度区域的变形差异特征，计算获得了不同采深下应力卸荷水平与底板变形量最大值的关系曲线如图 3.13 所示。

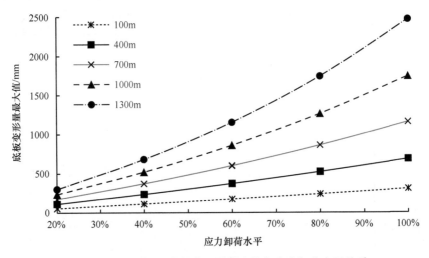

图 3.13　不同采深下底板变形量最大值与应力卸荷水平关系

根据图 3.13，不同采深下，随应力卸荷水平增高，底板变形量最大值均增加，但增加程度不同。采深 100m，$\Delta\sigma_{ud}=0.2\sigma_1$ 时，底板变形量最大值仅 54.8mm，至 $\Delta\sigma_{ud}=\sigma_1$ 时，底板变形量最大值增加至 306.2mm，增加了 251.4mm，增加约 4.6 倍；采深 700m，$\Delta\sigma_{ud}=0.2\sigma_1$、$\Delta\sigma_{ud}=\sigma_1$ 时，底板变形量最大值分别为 172.1mm、1158.7mm，两者已相差 986.6mm，后者较前者增加约 5.7 倍；而采深增加至 1300m 时，$\Delta\sigma_{ud}=0.2\sigma_1$、

$\Delta\sigma_{ud}=\sigma_1$ 时底板变形量最大值分别为 301.0mm、2469.8mm，两者相差 2168.8mm，$\Delta\sigma_{ud}=\sigma_1$ 的变形量较 $\Delta\sigma_{ud}=0.2\sigma_1$ 时增加 7.2 倍。故相同的卸荷应力水平下，采深增加，底板变形量增大，且采深越大，变形增加速率越高；采深 700m 以浅时，变形量增加缓慢，近似线性增加；而采深 700m 以深时，变形量增加较快，并呈非线性增加，尤其 $\Delta\sigma_{ud}\geq 0.6\sigma_1$ 时，非线性增加更为明显。受底板临空面及采出空间影响，由底板浅部向底板深部应力逐渐增加，应力卸荷水平逐渐降低，700m 以深开采时底板岩体变形的非线性特征在 $\Delta\sigma_{ud}\geq 0.6\sigma_1$ 的底板浅部表现最突出，对开采的影响最大。

因此，可根据卸荷应力变化分别确定底板岩梁变形及裂隙张开破裂的变形量；当底板变形量达到裂隙破裂时，再根据现场实测钻孔应力变化或结合数值模拟可确定采场底板区域的沟通破裂深度 h_{max}。

3.5　本 章 小 结

本章应用顶板关键层理论分析了深部开采底板破裂的力源，基于压力拱及弹塑性力学理论，研究了深部开采顶底板初次、周期失稳的联动力学机理，确定了基本顶失稳下底板冲击载荷的计算方法，获得了基本顶失稳下底板的卸荷变形规律，主要得到以下结论。

（1）划分基本顶失稳结构为两端固支梁的初次失稳结构、一端固支另一端自由或铰接的悬臂梁或砌体梁结构，在基本顶结构失稳导致的剧烈动载力源作用下，深部开采顶底板岩体形成了联动破裂。

（2）建立了深部开采基本顶岩梁初次失稳前后的顶底板结构模型，从应力增量角度研究了深部开采底板压剪、卸荷破裂与基本顶初次失稳的联动力学机制；基本顶初次失稳后，底板压力拱后拱脚位置由切眼煤壁端变换为触矸区域，底板压力拱由极限跨距的单一拱结构变换为两宽度约为极限跨距一半的双拱结构，并且触矸区域底板应力分量增加；在前后拱脚高应力挤压、动载荷及支承压力叠加作用下，底板压力拱内侧岩体的卸荷应力增高。

（3）建立了悬臂梁和砌体梁结构失稳的结构模型及底板破裂力学模型，基于压力拱及损伤力学理论，研究了深部开采悬臂梁和砌体梁结构周期失稳与底板压剪、卸荷破裂的联动力学机制；基本顶周期失稳后，压力拱后拱脚位置由上一基本顶失稳区域迅速变换为触矸区域；压力拱内侧底板岩体卸荷应力增加，并导致卸荷破裂深度、鼓起变形量大于基本顶失稳前。

（4）计算了基本顶结构失稳对近煤壁端及触矸区域底板的冲击载荷，并得出：基本顶失稳的载荷越大，冲击载荷越大；跨距越大，回转角度越小，基本顶失稳作用于煤壁端底板的冲击载荷越大。

（5）建立了基本顶失稳后底板卸荷变形的力学模型，获得了底板卸荷变形与基本顶失稳、采深及卸荷应力的关系，并得出：底板表面卸荷鼓起量随采深及卸荷应力增加呈非线性增长。

参 考 文 献

[1] 钱鸣高, 缪协兴, 许家林, 等. 岩层控制的关键层理论[M]. 徐州: 中国矿业大学出版社, 2000: 72-256.

[2] 钱鸣高, 石平五, 许家林. 矿山压力与岩层控制[M]. 徐州: 中国矿业大学出版社, 2010.

[3] 徐秉业, 刘信声. 应用弹塑性力学[M]. 北京: 清华大学出版社, 1995: 409-467.

[4] 鞠金峰, 许家林, 王庆雄. 大采高采场关键层"悬臂梁"结构运动型式及对矿压的影响[J]. 煤炭学报, 2011, 36(12): 2116-2120.

[5] 单建, 吕令毅. 结构力学[M]. 南京: 东南大学出版社, 2004: 359-368.

[6] 宋文成, 梁正召, 赵春波. 承压水上开采沿工作面倾向底板力学破坏特征[J]. 岩石力学与工程学报, 2018, 37(9): 2131-2143.

[7] 李建林, 王乐华, 等. 卸荷岩体力学原理与应用[M]. 北京: 科学出版社, 2016: 58-456.

[8] 关醒凡. 机械工程公式及例题集[M]. 北京: 机械工业出版社, 1986: 107-117.

[9] 包世华. 结构力学 (下册)[M]. 武汉: 武汉理工大学出版社, 2008: 248-255.

[10] 张晓君. 高应力硬岩卸荷爆裂模式及损伤演化分析[J]. 岩土力学, 2012, 33(12): 3554-3560.

[11] 马文强, 王同旭. 多围压脆岩压缩破坏特征及裂纹扩展规律[J]. 岩石力学与工程学报, 2018, 37(4): 898-908.

[12] 李建林, 王乐华, 等. 卸荷岩体力学原理与应用[M]. 北京: 科学出版社, 2016: 58-456.

[13] 黄达, 黄润秋. 卸荷条件下裂隙岩体变形破坏及裂纹扩展演化的物理模型试验[J]. 岩石力学与工程学报, 2010, 29(3): 502-512.

[14] 邱士利, 冯夏庭, 张传庆, 等. 不同初始损伤和卸荷路径下深埋大理岩卸荷力学特性试验研究[J]. 岩石力学与工程学报, 2012, 31(8): 1686-1697.

[15] 杨敬轩, 刘长友, 于斌, 等. 坚硬厚层顶板群结构破断的采场冲击效应[J]. 中国矿业大学学报, 2014, 43(1): 8-15.

[16] 赵娜, 王来贵. 坚硬顶板初次垮落中的能量转化及释放研究[J]. 中国安全科学学报, 2016, 26(2): 38-43.

[17] Selvadurai A P S. On Fröhlich's solution for Boussinesq's problem[J]. International Journal for Numerical and Analytical Methods in Geomehanics, 2014, 35: 925-934.

[18] 熊诗湖, 钟作武, 唐爱松, 等. 乌东德层状岩体卸荷力学特性原位真三轴试验研究[J]. 岩石力学与工程学报, 2015, 34(S2): 3724-3731.

[19] Si X F, Gong F Q, Li X B, et al. Dynamic Mohr-Coulomb and Hoek-Brown strength criteria of sandstone at high strain rates[J]. International Journal of Rock Mechanics & Mining Sciences, 2019, 115: 48-59.

[20] Duan K, Ji Y L, Wu W, et al. Unloading-induced failure of brittle rock and implications for excavation-induced strain burst[J]. Rock Mechanics and Rock Engineering 2019, 84: 495-506.

4 深部开采底板岩体变形破裂模拟分析

为研究深部开采基本顶结构失稳后底板应力、裂隙及位移的演化特征并验证顶底板岩体的联动破裂机制，根据赵固一矿深部采场地质及开采条件运用离散元软件 3 Dimensional Distinct Element Code（3DEC）建立数值模型，获得了不同采深及基本顶结构失稳扰动强度下底板变形破裂的联动特征。

4.1 块体离散元模型

岩体材料与完整岩块的本质区别在于岩体中有大量的节理裂隙，且岩体的节理裂隙网络是造成岩体非连续、非均匀和各向异性的根源 [1]。离散元法可用来解决不连续介质问题的数值模拟，其把节理岩体视为由离散的岩块和岩块间的节理面所组成，允许岩块平移、转动和变形，而节理面可被压缩、分离或滑动。因此，3DEC 内部可存在大位移、旋转和滑动乃至块体的分离，从而可以较真实地模拟节理岩体中的非线性大变形特征，并广泛应用于矿业工程领域 [2-11]。

根据煤岩深部开采的深度特征和深部地应力分布规律 [12-13]，结合赵固一矿高地应力实际，建立 3DEC 工程地质模型，随机生成次生节理，应用 Hook-Brown 强度准则及强度折减系数弱化模型内块体及节理的力学参数。对模型顶、侧边界施加静水压力约束，施加均布载荷模拟不同采深的围岩赋存环境，即 $\sigma_x=\sigma_y=\sigma_z=\gamma H$，$\gamma$ 取 27kN/m³，本构采用莫尔-库仑破坏模型，力学模型 [14] 及几何模型如图 4.1 所示。

σ_1 为最大主应力，σ_3 为最小主应力，莫尔-库仑破坏准则 $f_s=0$ 的包络线在应力空间（σ_1, σ_3）内自 A 点至 B 点的表达式为 [14]

$$f_s = \sigma_1 - \sigma_3 N_\varphi + 2c\sqrt{N_\varphi} \tag{4.1}$$

式中，$N_\varphi=(1+\sin\varphi)/(1-\sin\varphi)$，$\varphi$ 为内摩擦角；c 为黏聚力。

自 B 点至 C 点的拉伸破坏准则 $f_t=0$ 的包络线为

$$f_t = \sigma_3 - \sigma_t \tag{4.2}$$

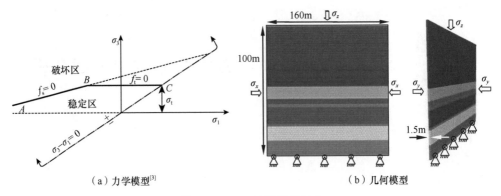

（a）力学模型[3]　　　　　　　　　　（b）几何模型

图 4.1　3DEC 计算模型示意

式中，σ_t 为抗拉强度。

当压剪破裂产生时，在 $f_s=0$ 包络线以上的破裂区形成流动变形，对应的非关联压剪塑性流动准则 g_s 及流动变形函数分别见式（4.3）和式（4.4）[14]：

$$g_s = \sigma_3 - \sigma_1 N_\psi \qquad (4.3)$$

$$\begin{cases} S_1 = \alpha_1 - \alpha_2 N_\psi, \\ S_3 = -\alpha_1 N_\psi + \alpha_2 \end{cases} \qquad (4.4)$$

式中，$N_\psi=(1+\sin\psi)/(1-\sin\psi)$，$\psi$ 为剪胀角；S_1、S_3 分别为 σ_1、σ_3 压剪塑性破裂的流动变形函数；α_1、α_2 为岩体材料常数，$\alpha_1=K_B+(4G_B/3)$，$\alpha_2=K_B-(2G_B/3)$，K_B、G_B 分别为岩体的体积模量和剪切模量。

若拉伸破裂产生，则不产生流动变形。

受计算机内存及运算能力限制，借鉴二维相似模拟仅沿倾向建立宽 1.5m 的煤岩层，暂不考虑煤层倾向垮落影响，其长×宽×高为 160m×1.5m×100m，几何模型如图 4.1（b）所示；开挖时为防止边界影响，边界留设 40m 煤柱。为提高运算效率，煤层开采时每一循环进尺设为 4m，循环开挖运行至基本顶结构失稳为止，再提取并统计不同采深下基本顶失稳前后底板监测数据的联动变化。

4.2　顶底板初次失稳联动模拟

在 3DEC 模型顶部分别施加 H=400m、700m、1000m、1300m 及 1600m 五种采深的垂直应力以分别模拟不同的上覆岩层载荷 σ_z，$\sigma_z=\gamma(H-h_m-h_z)$；模型开挖后，在模型内超前煤壁 2m、距煤壁水平距离 4m 的采场底板及基本顶初次失稳的跨中触矸区域底板分别设置了测线以监测基本顶初次失稳前后超前底板、采场底板及触矸区域底板的应力及位移联动变化效应[15]。

4.2.1 不同采深下底板应力联动变化

为清晰直观地对比不同采深下底板应力分布的联动差异，提取了 H=400m 及 700m 时基本顶初次失稳后底板主应力张量特征，如图 4.2 所示。

根据图 4.2，不同采深下，基本顶岩梁初次失稳时，在跨中均触矸形成了底板应力增高区域，其中以中间主应力张量的增加最为显著。采深 400m 时，触矸区域仅形成较小的中间主应力增高区域，未能导致底板卸荷破裂轮廓的变化；最小主应力张量表现不明显，仅在底板浅部区域呈零星点状分布。而在采深 700m 下，基本顶岩梁初次失稳的触矸区域，中间主应力张量显著增加，导致底板卸荷破裂形成了两个近似的拱状轮廓，并与前述分析一致，且在底板深部有连通趋势；同时，其底板深部中间主应力张量向底板浅部挤压流动的方向特征及底板最大主应力张量的分布密度即张量值远高于采深 400m。结合前述可知，基本顶初次失稳的动载荷作用于煤壁及触矸区域底板，并导致底板垂直应力及水平应力增高；而由于已采出空间底板的卸荷作用，最小主应力为底板向采出空间方向卸荷的岩体应力；故图 4.2 中最大主应力及中间主应力分别为垂直压应力及水平挤压应力，最小主应力则多为拉应力且张量特征不明显。因此，随采深增加，基本顶岩梁初次失稳的动载荷联动作用使得底板煤壁端及触矸区域产生了应力增高效应，导致底板卸荷破裂轮廓变化，并加剧了底板的卸荷破裂；若底板卸荷破裂轮廓与承压水导升带连通或重叠则由于基本顶的初次失稳将诱发底板突水。

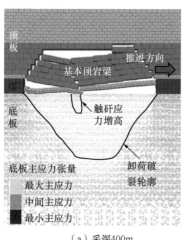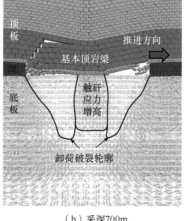

（a）采深400m　　　　　　　　（b）采深700m　　　　扫码见彩图

图 4.2　不同采深下基本顶初次失稳后底板主应力张量特征

同时，统计了不同采深下基本顶初次失稳后超前底板、采场底板及触矸区域底板各测线的压应力增量及卸荷应力联动变化规律，如图 4.3～图 4.5 所示。其中，

图 4.3 中压应力增量为根据式（3.2）计算的由煤岩体所经历的压应力峰值与原岩应力的差值；图 4.4 中卸荷应力为根据式（3.3）计算的煤岩体所经历的压应力峰值与卸荷至最小值的差值；图 4.5 中，压应力增量则为触矸载荷作用导致煤岩体所经历快速增高的压应力峰值与其卸荷至最小值的差值。

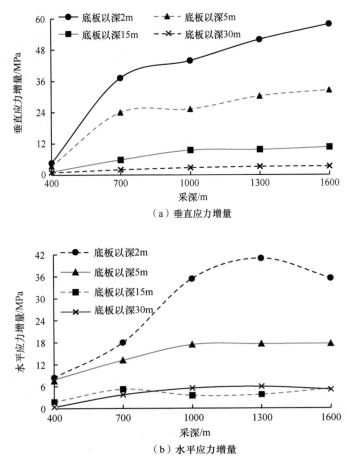

（a）垂直应力增量

（b）水平应力增量

图 4.3 基本顶初次失稳后超前底板压应力增量联动变化

由图 4.3 可知，基本顶初次失稳后，随采深增大，煤壁端超前底板区域的垂直应力增量 $\Delta\sigma_z$ 逐渐增高；在底板以深 2m 处，采深 400m 时 $\Delta\sigma_z$=4.63MPa，而采深 700m、1600m 时 $\Delta\sigma_z$ 分别增加至 37.19MPa、57.81MPa，与采深 400m 相比，采深增加 0.75 倍、3.00 倍，$\Delta\sigma_z$ 却增加了 7.03 倍、11.49 倍，采深 700m 以浅 $\Delta\sigma_z$ 近似线性增加，采深 700m 以深时 $\Delta\sigma_z$ 呈非线性增加。同时，采深 400m 时，底板以深 2m、5m 处 $\Delta\sigma_z$ 相差仅 1.20MPa，而采深 700m 及 1000m 时，其相差分别达 13.25MPa、18.64MPa，故采深越大，底板浅部与深部区域 $\Delta\sigma_z$ 的差值越大。而水

平应力增量 $\Delta\sigma_x$ 在超前底板区域有一定起伏，主要由于梁端失稳的动载荷作用分别向采场侧及超前以里区域挤压煤壁端部底板岩体，$\Delta\sigma_x$ 变化不稳定（如图 4.3、图 4.5 中水平应力增量及图 4.4 中水平卸荷应力的局部降低，进一步导致梁端水平挤压变形或移动的不稳定，下文不再赘述），但总体仍随采深增大 $\Delta\sigma_x$ 增加。$\Delta\sigma_z$ 与 $\Delta\sigma_x$ 相比，在底板以深 2m，采深 400m 时 $\Delta\sigma_x$ 较 $\Delta\sigma_z$ 大 3.83MPa，采深 700m 以深时则 $\Delta\sigma_z$ 大于 $\Delta\sigma_x$，当采深 1600m 时两者相差最大，达 22.33MPa。因此，采深越大，基本顶初次失稳对超前底板区域 $\Delta\sigma_z$ 的影响越大，底板超前破裂与基本顶初次失稳的压剪联动程度进一步增强。

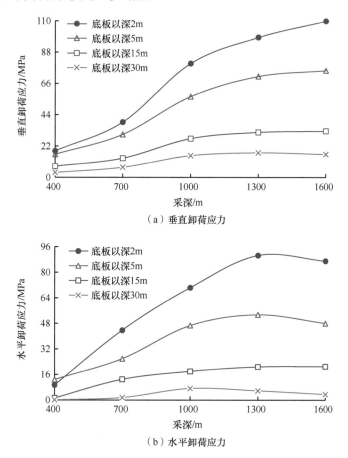

（a）垂直卸荷应力

（b）水平卸荷应力

图 4.4　基本顶初次失稳后采场底板卸荷应力联动变化规律

由图 4.4 可知，基本顶初次失稳后，在采场底板区域垂直卸荷应力 $\Delta\sigma_{zu}$ 及水平卸荷应力 $\Delta\sigma_{xu}$ 随采深增大而增加；当采深 400m 时，底板以深 2m 处 $\Delta\sigma_{zu}$ 及 $\Delta\sigma_{xu}$ 分别为 16.07MPa、12.75MPa，而采深 700m、1000m 时则分别增加至 30.03MPa 及 25.88MPa、56.64MPa 及 46.62MPa，采深较 400m 分别增加 0.75 倍、1.50 倍，$\Delta\sigma_{zu}$

及 $\Delta\sigma_{xu}$ 却分别增加 0.87 倍及 1.03 倍、2.52 倍及 2.66 倍，故卸荷应力的增加速率远高于采深的增高程度，且采深 700m 以浅 $\Delta\sigma_{xu}$ 及 $\Delta\sigma_{zu}$ 增加缓慢，采深 700m 以深其增速变快。同时，采深越大，底板不同深度区域的 $\Delta\sigma_{zu}$ 及 $\Delta\sigma_{xu}$ 差值越大，如采深 400m 时底板以深 2m 与 5m 处 $\Delta\sigma_{zu}$ 的差值为 4.67MPa，$\Delta\sigma_{xu}$ 的差值为 7.07MPa，而采深 700m 则分别增加至 11.05MPa、17.15MPa，即越向底板浅部，采深对底板卸荷应力的影响越甚。$\Delta\sigma_{zu}$ 与 $\Delta\sigma_{xu}$ 相比，$\Delta\sigma_{xu}$ 向底板深部的降低值更大，降低速率更快，向底板深部的差异性越小，则 $\Delta\sigma_{zu}$ 对底板卸荷破裂联动的影响深度更深。

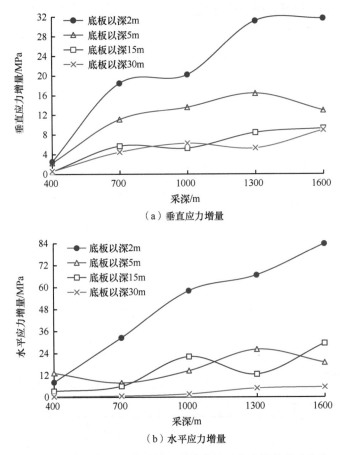

（a）垂直应力增量

（b）水平应力增量

图 4.5 基本顶初次失稳后触矸区域底板压应力增量联动变化

由图 4.5 可知，基本顶初次失稳后，由于跨中的触矸作用，触矸区域底板的压应力产生了不同程度的变化，并以应力增加为主；而受压应力方向变化及岩体间挤压流动作用，触矸后形成的垂直应力增量 $\Delta\sigma_{zg}$ 及水平应力增量 $\Delta\sigma_{xg}$ 略有起伏，但仍基本符合随采深增大而增加的规律。同时，在触矸区域的底板 15m 以浅，不同采深的 $\Delta\sigma_{xg}$ 均高于 $\Delta\sigma_{zg}$，如在底板以浅 15m 处，$\Delta\sigma_{xg}$ 最小为 H=400m 时的

3.27MPa，此时 $\Delta\sigma_{zg}$ 仅 0.52MPa，两者相差 2.75MPa；$\Delta\sigma_{xg}$ 最大则为 H=1600m 时的 29.36MPa，$\Delta\sigma_{zg}$ 为 9.25MPa，两者相差达 20.11MPa；故采深越大，基本顶初次失稳后触矸区域底板的水平应力增量越高，$\Delta\sigma_{xg}$ 对底板的挤压流动作用高于 $\Delta\sigma_{zg}$ 的压剪破裂作用，在采空区底板则表现为触矸区域底板岩体不断挤压卸荷区底板岩体向近煤壁方向移动变形，并与图 3.2 及前述分析一致。而向底板深部，随距底板表面距离增加，围压的限制作用增加，以触矸形成的垂直应力传播为主，$\Delta\sigma_{xg}$ 减小，$\Delta\sigma_{zg}$ 增大，但采深增加，底板 $\Delta\sigma_{xg}$ 小于 $\Delta\sigma_{zg}$ 的临界转换深度降低；如采深 400m、700m 及 1000m 时 $\Delta\sigma_{zg}>\Delta\sigma_{xg}$ 均在底板以深 30m 处，而采深 1300m 及 1600m 时其分别位于底板以深 25m、20m 处，故采深增加，基本顶岩梁初次失稳对触矸处底板垂直应力增量的影响深度逐渐高于水平应力，由此进一步加剧了底板的联动破裂效应。

4.2.2 不同采深下底板位移联动变化

统计了不同采深下基本顶初次失稳后超前底板、采场底板及触矸区域底板各测线的联动压缩变形及卸荷鼓起变化规律，如图 4.6～图 4.8 所示。图 4.6 中压缩变形量为基本顶初次失稳后底板的峰值压缩变形量，图 4.7 中卸荷变形量为峰值压缩变形量与卸荷稳定变形量之差的绝对值，图 4.8 中触矸区压缩变形量为触矸后压缩变形量与卸荷稳定变形量之差的绝对值（受挤压流动影响，水平位移方向不稳定）。

由图 4.6 可知，当采深 400m 时，底板的垂直压缩变形量及水平挤压变形量均最小，在底板以深 30m 处其值分别为 0.70mm、5.16mm；而采深增加至 700m、1600m 时，其值分别为 9.98mm 及 10.44mm、13.60mm 及 27.00mm，采深较 400m 分别增加 0.75 倍、1.50 倍，垂直压缩变形量及水平挤压变形量却分别增加了 13.26 倍及 1.02 倍、18.43 倍及 4.23 倍。在底板以深 2m 处，超前底板的垂直压缩变形量

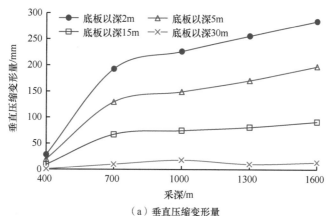

（a）垂直压缩变形量

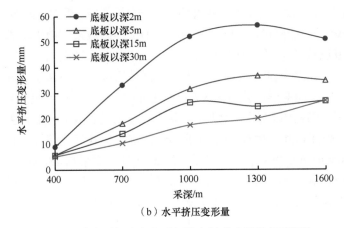

（b）水平挤压变形量

图 4.6 基本顶初次失稳后超前底板联动压缩变形规律

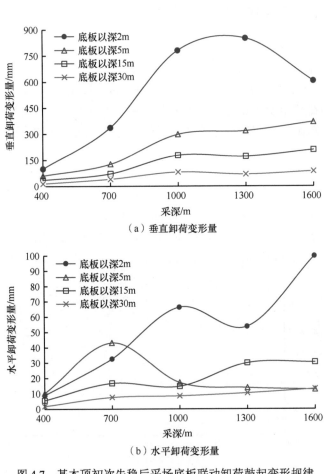

（a）垂直卸荷变形量

（b）水平卸荷变形量

图 4.7 基本顶初次失稳后采场底板联动卸荷鼓起变形规律

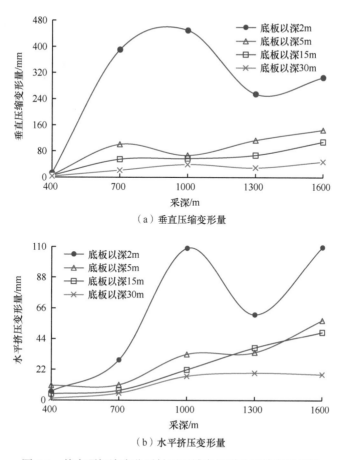

（a）垂直压缩变形量

（b）水平挤压变形量

图 4.8 基本顶初次失稳后触矸区域底板联动压缩变形规律

及水平挤压变形量均达到最大值，但采深 400m 时两者分别为 28.32mm、9.02mm；采深 700m 时分别为 192.55mm、33.18mm，采深 1600m 时分别增加至 284.10mm、51.17mm，分别较采深 400m 时增加了 5.80 倍及 2.68 倍、9.03 倍及 4.67 倍。故基本顶初次失稳后，在超前底板压应力作用下，采深越大，底板的压缩变形量越高；并且在近梁端的超前底板深部区域，垂直压缩变形量的增加程度远高于水平挤压变形量。

由图 4.7 可知，在基本顶初次失稳作用下，采场底板的垂直卸荷变形量随采深增大而增加，如在底板以深 2m 处，采深 400m 时垂直卸荷变形量仅 99.45mm，而采深 1300m 达到了最大值 850.36mm，且在底板浅部区域不同采深间垂直卸荷变形量差异最大，采深 700m 以浅近似线性增加，采深 700m 以深加速率先骤然增加再趋于平缓，卸荷变形的非线性增加特征明显。同时，受局部监测块体转动变形影响，采深 1600m 时其垂直卸荷变形量小幅降低至 606.87mm，但在底板 5m 以深区域垂直卸荷变形量仍为采深 1600m 时达最大值。而水平卸荷变形量受卸荷块体间挤压及移动方向的变化起伏明显，但总体仍随采深增大而增加，如在底板以深 2m 处，采深 400m 时水平卸荷变形量仅 8.83mm，而采深 700m、1000m 及 1600m 时则分别增加至 32.65mm、66.24mm、99.74mm，分别较采深 400m 增加约 2.70 倍、6.50 倍、10.30 倍。

由图 4.8 可知，在基本顶初次失稳作用下，采深 400m 时触矸区域底板垂直压缩变形量及水平挤压变形量仍为最小，分别为 12.54mm、6.26mm；采深增加至 1000m 时其垂直压缩变形量最大达 449.39mm，水平挤压变形量最大值为采深 1600m 的 109.56mm，触矸区域底板的压缩变形量在底板以深 2m 处由于岩块间的挤压及移动影响虽变化不稳定，但仍远高于采深 400m。在底板 5m 以深区域，触矸区域底板的垂直压缩变形量及水平挤压变形量均随采深增大而增加；如在底板以深 15m 处，采深 400m 时触矸区域底板的垂直压缩变形量及水平挤压变形量分别为 5.56mm、4.45mm，采深 700m 时两者分别增加至 54.69mm、6.94mm，采深增加至 1600m 时两者分别增加至 108.13mm、48.72mm，分别较采深 400m 时增加 8.84 倍及 0.56 倍、18.45 倍及 9.95 倍。故随采深增加，触矸区域底板压缩变形量增加，且采深越大，底板垂直压缩变形量增加程度高于水平挤压变形量的特征越明显。

根据基本顶初次失稳后不同采深底板各测线的最大应力变化量 $\Delta\sigma$ 及最大变形量 s 数据，拟合了不同区域底板的最大应力变化量-最大变形量曲线，如图 4.9 所示。

由图 4.9 可知，随最大应力变化量增大，底板不同区域岩体的最大变形量均增加，采深 700m 以浅时拟合曲线近似线性，采深 700m 以深增加速率突增，其中在垂直方向非线性增加最明显，且其最大应力变化量-最大变形量曲线均近似符合指数式增长规律，即

$$s = C_1 e^{D_1(\Delta\sigma)} \tag{4.5}$$

式中，C_1、D_1 为拟合常数。

在底板垂直方向，最大应力变化量及最大变形量均远高于水平方向，超前底板及采场底板拟合曲线的拟合优度均高于水平方向，而触矸区域底板由于采空区矸石块体不规则分布，其水平方向拟合优度高于垂直方向；其中超前底板垂直方向拟合优度最高达 0.9903，而采场底板水平方向拟合优度最小，为 0.6528，拟合数据的离散性小。故基本顶初次失稳后，通过梁端动载荷的传递作用，深部开采底板的最大应力变化量及最大变形量呈现了非线性突增。

同时，基本顶初次失稳后，底板的最大应力变化量及最大变形量均处于卸荷区域的采场底板，与压应力增量相比，卸荷应力更高，垂直卸荷应力最高达

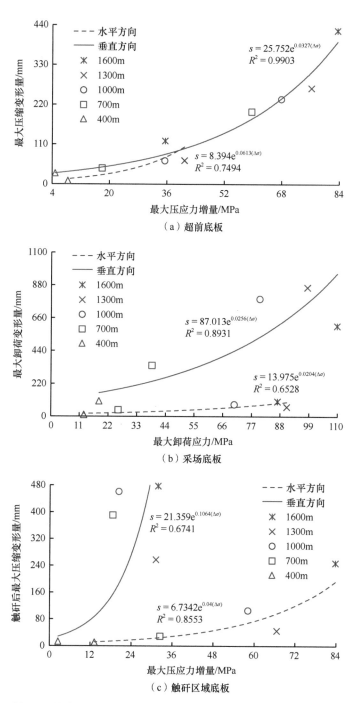

图 4.9 基本顶初次失稳后底板最大应力变化量–最大变形量曲线

109.76MPa，较最大压应力增量 83.79MPa 高 25.97MPa，增高约 30.99%；卸荷变形量最大达 865.49mm，较最大压缩变形量高 388.15mm，增高约 81.32%，故在基本顶初次失稳的梁端垂直压缩及水平挤压下，采场底板的卸荷变形破坏高于超前底板及触矸区域底板的压缩变形破裂。不同区域底板岩体的最大应力变化量及最大变形量均在底板 5m 以浅，采深 1000m 时采场底板表面的最大垂直变形量高达 788.05mm，较采深 400m 的 101.72mm 增高约 6.75 倍，故采深 700m 以深时底板的最大变形量在底板浅部更突出，深部岩体的高应力及基本顶初次失稳的动载荷传递作用使得深部开采底板的联动变形破裂效应更明显。

4.3　顶底板周期失稳联动模拟

在 3DEC 模型顶部施加了不同覆岩载荷分别模拟采深为 300m、700m、1100m 及 1500m 时的围岩赋存环境，统计获取了不同采深下基本顶周期失稳后底板变形破裂的联动特征[16]。

4.3.1　不同采深下底板应力联动变化

为直观反映基本顶周期失稳后不同采深下的应力分布差异，提取了采深 300m、1100m 底板垂直应力分布云图如图 4.10 所示。

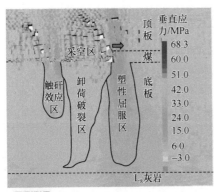
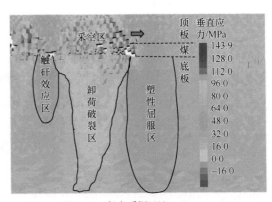

（a）采深300m　　　　　　　　　　　　（b）采深1100m

图 4.10　基本顶周期失稳后底板垂直应力分布云图

根据前述，在基本顶周期失稳扰动作用下，处于梁端的煤壁端部底板应力显著增高导致 $\sigma_1 > \sigma_y$，形成了塑性屈服区，σ_y 可根据莫尔-库仑强度准则计算；处于梁端的采空区触矸区域 σ_1 增加，并由于 σ_1 大于周边围岩应力而形成触矸效应区；在两者之间由于 σ_1 为已历经屈服破坏的高应力作用，应力不断卸荷至零或拉应力，而形成卸荷破裂区，区域划分如图 4.10 所示。但不同采深时塑性屈服区、触矸效应区的应力集中程度及卸荷破裂区的卸荷深度不同；采深增加，梁端分区的应力集中及范围增加，卸荷破裂区的卸荷深度加深，与前述砌体梁失稳扰动底板破裂行为的分析一致。采深 1100m 时 σ_1 最大为 143.9MPa，较采深 300m 时 68.3MPa 提高了 75.6MPa，为采深增加导致 σ_1 原岩应力增加值 20MPa 的 3.8 倍，深部开采基本顶失稳对底板破裂的扰动深度及范围远大于浅部开采。

在塑性屈服区（超前煤壁 2m）、卸荷破裂区（距煤壁 2m）及触矸效应区设置测线监测底板 30m 以浅的应力变化，处理得到不同采深下各分区的应力变化如图 4.11～图 4.13 所示（图 4.11、图 4.13 中应力增量分别为基本顶周期失稳后煤壁端底板测点应力较原岩应力的增加值及触矸区域测点的应力增加值）。

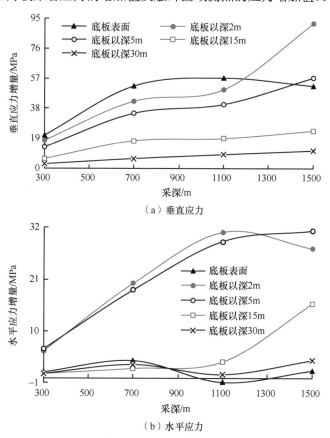

（a）垂直应力

（b）水平应力

图 4.11　基本顶周期失稳后塑性屈服区底板应力增量特征

根据图 4.11，基本顶周期失稳后，应力增量基本随采深增大非线性增加，底板浅部非线性增加程度最大；底板以深 2m 时，采深 1500m 的 σ_1、σ_3 增量 91.5MPa、27.5MPa 分别较采深 300m 时 17.4MPa、5.8MPa 增加了 74.1MPa、21.7MPa，增加约 4.3 倍、3.7 倍；底板 2m 以深岩体在 σ_3 作用下，塑性屈服值不断升高，从而使扰动岩体实现了由浅部脆性向深部延性的转变。但根据式（3.10），底板 2m 以浅岩体已产生塑性破裂，故应力增量变化不稳定。同时，随采深增加，梁端扰动造成 σ_1 增大，形成强压剪作用并不断向梁端部两侧挤压岩体，从而导致水平应力增量不稳定，如图 4.11（b）及图 4.13（b）中采深 1100m 时曲线出现了突然降低（增加）或增加（降低）现象，也将导致梁端水平挤压变形不稳定，下文不再赘述。

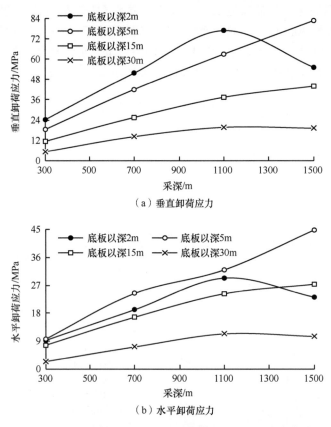

（a）垂直卸荷应力

（b）水平卸荷应力

图 4.12　基本顶周期失稳后卸荷破裂区底板卸荷应力变化

在卸荷破裂区及触研效应区，受开采影响底板表面测点失效，未统计其应力变化。由图 4.12 可知，在卸荷破裂区，底板 5m 以浅岩体在卸荷前已塑性屈服或破裂，其 $\Delta\sigma$ 非线性特征最明显；采深 1500m 时，卸荷前底板以深 2m 岩体已塑性破裂，故其 $\Delta\sigma$ 反而降低。而底板 5m 以深岩体在卸荷前未发生或接近屈服，$\Delta\sigma$ 随采深增加呈线性增加，且距采场底板距离越小，斜率越大；采深 1500m 时 σ_1、σ_3 的卸荷应力 82.7MPa、44.8MPa 较采深 300m 时 18.3MPa、9.7MPa 分别增加 64.4MPa、35.1MPa，分别增加约 3.5 倍、3.6 倍。故结合式（3.11）及图 3.7、图 3.8，采深越大，底板卸荷破裂越严重。

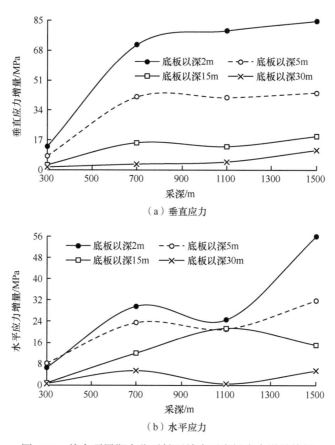

图 4.13 基本顶周期失稳后触矸效应区底板应力增量特征

由图 4.13 可知，在触矸效应区，受基本顶周期失稳扰动影响，采空区梁端触矸导致该区域底板应力增加，且随采深增加，触矸区域应力增量不断增大。在底板以深 2m 处，采深 700m 以深时垂直应力增量远高于采深 300m 的浅部开采，向底板深部应力增量差异减小；采深 300m 时触矸效应区垂直应力增量、水平应力增量仅分别为 13.2MPa、6.7MPa，而当采深增加至 1500 时其分别达 84.5MPa、55.9MPa，分别增加了 5.4 倍、7.3 倍。同时，在采场煤壁和直接顶垫层及采出空间作用下，基本顶失稳时将以旋转角 θ_A 向采场方向压剪挤压已产生部分卸荷破裂的采空区触矸区域底板岩体，在垂直方向上其将压剪底板深部结构，并使底板破裂深度增加，在水平方向应力增加表现为与塑性屈服区水平应力共同挤压卸荷破裂区岩体，并不断使卸荷应力增加，进而加剧底板的卸荷破裂程度。

4.3.2 不同采深下底板位移联动变化

统计获得了基本顶周期失稳后不同采深下底板各分区内各测线测点的变形规

律如图4.14～图4.16所示。

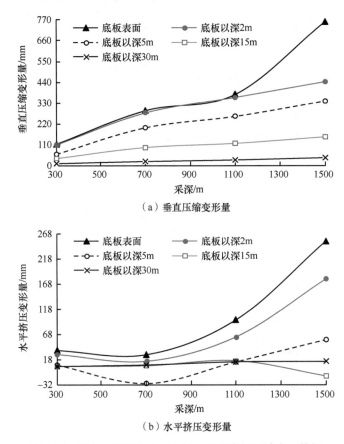

（a）垂直压缩变形量

（b）水平挤压变形量

图4.14 基本顶周期失稳后塑性屈服区底板压缩变形特征

在塑性屈服区，以压缩变形为主，且随采深增加压缩变形量增大，在底板表面岩体变形的差异性最大，向底板深部变形差异减小，底板15m以浅岩体变形的非线性增加特征明显。在底板表面，采深1500m时的垂直压缩变形量及水平挤压变形量分别为761.5mm、253.4mm，较采深300m时113.9mm、36.6mm分别增加了647.6mm、216.8mm；而在底板以深30m处，采深1500m时的垂直压缩变形量及水平挤压变形量较采深300m仅分别增加30.3mm、10.0mm。同时，当采深700m及采深1500m时，水平挤压变形量含较小的负向变形，其为向采场推进方向挤压；图4.14（b）中水平挤压变形量多为正值，表明基本顶周期失稳后处于梁端的煤壁端底板岩体以向采场底板卸荷破裂区挤压变形为主；而采深增大后，受塑性屈服影响，底板水平挤压变形易波动。

受应力卸荷幅度影响，卸荷破裂区的水平卸荷变形方向不定，统计时以其绝对值绘制在图 4.15（b）中。

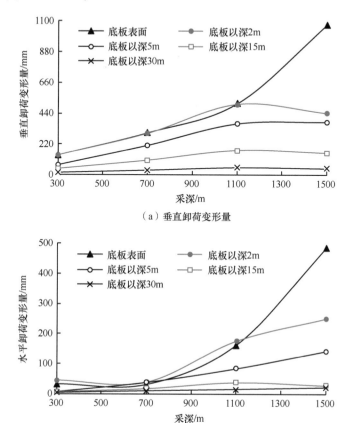

（a）垂直卸荷变形量

（b）水平卸荷变形量

图 4.15　基本顶周期失稳后卸荷破裂区底板卸荷变形特征

由图 4.15 可知，随采深增加，底板卸荷变形量增加，且采深 700m 以深时底板浅部变形呈非线性增加，采深 1500m 时垂直及水平卸荷变形量最大达 1076.5mm、485.0mm，远高于采深 300m 时的 142.2mm、31.4mm，相差分别达 934.3mm、453.6mm；而向底板深部差值减小，底板以深 30m 时两者仅相差 30.5mm、15.2mm。同时，采深 300m、700m、1100m、1500m 的最大垂直卸荷变形量 142.2mm、301.9mm、512.8mm、1076.5mm 分别较其塑性屈服区的压缩变形量 113.9mm、291.1mm、376.8mm、761.5mm 提高了 28.3mm、10.8mm、136.0mm、315.0mm，故卸荷将加剧已经历塑性屈服岩体的变形破裂，且采深越大，卸荷变形加剧越严重，与 3.3 节分析一致。

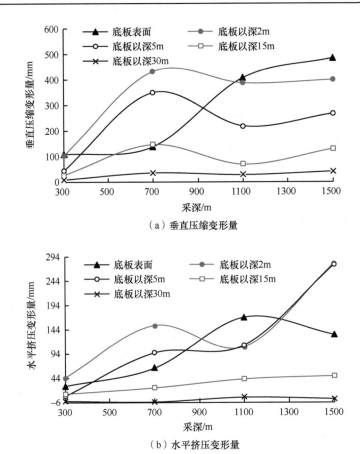

（a）垂直压缩变形量

（b）水平挤压变形量

图 4.16 基本顶周期失稳后触矸效应区底板压缩变形特征

由图 4.16 可知，触矸效应区底板以挤压变形为主；水平挤压变形量为正值时岩体向采场煤壁方向挤压变形，图 4.16（b）中仅采深 700m 以浅底板以深 30m 处为负值，岩体向采空区以远方向挤压变形；受基本顶周期失稳旋转扰动影响，触矸区域底板主要表现为沿垂向的压缩变形和沿水平方向向卸荷破裂区挤压变形，深部开采触矸效应区岩体向卸荷破裂区挤压变形的深度较浅部开采增加。同时，采深增加，触矸效应区岩体变形量呈不断加大趋势，底板浅部岩体变形量最明显，如在底板表面，采深 300m 时垂直压缩变形量为 108.6mm，采深 1500m 时达 486.6mm，增加了 378.0mm，增加约 3.5 倍；而在底板以深 5m 处，采深 1500m 时向卸荷破裂区的水平挤压变形量达 277.9mm，约为采深 300m 时 6.7mm 的 41.5 倍；与垂直压缩相比，水平挤压变形对卸荷破裂区岩体的影响更大。

为进一步分析底板应力与变形破坏的关系，绘制了塑性屈服区及卸荷破裂区的最大应力变化量-最大变形量曲线如图 4.17 所示。

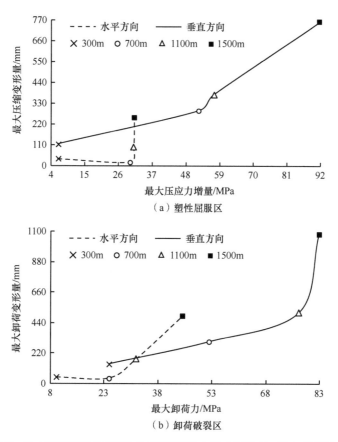

图 4.17 基本顶周期失稳后不同区域底板最大应力变化量–最大变形量曲线

由图 4.17 可知，随塑性屈服区压应力增量及 $\Delta\sigma$ 增大，底板岩体的最大变形量均在采深 700m 以深时出现了非线性骤然增大，而采深 700m 以浅时呈近似线性增大；并且与压应力增加相比，卸荷对岩体的破裂更甚，采深 1500m 时其压应力增量虽高达 91.5MPa，变形量为 761.5mm，而 $\Delta\sigma$ 最大仅 82.7MPa，变形量却高达 1076.5mm，增加约 41.4%；结合图 4.12 及式（3.8），$\Delta\sigma$ 越大，卸荷变形量越大，采深越大，底板变形破裂越剧烈。同时，与垂直应力增量和 $\Delta\sigma$ 相比，水平应力增量与卸荷变形量对岩体的变形破裂更敏感，采深 700m 以深时非线性增加更甚。根据前述，岩体最大应力变化量及最大变形量均位于底板 5m 以浅，但与浅部开采相比，采深 700m 以深时底板的强扰动破裂行为在底板浅部表现更突出。结合图 4.11～图 4.16，在采深 700m 以浅时底板岩体的应力及变形曲线近似线性增加，而采深 700m 以深时，却表现为非线性增加；根据深部工程的临界深度定义，700m 采深时由于开采扰动的压剪和卸荷作用出现了非线性破裂力学行为，故可将其作为深部开采的临界深度，并形成强扰动破裂现象。

4.4 不同扰动强度下顶底板失稳联动模拟

在 3DEC 模型顶部施加采深 700m 的垂直应力以分别模拟不同的上覆岩层载荷 σ_z，循环开挖运行至基本顶结构失稳为止，并根据基本顶来压步距确定基本顶结构失稳的扰动强度[17]，统计获取了基本顶失稳时不同扰动强度下底板破裂的联动特征。

4.4.1 不同扰动强度下底板应力联动变化

煤层开挖后，导出了不同基本顶来压步距下顶底板岩体垂直应力分布云图，如图 4.18 所示。

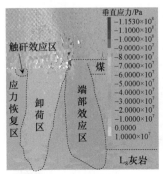
（a）来压步距8m

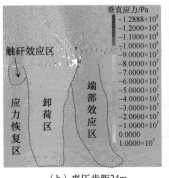
（b）来压步距24m

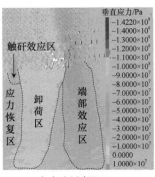
（c）来压步距40m

扫码见彩图

图 4.18 基本顶失稳稳定后顶底板岩体垂直应力分布云图

在基本顶失稳扰动下，采场底板岩体垂直应力分布形成了明显的端部效应区、卸荷区和触矸效应区，但端部效应区和卸荷区范围远大于触矸效应区并与第 3 章结论一致，受矸石垫层影响触矸效应区范围很小，扰动作用以作用于煤壁端部为主；同时，越向底板深部应力集中范围越大，但应力集中系数减小。不同基本顶来压步距下采场超前支承压力明显改变，来压步距 8m 时其垂直应力峰值约 115.3MPa，而来压步距 40m 时却达 142.2MPa，增加了 26.9MPa，增加约 23.3%，应力集中系数也由 6.4 增加至 7.9；来压步距越大，煤壁端部应力峰值及应力集中系数越大，基本顶失稳对底板的扰动作用越强。

同时，在采场煤壁至超前 10m 底板 30m 深度内设置测线，监测底板垂直应力及水平应力，统计其垂直应力峰值及水平应力最小值，并绘制不同超前距离处底板岩体应力与来压步距的关系，如图 4.19 所示。

由图 4.19（a）和图 4.18 可知，随基本顶来压步距增大，超前底板深部岩体内的垂直应力峰值呈增加趋势，而煤壁正下方的垂直应力峰值却不断降低。来压步距大于 16m 时煤壁正下方垂直应力峰值低于来压步距 8m，其主要是由于来压步距增大后扰动强度增大造成底板浅部煤岩体破裂，应力向深部转移。

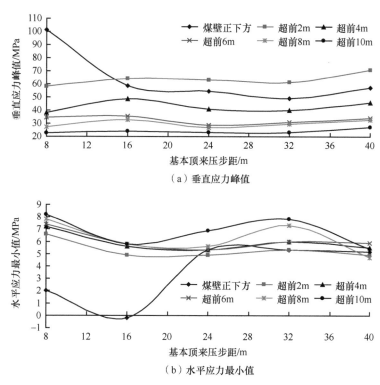

（a）垂直应力峰值

（b）水平应力最小值

图 4.19　不同超前距离处底板岩体应力与来压步距关系

由于深部岩体开挖前处于静水压力环境，开采卸荷后超前底板岩体内水平应力均先不同程度地降低后又趋稳定。由图 4.19（b）在底板浅部水平应力最小值随来压步距增加趋于降低，向深部随扰动强度增大有一定波动，但总体仍趋于降低。

4.4.2　不同扰动强度下底板位移联动变化

当深部开采扰动稳定后，底板位移变化在一定程度上反映了裂隙的运移扩展及贯通发育；统计了底板不同深度处各测点的位移，绘制了不同扰动强度下底板的垂直和水平位移曲线，如图 4.20 和图 4.21 所示。

由图 4.20 可知，基本顶失稳扰动稳定后，超前底板岩体在压应力作用下主要为压缩变形，而在采场及采空区以扩展变形为主；尤其是采空区底板临空面，测点变形随扰动强度增大而增大。当来压步距为 8m 时，底鼓量最大为 290.3mm，当来压步距为 40m 时却达 699.1mm，增加了 408.8mm，增加约 140.8%。当来压步距为 8m 及 16m 时，最大变形量出现在采场附近，而来压步距 24m 以上时，最大变形量向采空区后方移动。故随基本顶失稳的扰动强度增大，最大变形量增加并向采空区后方移动；向底板深部，不同扰动强度下测点最大垂直位移量差异减小。

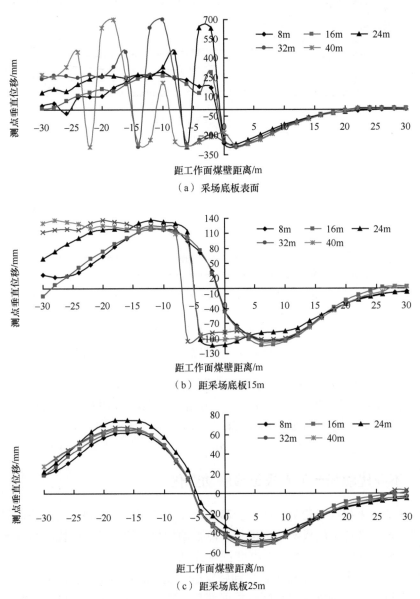

（a）采场底板表面

（b）距采场底板15m

（c）距采场底板25m

图 4.20 不同扰动强度下底板垂直位移曲线

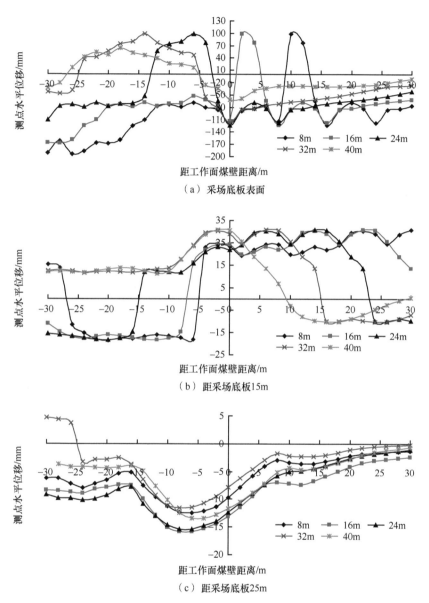

图 4.21　不同扰动强度下底板水平位移曲线

由图 4.21 可知，基本顶失稳作用下，当来压步距小于 16m 时，超前底板表面水平位移方向不稳定，而当来压步距增至 24m 以上时，其向采空区方向移动；但采场及采空区底板岩体在来压步距小于 16m 时向采空区深部移动，而来压步距在 24m 以上时，水平位移却向煤壁方向移动。随基本顶失稳扰动强度增大，超前底板 15m 深度处水平位移在失稳扰动的端部效应作用下明显滞后，而距采场底板

25m 时却以向采空区方向变形为主，故在采空区深部主要为反向滑移，浅部受垂直位移影响反向滑移能力弱。同时，随岩体距采场底板距离增加，底板水平位移逐渐减小，当距采场底板 25m 时，在距煤壁距离 15m 以内的采空区底板横向位移 3.8～15.9mm；当距采场底板 25m 时不同来压步距下水平位移最大值最小也达 11.6mm，对比可知距底板不同深度水平位移变化更大，更利于卸荷区裂隙的横向扩展发育。

结合图 4.18，并对比图 4.20 和图 4.21 发现，基本顶失稳扰动作用下底板端部效应区岩体在垂直压应力作用下以压缩变形扩展为主；而卸荷区底板岩体位移变化大，在垂直应力卸荷作用下导致底板岩体竖向离层扩展变形并不断向深部岩体扰动，加上水平应力卸荷引起底板岩体反向滑移、错动或偏移，并最终导致底板裂隙的失稳扩展和张开贯通。

故来压步距增大或扰动强度增大时，煤壁端部底板裂隙岩体受压剪作用表现为垂直位移压缩闭合，而水平位移不断向采空区底板移动，促进了次生裂隙的扩展；但在采空区底板，卸荷作用导致垂直位移急剧增加，底板裂隙扩展破裂程度最严重。

4.5　本章小结

本章应用离散元数值软件 3DEC 模拟了不同采深及扰动强度下顶底板初次、周期失稳的联动变化，获得了其底板应力和变形的联动变化规律，得到以下结论。

（1）在基本顶初次失稳作用下，随采深增大，煤壁端超前底板及触矸区域底板压应力增量增高，采场底板卸荷应力同步增加，且卸荷应力高于压应力增量；采深越大，触矸区域底板水平应力增量越高，且垂直应力增量的影响深度高于水平应力；采深越大，超前底板与触矸区域底板压缩变形量、采场底板卸荷变形量越高，且卸荷变形远大于压缩变形；随最大应力变化量增大，底板最大变形量近似非线性指数增长，且垂直方向非线性增加更甚。

（2）在基本顶周期失稳作用下，采深越大，塑性屈服区和触矸效应区压应力增量、卸荷应力及岩体变形量越大；触矸效应区水平位移向卸荷破裂区挤压变形，加剧了底板卸荷破裂；随塑性屈服区压应力增量及卸荷应力增大，深部开采底板的非线性强扰动破裂行为在底板浅部最突出。

（3）在基本顶失稳扰动下，采场底板岩体垂直应力分布形成了明显的端部效应区、卸荷区和触矸效应区，且端部效应区和卸荷区范围远大于触矸效应区；来压步距增大时，煤壁端部应力峰值及应力集中系数增大，而水平应力最小值先降低后稳定，采空区最大变形量增加并向深部移动；在卸荷区垂直应力卸荷导致底板岩体竖向变形扩展，加上水平应力卸荷促使岩体反向滑移、错动或偏移，造成底板裂隙的扩展破裂。

参 考 文 献

[1] 石崇, 褚卫江, 郑文棠. 块体离散元数值模拟技术及工程应用[M]. 北京: 中国建筑工业出版社, 2016.

[2] 李亮红, 谯永刚, 张泽宇, 等. 上覆灰岩回采工作面顶板瓦斯高效抽采[J]. 矿业安全与环保, 2023, 50(5): 88-93.

[3] 徐玉胜, 李春元, 张勇, 等. 不同采高下瓦斯通道卸荷损伤演化及抽采验证[J]. 煤炭学报, 2018, 43(9): 2501-2509.

[4] 李春元, 张勇, 李佳, 等. 采空区瓦斯宏观流动通道的高位钻孔抽采技术[J]. 采矿与安全工程学报, 2017, 34(2): 391-397.

[5] 刘骞, 王涛, 雷鸣, 等. 基于三维离散元法震旦系磷矿层开采稳定性分析[J]. 武汉大学学报(工学版), 2023, 56(7): 791-798.

[6] 许磊, 相峰, 郭帅, 等. 编程式数值模拟模块化建模思想及工程应用[J]. 河南理工大学学报(自然科学版), 2023, 42(5): 38-48.

[7] 李季. 基于 3DEC 的大采高回采巷道围岩变形特征研究[J]. 中国矿山工程, 2023, 52(1): 67-71.

[8] 左建平, 李颖, 李宏杰, 等. 采动岩层全空间"类双曲面"立体移动模型[J]. 矿业科学学报, 2023, 8(1): 1-14.

[9] 赵文光, 解振华. 基于 3DEC 的过空巷群采动来压突显特征模拟研究[J]. 煤炭科学技术, 2022, 50(S1): 54-58.

[10] 盛佳, 万文, 江飞飞, 等. 基于 AHP-3DEC 的井筒保安矿柱稳定性综合评价[J]. 矿业研究与开发, 2021, 41(5): 28-33.

[11] 赵玉玲, 张兵, 崔希民, 等. 矿区复杂地形 3DEC 数值模型建模方法研究[J]. 煤炭科学技术, 2018, 46(9): 202-207.

[12] 谢和平, 高峰, 鞠杨. 深部岩体力学研究与探索[J]. 岩石力学与工程学报, 2015, 35(11): 2161-2178.

[13] 谢和平, 周宏伟, 薛东杰, 等. 煤炭深部开采与极限开采深度的研究与思考[J]. 煤炭学报, 2012, 37(4): 535-542.

[14] Itasca Consulting Group. 3DEC user's manual[R]. Minneapolis: Itasca Consulting Group, 2006.

[15] 李春元, 左建平, 张勇. 深部开采底板破坏与基本顶岩梁初次垮断的联动效应[J]. 岩土力学, 2021, 42(12): 3301-3314.

[16] 李春元, 张勇, 左建平, 等. 深部开采砌体梁失稳扰动底板破坏力学行为及分区特征[J]. 煤炭学报, 2019, 44(5): 1508-1520.

[17] 李春元, 张勇, 张国军, 等. 深部开采动力扰动下底板应力演化及裂隙扩展机制[J]. 岩土工程学报, 2018, 40(11): 2031-2040.

5 深部开采底板岩体分区破裂演化

由于岩体内部存在诸多微缺陷或裂隙，而基本顶失稳作用于底板的动力扰动在微—细观尺度上引起岩体累积性损伤的加剧与局部应力环境的恶化；加上静载荷作用使底板处于临界状态，基本顶失稳扰动进一步造成底板岩体的扩展破裂，甚至变形失稳[1-3]。基于此，结合深部开采顶底板岩体的联动力学机制，应用断裂力学和卸荷岩体理论研究获得了底板岩体裂隙的分区破裂演化规律。

5.1 深部开采底板岩体分区破裂模型

根据前述，基本顶岩梁失稳导致底板应力场及位移场变化，深部开采底板不同区域围岩体力学环境不同。结合第 4 章数值分析结果与采动力学试验全过程应力-应变曲线[4]，并根据采动底板岩体的采前增压、采后卸压及采空区深部应力恢复三阶段特征[5]，可建立深部开采底板的分区破裂模型，如图 5.1 所示。

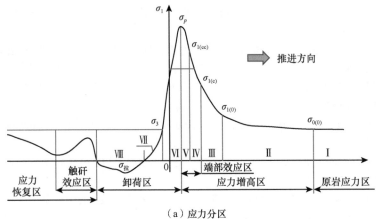

（a）应力分区

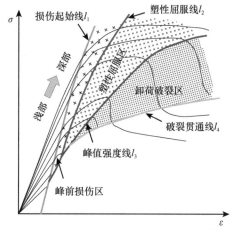

（b）采动力学试验全过程应力-应变曲线[4]

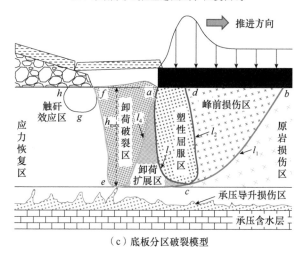

（c）底板分区破裂模型

图 5.1 深部开采底板分区破裂模型

根据图 5.1（a），煤层开采前底板原生裂隙发育，随回采推进在基本顶失稳扰动及支承压力作用下，岩体内垂直应力 σ_1 大于原岩应力 $\sigma_{0(0)}$ 并导致次生裂隙扩展；基本顶失稳后，煤壁端部底板形成了高应力集中区，设由煤壁压剪作用导致底板产生次生裂隙的应力为 $\sigma_{1(c)}$，在底板最大破裂深度 h_{max} 内任意点受开采扰动的应力峰值为 σ_p，则当 $\sigma_{1(c)} < \sigma_1 < \sigma_p$ 时，形成煤壁端部的压剪效应；当底板岩体在采场或采空区下方时，采场底板压力拱轴线内 σ_1 开始向临空面挤压卸荷至水平应力 σ_3，岩体反向滑移；在 h_{max} 深度内自底板深部向浅部不断卸荷至零或拉应力 $\sigma_{拉}$，并最终导致裂隙张开贯通而卸荷破裂；当基本顶失稳时，采空区梁端触矸点附近则形成影响范围较小的触矸加荷；而已卸荷稳定的采空区后方底板岩体在覆岩重新压实作用下应力开始逐渐增加，裂隙趋于闭合。

根据图 5.1（b），随采深增加，煤岩损伤起始点不断升高，连接各起始点构成由浅部向深部呈线性增长的损伤起始线 l_1。同时，分别连接不同采深时煤岩的塑性屈服点、峰值强度点及卸荷破裂贯通点则构成基于应力-应变曲线的煤岩塑性屈服线 l_2、峰值强度线 l_3 及破裂贯通线 l_4；并且采深越大，峰前损伤区、塑性屈服区及卸荷破裂区的面积越大，裂隙分布越密集，l_2、l_3 及 l_4 的非线性程度越明显。随采深增加，围压增大，煤岩塑性屈服的应力峰值增加，延性特征越明显，并以压剪破裂为主；卸荷起点越高，卸荷破裂越严重，变形越大。故深部开采时，在超前压应力作用下底板以压剪破裂为主，卸荷后易产生大变形；而当来压剧烈或扰动强度增大时，端部效应区及触矸效应区应力增高，岩体的卸荷起点增加，底板卸荷破裂加剧。

同理，在采场前方远端底板未受开采扰动影响的原岩应力区与应力增高区间存在采动损伤起始线 l_1 如图 5.1（c）所示，而在底板应力增高区内根据应力分布及 σ_y 将形成 l_2，则 l_1 和 l_2 包围形成 $\sigma_0 < \sigma_1 \leq \sigma_y$ 的峰前损伤区 bcd。在煤壁端部效应作用下，岩体将经历 σ_p 屈服，且应力不断向煤壁底板深部传递扰动，并形成峰值强度线 l_3，则 l_2 和 l_3 包围形成了 $\sigma_y < \sigma_1 \leq \sigma_p$ 的塑性屈服区 acd。同时，受底板临空面影响，经历塑性屈服的岩体开始卸荷破裂，当 σ_1 卸荷至围压 σ_3 时形成 l_4，曲线 l_3、l_4 及 l_1 范围内岩体向采空区方向滑移并开始扩展破裂形成 $\sigma_3 \leq \sigma_1 < \sigma_y$ 的卸荷扩展区 ace。在卸荷区，底板浅部岩体 σ_1 继续卸荷至零甚至 σ_t，并不断向底板深部扰动，直至 $\Delta\sigma=0$ 的应力再平衡深度，在卸荷应力作用下岩体破裂甚至贯通并形成了 $0 \leq \sigma_1 < \sigma_3$ 或 $\sigma_t \leq \sigma_1 < \sigma_3$ 的卸荷破裂区 aef。而受基本顶结构失稳的触矸加荷扰动作用，底板已卸荷破裂岩体发生二次压剪破裂，其应力不断向深部转移挤压卸荷区内岩体，并促使与 l_4 包围形成 $\sigma_3 \leq \sigma_1 < \sigma_g$ 的触矸效应区 fgh。随回采推进，底板卸荷稳定的岩体在覆岩载荷及地应力作用下将逐渐进入应力恢复区。

在基本顶失稳扰动作用下，区域 acd 内岩体以压剪破裂为主，区域 fgh 内岩体以经历卸荷破裂后的二次压剪破裂为主，并表现为压缩变形破裂；在区域 ace 内以卸荷至围压的反向滑移为主；在强烈卸荷作用下，区域 aef 内岩体不断卸荷，经历压缩变形扩展及压剪破裂后的密布裂隙张开失稳甚至贯通并形成卸荷破裂区。

5.2 深部岩体加卸荷破裂力学特性

为综合考虑岩体在加卸荷扰动下的破裂与渗透演化规律，应用三轴应力-渗流试验获取了岩石在渗流过程中岩石裂隙的扩展破裂规律及最终破裂形式。

5.2.1 常规加卸荷破裂力学特性

根据 MTS815.02 岩石力学电液伺服系统获取标准岩石试样在常规加卸荷下的应力–应变–渗透率曲线，如图 5.2 所示[6-8]。

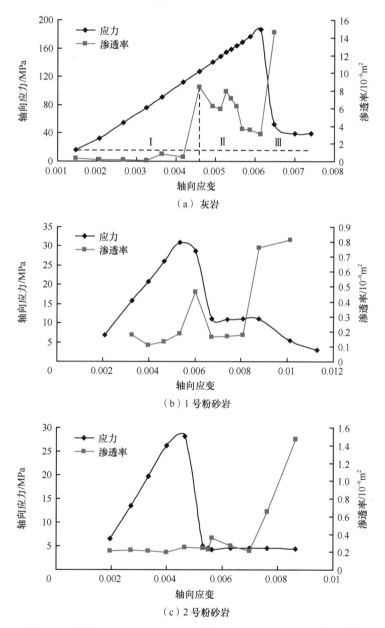

（a）灰岩

（b）1 号粉砂岩

（c）2 号粉砂岩

图 5.2　常规加卸荷下标准岩石试样的应力–应变–渗透率曲线[6-8]

由图 5.2（a）可知，在岩石试样加荷过程中，轴向应力（即垂直应力）较小时，Ⅰ阶段岩石内部主要产生摩擦滑动变形或自相似变形，渗透率减小；当岩石内部达到次生裂隙的扩展条件时，渗透率跳跃增加。继续加荷，裂隙压缩闭合，渗透作用减弱，阶段Ⅱ渗透率降低。而试样卸荷过程中，Ⅲ阶段开始在较大轴向压力下将先满足反向滑移变形，轴向应变增量较小，图 4.12（b）较明显；Ⅲ阶段继续卸荷至一定程度时裂隙弯折失稳或张开贯通并导致渗透率突变。

由图 5.2（b）、（c）可知，当岩性相同时，轴向应力卸荷起点不同，其裂隙变形、扩展破裂及张开贯通程度不同，卸荷起点越高，应变越大，渗透作用越强。2 号粉砂岩试样轴向应力峰值 28.22MPa 时应变为 0.0046，卸压后渗透率突变时应变为 0.0070，渗透率为 $0.65 \times 10^{-6} \mathrm{m}^2$；而 1 号粉砂岩试样轴向应力峰值 30.87MPa 时应变为 0.0053，卸压后渗透率突变时应变为 0.0088，渗透率为 $0.76 \times 10^{-6} \mathrm{m}^2$；轴向应力峰值增加约 9.39%，卸压后渗透率突变时应变增加达 25.71%，渗透率增加 16.92%。故当基本顶来压步距增大或岩梁结构失稳导致扰动强度增大时，深部采场底板煤岩体内应力增加导致其卸荷起点增加，煤岩体内裂隙变形破裂及贯通程度越大，承压水的渗透作用越强，越有利于突水通道形成。

同时，获取了粉砂岩和灰岩的破裂形式，如图 5.3 所示。常规加卸荷下，轴向裂隙比横向裂隙容易扩展，且轴向应力与裂隙夹角越小越容易破裂；在应力峰值前，随轴压增大，裂隙越不容易扩展，因此应力峰值前岩石渗透率只发生局部振荡，甚至持续减小。由于轴向裂隙比横向裂隙易发育扩展，在应力峰值后，主要表现为轴向裂隙的贯通及劈裂，因此在三轴应力下，岩石易发生轴向劈裂，即使发生剪切破裂，破裂面角度也极少大于 45°（粉砂岩为剪切破裂，破裂面约 30°，灰岩为劈裂破裂）。

（a）灰岩　　　　　　　　　　　　　　　　　（b）粉砂岩

图 5.3　深部岩石常规加卸荷破裂形式 [6-8]

5.2.2 围压卸荷破裂力学特性

5.2.2.1 试验方案

1）试样制备

为获取含原生分界面结构的煤岩组合体，在赵固一矿二₁煤层工作面内人工截割获取含矸石的煤岩组合体岩块。在室内分别加工成 $\varphi50\text{mm}\times100\text{mm}$ 的煤岩组合体标准圆柱试样，并将试样表面打磨平滑，使其不平整度偏差<0.02mm。加工完成的标准试样如图 5.4 所示，在试样中部，煤和岩石具有明显分界面，其中煤体侧柱面粗糙，色泽发亮；岩石侧柱面光滑，色泽较暗。

图 5.4 煤岩组合体试样

同时，在室内对所制备的煤岩组合体试样进行编号，应用游标卡尺和电子秤测定试样的直径、高度和质量，计算每个试样的整体密度，见表 5.1。

表 5.1 煤岩组合体试样规格

序号	试件编号	质量/g	直径/mm	高度/mm	密度/(g/cm³)
1	TCG-2	301.11	49.58	99.91	1.56
2	TM-1	331.35	50.35	100.16	1.66
3	TM-4	306.39	49.87	99.76	1.57
4	TU-4	334.30	49.96	100.09	1.70
5	TM-2	331.26	50.03	99.64	1.69
6	TM-3	333.46	49.96	100.05	1.70

根据表 5.1，多数煤岩组合体试样的密度介于 1.66～1.70g/cm³，变化不大；而 TCG-2、TM-4 试样密度低至 1.56g/cm³，相对较小，分析发现主要由于煤岩组合体试样中煤的比例略大。

2）波速测试

为进一步分析各煤岩组合体试样内煤体、岩石侧孔隙、层理、节理及原生分界面等裂隙结构发育的差异性，试验前在室内采用 CVA-100 型超声波各向异性测试系统对试样进行超声波测试。该测试系统可控制纵波或横波发射探头分别激发

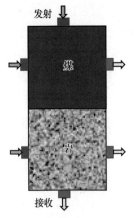

发射

煤

岩

接收

图 5.5　超声波测试示意图

超声脉冲波，脉冲波经过试样传播后由接收探头接收其纵波或横波波形，并可由系统直接读取纵波及横波波速；其中，超声波探头换能器的频率为 1MHz，信号采集频率为 10MHz。

为减小探头与试样接触不充分而导致的测量误差，测试前采用凡士林作为探头与试样接触的耦合剂。测试时，首先在煤岩组合体试样径向方向分别沿其煤体、岩石侧测试其波速；再沿试样轴向方向测试其波速；超声波发射探头与接收探头分别沿试样的轴向及径向对称布置，如图 5.5 所示。根据所测波速结果，绘制不同煤岩组合体试样的波速分布散点图，如图 5.6 所示。

由图 5.6（a）可知，煤岩组合体试样中，沿径向方向，煤的纵波和横波波速均小于岩石。煤的纵波波速一般在 2100m/s 左右，最大值和最小值相差 346m/s，纵波波速差异最大的为 TM-2 试样，煤的纵波波速达 2403m/s；煤的横波波速一般在 1000m/s，最大值和最小值相差 462m/s，横波波速差异最大的为 TU-4 试样，煤的横波波速为 1373m/s。而岩石的纵波和横波波速分别介于 2514~2935m/s、1361~1706m/s，最大值和最小值相差分别为 421m/s、345m/s，波速分布差异范围与煤基本一致。煤、岩波速的线性拟合曲线均比较平缓，故试样中沿径向方向的裂隙结构差异不大。

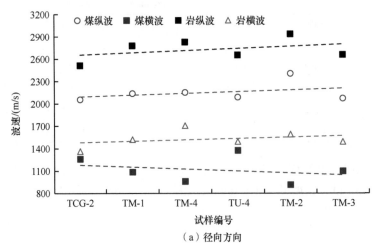

（a）径向方向

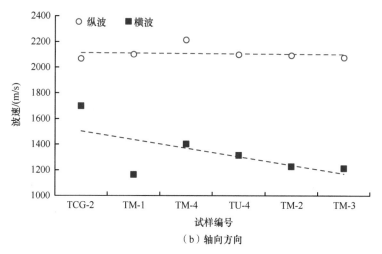

图 5.6　煤岩组合体试样波速分布散点图

根据图 5.6（b），沿轴向方向，煤岩组合体试样的纵波波速集中于 2066～2213m/s，最大值与最小值仅相差 147m/s，差异较小，且线性拟合曲线平缓；而横波波速介于 1164～1698m/s，最大值与最小值相差 534m/s，差异较大，尤其 TCG-2、TM-1 试样的横波波速具有一定的离散性，并导致线性拟合曲线变化较试样轴向纵波及径向波速大，故 TCG-2、TM-1 试样内部的裂隙结构可能会有一定差异，并对其变形破裂产生一定影响。

3）试验方案

在室内应用 GCTS RTR-1000 型三轴应力-渗流力学试验装置［图 5.7（a）］开展了不同初始围压下煤岩组合体试样的卸荷致裂试验。由于深部岩体在开采前承受准静水压力，其围岩垂直主应力 σ_1 与水平主应力 σ_3 相等，即 $\sigma_1=\sigma_3\approx\gamma H$[9-12]，其中 γ 为覆岩体积力，γ=27kN/m³，H 为采深；试验初始阶段，令试样轴压及围压同时加荷至 $\sigma_1=\sigma_3=\gamma H$，应力路径示意如图 5.7（b）所示，图中 t 为试样的加卸荷时间。

深部煤层开采后，在采场超前一定距离范围内岩体支承压力显著增加并向顶底板深部传播，而水平主应力变化不大；故试样加荷至特定采深时，令围压 $\sigma_3=\gamma H$ 恒定，轴压逐步加荷至岩石试样接近屈服状态，并令 $\sigma_1=k_1\gamma H$，其中 k_1 为试样接近屈服状态下的应力集中系数[13-14]。在采场超前的近煤壁侧一定区域范围内，煤层及顶底板岩体水平主应力开始卸荷降低，直至采场或采空区区域，应力卸荷至最低值；故当轴压加荷至 $\sigma_1=k_1\gamma H$ 后，令其恒定，而围压 σ_3 线性卸荷，直至试样完全破裂失稳。试验时，加卸荷速率采用位移控制，控制速度为 0.05mm/min；各煤岩组合体试样设定的围压及对应的采深见表 5.2。

（a）GCTS RTR-1000型三轴应力–渗流力学试验装置

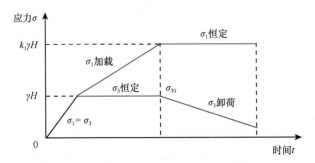

（b）试样加卸荷应力路径

图 5.7　煤岩组合体试样围压卸荷试验装置及应力路径

表 5.2　煤岩组合体试样围压设定及对应采深

参数	TCG-2	TM-1	TM-4	TU-4	TM-2	TM-3
围压/MPa	5.5	9.5	13.5	17.5	21.5	25.5
采深/m	204	352	500	648	796	944

同时，为了分析不同加卸荷时刻试样破裂对渗透的影响，试验过程中应用纯度 99.9995% 的高纯惰性气体氦气采用瞬态法快速监测各试样的渗透率 k_q，计算方法见式（5.1）：

$$k_q \geqslant \mu_k \xi_k V \left[\frac{\ln(\Delta p_i / \Delta p_f)}{2\Delta t(A_s / L_s)} \right] \tag{5.1}$$

式中，L_s、A_s 分别为试样高度及截面积；V 为高压气瓶容器体积，8L；μ_k、ξ_k 分别为高纯氦气的黏度系数和压缩系数；Δp_i、Δp_f 及 Δt 分别为渗透率测试初始压力差、结束压力差和测试时间。试样上下端面压力差保持在 0.35～0.65MPa，测试时间不低于 10min。

根据试样的加卸荷应力路径，轴压每加荷 5MPa 或 10MPa、围压每卸荷 2MPa 左右时各测试一次试样的渗透率，直至试样完全破裂失稳，再测一次渗透率，从而获取各试样加卸荷过程中渗透率的变化规律。

5.2.2.2 岩石卸荷应力-应变曲线

煤岩组合体试样在不同围压条件下的三轴加卸荷应力-应变曲线如图 5.8 所示。

根据图 5.8，不同围压条件下，煤岩组合体试样的围压卸荷应力-应变曲线形态基本一致，主应力差 $(\sigma_1-\sigma_3)$ 峰值、峰值应变也符合随围压升高而增加趋势，根据前述 TU-4 试样径向方向波速变化较大，内部原生裂隙和层理结构造成其主应力差峰值略有差异；同样，TM-1 试样纵向波速变化较大，导致围压卸荷后轴向应变减小，即围压卸荷造成了 TM-1 试样沿轴向产生了回弹变形。试样受轴压加荷至接近屈服状态影响，所有围压下煤岩组合体试样的卸荷应力-应变曲线形态基本与三轴加荷条件下的曲线形态相同。而由于试验装置默认围压卸荷为非正常力学路径，试验时仅围压 17.5MPa 的 TU-4 试样获得了全过程应力-应变曲线，其余围压下仅

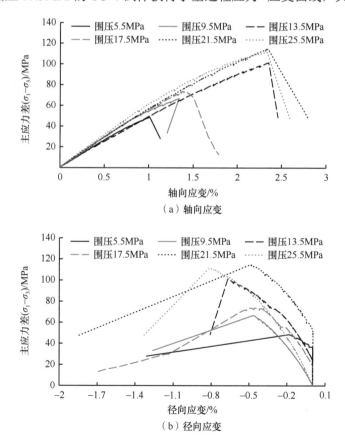

（a）轴向应变

（b）径向应变

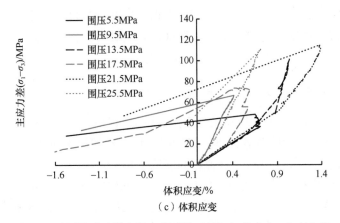

（c）体积应变

图 5.8　不同围压下煤岩组合体试样三轴加卸荷应力-应变曲线

获取了围压卸荷起点及卸荷终点的应力、应变值，并导致图中除围压 17.5MPa 外其余围压卸荷阶段的应力-应变曲线均出现了应力直线跌落。

对比可知，轴向应力加荷阶段，不同围压下试样的轴向应变变化量远高于径向应变及体积应变，围压 13.5MPa 时试样轴向应变最大为 2.35%，而其径向应变及体积应变仅为 0.67%、1.04%，主要表现为轴向压缩变形破裂，径向及体积变形较小。而围压卸荷阶段，径向应变、体积应变变化量远高于轴向应变，如围压 13.5MPa 时试样的径向应变及体积应变变化量最小，分别为 0.14%、0.17%，而其轴向应变的变化量为 0.11%；围压 21.5MPa 时试样的径向应变及体积应变变化量最大，分别为 1.36%、2.22%，但其轴向应变的变化量仅 0.45%；故围压卸荷阶段主要表现为试样沿卸荷方向扩容膨胀，并导致径向应变和体积应变产生明显的负向增长。

为进一步分析围压卸荷对应变的影响，令试样卸荷起点、卸荷过程中的围压分别为 σ_{30}、σ_{3p}，根据卸荷应力 $\Delta\sigma_3$ 的定义[15-16]，则 $\Delta\sigma_3 = \sigma_{30} - \sigma_{3p}$。以围压 17.5MPa 的 TU-4 试样为例，绘制了围压卸荷过程中 TU-4 试样卸荷阶段的应力-应变曲线，如图 5.9 所示。

由图 5.9 可知，随围压卸荷，卸荷应力 $\Delta\sigma_3$ 不断增加，而煤岩组合体试样的轴向、径向及体积应变均呈小幅增加、突变增加及快速增加三阶段。围压卸荷初始阶段 Ⅰ，随 $\Delta\sigma_3$ 增加，试样应变小幅增加，变形较小；$\Delta\sigma_3$ 由 0 增加至 11.99MPa，轴向应变由 1.35% 增加至 1.51%，仅增加 0.16 个百分点，径向与体积应变则分别增加 0.24 个百分点、0.32 个百分点。而围压卸荷阶段 Ⅱ，$\Delta\sigma_3$ 仅由 11.99MPa 微增至 12.04MPa，轴向、径向及体积应变却分别增加了 0.16 个百分点、0.52 个百分点、0.87 个百分点，尤其径向及体积变形突变增加程度较大，此时试样沿卸荷方向呈瞬时的扩容膨胀。围压卸荷阶段 Ⅲ，$\Delta\sigma_3$ 增加了 2.95MPa，试样的轴向、径向及体积应变分别增加 0.10 个百分点、0.50 个百分点、0.91 个百分点，故试样卸荷变形快速增加。三阶段应变相比，径向及体积应变均高于轴向应变，尤其卸荷 Ⅱ、Ⅲ 阶段差异更大。因此，随围压卸荷，卸荷应力升高，试样主要表现为与卸荷方向一致的扩容膨胀，使得试样的径向变形及体积变形显著增加，并影响着试样内部裂隙的破裂程度。

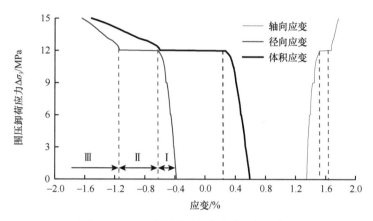

图 5.9 TU-4 试样围压卸荷应力−应变曲线

5.2.2.3 岩石卸荷渗透演化规律

结合渗透率测试结果应用式（5.1）计算了不同初始围压下煤岩组合体试样三轴加卸荷过程中的渗透率，绘制其渗透率变化曲线，如图 5.10 所示。

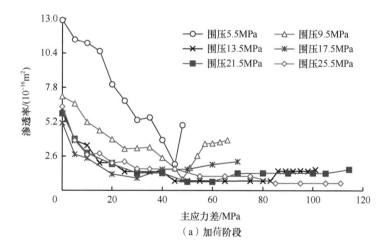

（a）加荷阶段

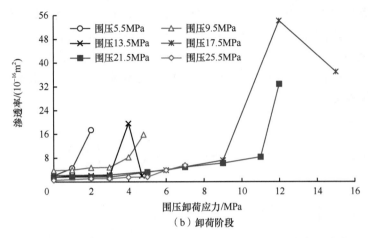

（b）卸荷阶段

图 5.10 不同初始围压下煤岩组合体试样加卸荷渗透率变化曲线

根据图 5.10（a），加荷阶段，试样的渗透率符合随主应力差增加先降低至最小值再小幅增加的规律。分析认为加荷初期，试样内部裂隙压缩闭合，导致其渗透率降低；而当轴压加荷至接近屈服阶段前后，试样内部微裂隙不断扩展，造成加荷后期渗透率增加。随初始围压增加，试样的渗透率呈下降趋势，初始围压 5.5MPa 时，在 $\sigma_1-\sigma_3=0$ 情况下，渗透率 k_q 为 $12.90\times10^{-16}\mathrm{m}^2$，当 $\sigma_1-\sigma_3=45\mathrm{MPa}$ 时，k_q 降低至最小值，为 $1.98\times10^{-16}\mathrm{m}^2$，两者相差 $10.92\times10^{-16}\mathrm{m}^2$；初始围压增加至 25.5MPa 时，若 $\sigma_1-\sigma_3=0$，$k_q=6.35\times10^{-16}\mathrm{m}^2$，而当 $\sigma_1-\sigma_3=95\mathrm{MPa}$ 时，k_q 最小，仅为 $0.54\times10^{-16}\mathrm{m}^2$，两者相差 $5.81\times10^{-16}\mathrm{m}^2$；当 $\sigma_1-\sigma_3=0$ 时，初始围压 5.5MPa 下的 k_q 为初始围压 25.5MPa 下的 2.03 倍，前者的最小值更是后者的 3.67 倍，前者的初始渗透率与最小渗透率差值为后者的 1.88 倍；由此可知，初始围压越高，加荷阶段试样的渗透率变化量越小。

由图 5.10（b）可知，围压卸荷阶段，随卸荷应力 $\Delta\sigma_3$ 增加，不同初始围压下渗透率均先线性增加，再骤然突变增加（图中初始围压 13.5MPa、17.5MPa 时，渗透率突变增加后随 $\Delta\sigma_3$ 继续增加出现了降低，试验后检查发现试样内部渗入液压油，试样变形破裂造成密封失效，导致液压油渗入）；如初始围压 17.5MPa 时，$\Delta\sigma_3=3.0$ 时，$k_q=2.33\times10^{-16}\mathrm{m}^2$，而 $\Delta\sigma_3=6.0$、9.0、12.0 时，k_q 分别为 $3.93\times10^{-16}\mathrm{m}^2$、$7.24\times10^{-16}\mathrm{m}^2$、$54.18\times10^{-16}\mathrm{m}^2$，$\Delta\sigma_3$ 增加 3.0MPa，k_q 分别增加 $1.6\times10^{-16}\mathrm{m}^2$、$3.31\times10^{-16}\mathrm{m}^2$、$46.94\times10^{-16}\mathrm{m}^2$，故 $\Delta\sigma_3\leq9.0\mathrm{MPa}$ 时，渗透率线性增加，而 $\Delta\sigma_3>9.0\mathrm{MPa}$ 时，渗透率出现了骤然突变增加。分析认为，围压初始卸荷阶段，$\Delta\sigma_3$ 较小，试样内部微裂隙沿围压卸荷方向张开，孔隙、裂隙开度增加使得渗透率仅小幅增加；而 $\Delta\sigma_3$ 达到一定值后，在轴压加荷和围压卸荷共同作用下，煤岩组合体内张开的裂隙扩展破裂，使得沿试样轴向形成了贯通裂隙，从而造成了渗透率突变增加。

同时，随初始围压增加，渗透率发生骤然突变增加的 $\Delta\sigma_3$ 具有增加趋势，如初始围压 5.5MPa 时，发生渗透率骤然突变增加的起始卸荷应力为 1.0MPa，而初始围压为 9.5MPa、13.5MPa、17.5MPa、21.5MPa、25.5MPa 时，发生渗透率骤然突变增加的起始卸荷应力分别为 3.0MPa、3.0MPa、9.0MPa、11.0MPa、5.0MPa。分析认为，这主要是由于初始围压增加，卸荷应力需要克服的自身围压限制和裂隙破裂强度增高。

5.2.2.4 岩石卸荷破裂特征

采集了试样卸荷破裂后的高清图像，获得了不同初始围压下煤岩组合体试样的典型卸荷破裂形貌，如图 5.11 所示。

（a）围压5.5MPa   （b）围压9.5MPa   （c）围压13.5MPa

（d）围压17.5MPa   （e）围压21.5MPa   （f）围压25.5MPa

图 5.11 不同初始围压下煤岩组合体试样卸荷破裂形貌

由图 5.11 可知，在轴压加荷和围压卸荷共同作用下，不同初始围压下煤岩组合体试样表面的卸荷破裂形貌具有一定差异。当初始围压为 5.5MPa 时，TCG-2 试样表面沿竖直方向扩展的竖向裂隙较多，尤其试样下部煤体部分肉眼可见的竖向张裂隙多达 11 条，个别裂隙开度大，试样表面仅有 2 条与轴向相交角度较小的倾斜裂隙，且在煤岩分界面处分布有环向裂隙。当初始围压为 9.5MPa 时，TM-1 试样沿煤岩分界面有不规则的环向裂隙，在环向裂隙上下均有竖向裂隙，但裂隙开度较小，肉眼不易观察，并伴有 1 条明显的裂隙开度较大的倾斜主裂隙。当初始围压为 13.5MPa 时，TM-4 试样破裂最严重，具有明显的 2 条倾斜裂隙，并相交呈

Y 形分布，倾斜裂隙的破裂面已完全分离，破裂面间碎裂的煤块和煤屑较多；在试样下部沿岩石的原生层理面含一裂隙开度较大的环向破裂面，肉眼未发现明显的竖向裂隙。当初始围压为 17.5MPa 时，TU-4 试样也出现了 2 条倾斜裂隙相交呈 Y 形的破裂面，裂隙开度较大，在 Y 形裂隙下部伴有竖向裂隙和沿层理面的环向裂隙。当初始围压为 21.5MPa 时，TM-2 试样表面竖向裂隙、倾斜裂隙及沿煤岩分界面的环向裂隙均有分布，但倾斜裂隙角度仍较小，试样上部煤体部分竖向裂隙较多并多与主倾斜裂隙或环向裂隙相交。当初始围压为 25.5MPa 时，TM-3 试样仅有 1 条明显的肉眼可见的倾斜主破裂面。

由此可知，初始围压 5.5MPa、9.5MPa 下破裂试样表面的竖向裂隙分布较多，倾斜裂隙较少；而初始围压≥13.5MPa 下破裂试样表面以倾斜裂隙为主，竖向裂隙少量分布，裂隙开度较小；除 TM-3 试样外，其余试样则包含沿煤岩分界面（TCG-2、TM-1、TM-2 试样）或沿层理面（TM-4、TU-4 试样）的环向裂隙。统计了煤岩组合体试样的卸荷裂隙分类，见表 5.3。

表 5.3　煤岩组合体试样卸荷裂隙分类

类别	裂隙类型	破裂特征	包含试样	致裂模式
I	竖向裂隙	沿竖直方向扩展，并与围压卸荷方向垂直	TCG-2、TM-1、TU-4、TM-2	围压卸荷拉裂
II	倾斜裂隙	与轴向或围压卸荷方向呈一定倾斜角度	TCG-2、TM-4、TM-1、TU-4、TM-2、TM-3	围压卸荷致轴向压应力剪裂
III	环向裂隙	沿煤岩分界面或层理面扩展	TCG-2、TM-1、TM-4、TU-4、TM-2	轴压协同卸荷致裂

由表 5.3 可知，在轴压加荷和围压卸荷共同作用下，煤岩组合体试样的卸荷裂隙主要分为三类，即 I 类竖向裂隙、II 类倾斜裂隙和 III 类环向裂隙，三类裂隙在不同初始围压下的试样卸荷破裂时均有分布。其中，竖向裂隙与围压的卸荷方向垂直，与轴向加荷方向平行，局部竖向裂隙与主倾斜裂隙沟通，由于围压的限制作用，所有试样裂隙均未出现沿轴向的整体劈裂，主要表现为围压的卸荷拉裂模式；倾斜裂隙则与围压卸荷方向呈一定倾斜角度，与三向压应力作用下岩石的剪切破裂形态类似[13]，分析认为其主导破裂模式为围压卸荷诱发的轴向压应力剪切致裂；环向裂隙沿试样的煤岩分界面或层理面等原生裂隙分布，主要由于轴压加荷作用使得原生裂隙产生一定压缩变形或摩擦滑动，在围压卸荷或试样失稳时轴压协同卸荷使原生裂隙沿煤岩分界面或层理面卸荷张开致裂，并与轴向垂直，而与围压卸荷方向平行，主导致裂模式为轴压协同卸荷致裂。

进一步统计不同初始围压下煤岩组合体试样围压卸荷致裂的应力特征，见表 5.4。

表 5.4　不同初始围压下煤岩组合体试样围压卸荷致裂应力特征

编号	围压 σ_3		轴压 σ_1		主应力差（$\sigma_1-\sigma_3$）		围压卸荷应力 $\Delta\sigma_3$/MPa	渗透压差 Δp/MPa
	卸荷起点 σ_{30}（初始围压 $\sigma_3=\sigma_{30}$）/MPa	卸荷终点 σ_{3f}/MPa	卸荷起点 σ_{10}/MPa	卸荷终点 σ_{1f}/MPa	卸荷起点/MPa	卸荷终点/MPa		
TCG-2	5.50	3.50	54.03	31.55	48.53	28.05	2.00	0.13
TM-1	9.50	4.70	76.13	37.83	66.65	33.14	4.80	0.35
TM-4	13.50	8.79	114.85	57.25	101.40	48.45	4.71	0.50
TU-4	17.50	2.50	89.39	15.30	71.89	12.79	15.00	0.43
TM-2	21.50	9.50	136.20	56.67	114.70	47.17	12.00	0.60
TM-3	25.50	18.50	136.84	65.37	111.38	46.87	7.00	0.56

　　根据表 5.4，除 TU-4 试样外，试样卸荷破裂时的围压卸荷终点 σ_{3f}、轴压卸荷起点 σ_{10} 及卸荷终点 σ_{1f} 基本符合随初始围压增加而增加的规律，主应力差（$\sigma_1-\sigma_3$）和卸荷应力 $\Delta\sigma_3$ 则有一定浮动变化。为分析轴压与围压卸荷的强度特征，绘制了轴压峰值（即 σ_{10}）与围压卸荷终点 σ_{3f} 的散点图，并得出了其拟合曲线方程，如图 5.12 所示。

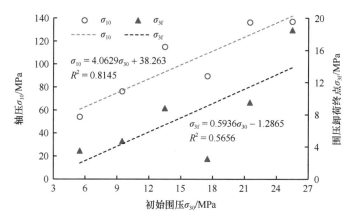

图 5.12　不同初始围压下煤岩组合体试样卸荷致裂强度变化

　　由图 5.12 可知，随初始围压 σ_{30} 增加，σ_{10} 及 σ_{3f} 的拟合曲线线性增加，拟合方程分别为 $\sigma_{10}=4.0629\sigma_{30}+38.263$、$\sigma_{3f}=0.5936\sigma_{30}-1.2865$，拟合优度 R^2 分别为 0.8145、0.5656，σ_{10} 的拟合优度高于 σ_{3f}，故对所有试样而言，σ_{10} 与 σ_{30} 的线性关系更好，σ_{3f} 有一定变化。结合图 5.11 及图 5.12 可知，当 σ_1 加荷至试样接近屈服状态再卸围压时，试样破裂面极易因轴向高压应力作用而出现与轴向呈一定倾斜角度的剪切破裂；故在轴向高应力压剪、围压和围压卸荷三重因素作用下，不同初始围压下试样围压的卸荷破裂同时具有围压的卸荷拉裂、轴向压应力剪裂及轴向压裂或卸荷致裂等特征，从而造成试样产生了竖向、倾斜或环向的破裂裂隙。

因此，深部开采后，底板岩体的渗透率分阶段产生不同的变化规律，但卸荷环境下岩体的破裂与渗透程度最高，最有利于承压水的渗透涌出。

5.2.2.5 岩体卸荷破裂 CT 扫描分析

在室内应用 NanoVoxel 4000 型高分辨率 CT 扫描系统对破裂后的煤岩组合体试样进行三维螺旋扫描，采用的扫描电压为 200kV，电流为 220μA，分辨率为 18.37μm；利用 Voxel Studio Recon 软件对扫描数据进行图像重构，最后运用 Avizo 软件对试样进行三维重构，重构图像如图 5.13 所示。

  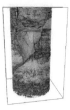   

（a）围压5.5MPa　（b）围压9.5MPa　（c）围压13.5MPa　（d）围压17.5MPa　（e）围压21.5MPa　（f）围压25.5MPa

图 5.13　不同初始围压下煤岩组合体试样的三维重构图像

由图 5.13 可知，煤岩组合体试样卸荷破裂的三维空间破裂形式基本与图 5.11 所示的表面破裂特征一致，不同初始围压下试样卸荷破裂后内部分布有竖向、倾斜及环向裂隙，且试样完全失稳时至少含 1 条主裂隙贯穿试样。同时，受煤岩组合体原生裂隙发育影响，在轴压、围压及围压卸荷共同作用下，试样内部破裂裂隙的体积、长度、角度及数量等几何特征具有差异，为此基于图 5.13 统计得出了试样内所有三维裂隙的体积、长度 l_c、角度 β_c 及数量数据，应用裂隙率表示破裂裂隙体积占重构试样总体积的比例，绘制不同裂隙长度 l_c 下的裂隙率及 l_c、β_c 分布规律，如图 5.14 所示，其中 β_c 为裂隙面与水平面的夹角，介于 0°～90°。

根据图 5.14（a），不同初始围压下试样卸荷破裂后长度 $l_c<1\text{mm}$ 的裂隙占比极小，其裂隙率最高仅 0.068%；$1\text{mm}\leqslant l_c<5\text{mm}$ 时，裂隙率在 0.011%～0.194%，$\sigma_{30}=13.5\text{MPa}$ 的 TM-4 试样裂隙率最大；$l_c\geqslant5\text{mm}$ 时，裂隙率为 0.533%～3.312%，$\sigma_{30}=17.5\text{MPa}$ 的 TU-4 试样裂隙率最大；故三种三维裂隙长度下的裂隙相比，试样围压卸荷致裂后，$l_c<1\text{mm}$ 与 $1\text{mm}\leqslant l_c<5\text{mm}$ 的裂隙占比很小，$l_c\geqslant5\text{mm}$ 的裂隙占比最高，其最大裂隙率分别为前两者最大值的 48.71 倍、17.07 倍，远远高于前两者。$l_c\geqslant5\text{mm}$ 的裂隙率与总裂隙率差异很小，两者差值为 0.029%～0.201%，总裂隙率随 $l_c\geqslant5\text{mm}$ 的裂隙率变化而变化，两条曲线规律完全一致。因此，围压卸

荷破裂后，试样内以 $l_c \geq 5\text{mm}$ 的裂隙为主，并主导试样的整体卸荷破裂失稳。据此，绘制了 $l_c \geq 5\text{mm}$ 裂隙的长度和角度分布图 [图 5.14（b）]。

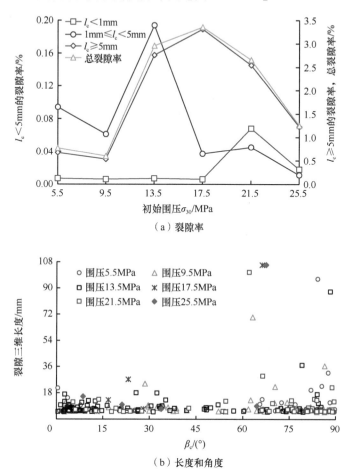

（a）裂隙率

（b）长度和角度

图 5.14　不同初始围压下破裂试样裂隙率、长度及角度分布规律

由图 5.14（b）可知，$l_c \geq 5\text{mm}$ 时，裂隙角度 β_c 在 $0° \sim 90°$ 均有分布，其中 β_c 介于 $40° \sim 60°$ 的裂隙发育相对较少，而 $\beta_c > 60°$ 的裂隙发育相对最多，且不同初始围压下试样内最大长度裂隙的 β_c 均在 $60°$ 以上，且该区域内裂隙长度 l_c 相对其他角度大；初始围压为 9.5MPa、13.5MPa、17.5MPa、21.5MPa、25.5MPa 时，l_c 的最大长度分别为 96.22mm、69.93mm、87.57mm、105.82mm、100.87mm、105.84mm，其 β_c 分别为 84.02°、63.12°、88.19°、66.08°、61.96°、67.39°，l_c 均超过了试样高度的一半，其中围压为 17.5MPa、21.5MPa、25.5MPa 时 l_c 均大于 100mm，受裂隙倾斜影响，l_c 超过了试样的高度。而 $\beta_c < 20°$ 及 $40° < \beta_c < 60°$ 时，l_c 均较小；$\beta_c = 0.43°$ 时，l_c 最大也仅 21.23mm，其为 $\sigma_{30} = 5.5\text{MPa}$ 的 TCG-2 试样；$20° < \beta_c < 40°$ 时，

l_c 较 $\beta_c < 20°$ 及 $40° < \beta_c < 60°$ 稍大，但 l_c 最大也仅 27.14mm。结合图 5.12，最大长度的裂隙均为主破裂裂隙，是煤岩组合体破裂失稳的主导裂隙。

为进一步分析并验证岩体围压卸荷的主导破裂模式，参照近水平煤层的角度范围，令 $\beta_c \leq 8°$ 为与层理及煤岩分界面平行的近水平环向裂隙；结合所采用煤岩组合体中岩石的黏聚力 $c_j \leq 4.5$MPa、内摩擦角 $\varphi_j \leq 40°$，均取最大值，即 $c_j = 4.5$MPa，$\varphi_j = 40°$，采用表 5.4 中煤岩组合体卸荷起点的 σ_{10}、σ_{30}、渗透压力 $p = \Delta p$，$\alpha = 0.7$，可计算岩体结构面不发生剪裂的最小值为 65°，据此可将 $\beta_c > 65°$ 的裂隙视为由于围压卸荷致拉破裂的近似垂直的竖向裂隙；而 $8° < \beta_c \leq 65°$ 的裂隙则视为倾斜裂隙，以此分别统计 $l_c \geq 5$mm 时，不同角度的裂隙数量和占比，如图 5.15 所示。

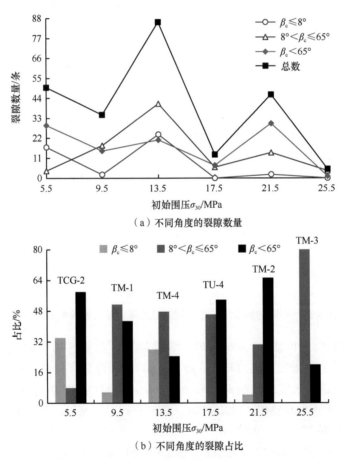

（a）不同角度的裂隙数量

（b）不同角度的裂隙占比

图 5.15　破裂试样内不同角度的裂隙数量和占比

由图 5.15 可知，不同初始围压下，各破裂试样内 $l_c \geq 5$mm 的裂隙数量差异较大，σ_{30}=13.5MPa 的 TM-4 试样内裂隙总数最多，达到了 86 条，而 σ_{30}=25.5MPa 的 TM-3 试样内裂隙总数最少，仅 5 条，两者相差达 81 条，前者为后者的 17.2 倍。但随初始围压增加，破裂试样内总裂隙数量与 $\beta_c \leqslant 8°$、$8°<\beta_c \leqslant 65°$ 及 $\beta_c>65°$ 范围内裂隙数量变化规律基本一致，即近水平环向裂隙、倾斜裂隙及近似垂直的竖向裂隙随裂隙总数增加/减小而相应地增加/减小，仅 σ_{30}=5.5MPa 的 TCG-2 试样在 $8°<\beta_c \leqslant 65°$ 范围内的裂隙较少致使其低围压阶段曲线略有变化。

同时，不同初始围压下，破裂试样内各角度范围内裂隙的数量及占比有一定变化，结合图 5.15（b）可知，σ_{30}=9.5MPa、13.5MPa、25.5MPa 的试样破裂后，$8°<\beta_c \leqslant 65°$ 的裂隙占比最多，其所占比例分别为 51.43%、47.67%、80.00%，而 $\beta_c>65°$ 的近似垂直竖向裂隙分别为 42.86%、24.42%、20.00%，$\beta_c \leqslant 8°$ 的近水平环向裂隙占比更少，仅分别为 5.71%、27.91%、0，故 TM-1、TM-4、TM-3 试样以倾斜裂隙发育为主，从而表现为以卸荷致剪破裂模式为主导。σ_{30}=5.5MPa、17.5MPa、21.5MPa 的试样破裂后，$\beta_c>65°$ 的近似垂直竖向裂隙占比最多，其所占比例分别为 58.00%、53.85%、65.22%，而 $8°<\beta_c \leqslant 65°$ 的倾斜裂隙分别为 8.00%、46.15%、30.43%，$\beta_c \leqslant 8°$ 的近水平环向裂隙分别为 34.00%、0、4.35%，故 TCG-2、TU-4、TM-2 试样以竖向裂隙发育为主，并表现为以卸荷致拉破裂模式为主导。所有初始围压下试样对比可知，$\beta_c \leqslant 8°$ 的近水平环向裂隙占比均较少，σ_{30}=17.5MPa、25.5MPa 时甚至为 0，且其裂隙长度 l_c 普遍较小，最大也仅 21.23mm，约为试样直径的 42.46%，故与围压卸荷协同的轴压卸荷致裂模式以产生沿煤岩分界面或层间层理面的环向裂隙为主，其难以对试样的整体失稳产生主导作用，而以沟通倾斜裂隙及竖向裂隙为主导。

5.3 深部开采底板岩体分区破裂演化

5.3.1 端部及触矸效应区底板岩体破裂演化

深部开采超前底板煤壁端部效应区岩体由于水平应力 σ_3 较高，裂隙弯折拉伸扩展受限；但在端部效应区受压应力作用及扰动强度影响，作用于底板岩体的垂直应力 σ_1 大小不同将导致裂隙 AB（图 5.16）产生摩擦滑动、自相似扩展及失稳扩展变形并形成次生裂隙，其外部临界应力如式（5.2）[17]：

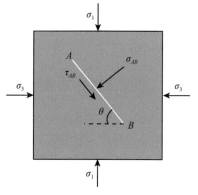

图 5.16 端部效应区加荷作用下裂隙
扩展示意[17]

$$
\begin{cases}
\sigma_{1(0)} = \dfrac{c + f\sigma_3 \sin^2\theta_c + \sigma_3 \sin\theta_c \cos\theta_c}{-f\cos^2\theta_c + \sin\theta_c \cos\theta_c} \\[4mm]
\sigma_{1(c)} = \dfrac{\left[\dfrac{2K_{IIC}}{\sqrt{\pi c_b}} + 2c + (\sin 2\theta_c + f - f\cos 2\theta_c)\sigma_3\right]}{\sin 2\theta_c - f - f\cos 2\theta_c} \\[6mm]
\sigma_{1(cc)} = \dfrac{\left[\dfrac{2K_{IICC}}{\sqrt{\pi c_b}} + 2c + (\sin 2\theta_0 + f - f\cos 2\theta_0)\sigma_3\right]}{\sin 2\theta_0 - f - f\cos 2\theta_0}
\end{cases}
\tag{5.2}
$$

式中，f 为摩擦系数；c 为黏聚力；θ_c 为裂隙方位角；θ_0 为裂隙失稳扩展的方位角；K_{IIC} 为弱面的 II 型断裂韧性；K_{IICC} 为岩体的 II 型断裂韧变；c_b 为裂隙扩展的特征长度，与岩体的组成等相关。

当 $\sigma_1 < \sigma_{1(0)}$ 时，底板岩体处于弹性阶段不发生滑动变形；当 $\sigma_{1(0)} \leqslant \sigma_1 < \sigma_{1(c)}$ 时，原生裂隙发生摩擦滑动变形；$\sigma_{1(c)} \leqslant \sigma_1 < \sigma_{1(cc)}$ 时，裂隙产生自相似扩展；$\sigma_{1(cc)} \leqslant \sigma_1$ 时，裂隙失稳扩展，部分裂隙卸荷变形并造成底板岩体局部损伤劣化。当动载扰动强度导致 σ_1 峰值超过底板煤岩体裂隙扩展的极限强度时，煤岩体破裂，在压应力作用下裂隙将以压缩闭合变形为主，失稳扩展裂隙部分闭合，而应力向深部转移。

触矸效应区内的岩体为经历采动破裂后的底板浅部岩体，其在破裂失稳的基本顶岩梁梁端加荷作用下应力虽然升高，但其为二次加荷破裂，更多表现为失稳扩展变形，其 $\sigma_{1(cc)}$ 值更小，更有利于触矸效应区裂隙的进一步变形扩展。因此，煤壁的端部效应区对底板深部岩体的裂隙扩展起主导作用，触矸效应区仅加剧了底板浅部的裂隙失稳扩展，其对底板深部裂隙贯通的作用远小于端部效应区；后续分析将以端部效应区为主分析底板岩体裂隙的卸荷扩展。

根据前述，随扰动强度增大，采场超前底板内 σ_1 增大，而 σ_3 减小；结合式（5.2），扰动强度越大将越有利于裂隙压缩变形失稳扩展，并导致底板裂隙的变形扩展和损伤劣化；当端部效应区 σ_1 峰值超过煤岩体裂隙扩展的极限强度时以压缩闭合变形为主。

5.3.2 卸荷区底板岩体破裂演化

在采场及采空区临空面作用下，应力升高后的底板裂隙岩体开始卸荷，卸荷时 σ_1 将经历卸荷至水平应力 σ_3、零或拉应力阶段，受岩体自身性质影响可发生反向滑移、失稳扩展、张开贯通直至完全破裂。

5.3.2.1 σ_1 卸荷至 σ_3 反向滑移变形

受 σ_1 及 σ_3 作用，图 5.1（a）中卸荷区内裂隙岩体 σ_1 将卸荷至 σ_3，底板深部

由于两应力均较大，裂隙的张开贯通能力弱，以反向滑移变形为主，根据卸荷起点和卸荷过程中楔形力 F 变化（图 5.17），σ_1 应满足的临界应力 σ_L 见式（5.3）[17]：

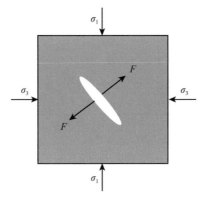

图 5.17　卸荷区裂隙反向滑移示意 [17]

$$\sigma_L = \begin{cases} \dfrac{\dfrac{\sigma_{1m}\sin 2\theta_c}{2} - f\left(\sigma_{1m} - \dfrac{8G_0\alpha_c}{k'+1}\right)\cos^2\theta_c - 2(c+f\sigma_{3m}\sin^2\theta_c)}{f\cos^2\theta_c + \sin\theta_c\cos\theta_c}, & \sigma_3 < \dfrac{4G_0}{k'+1}\alpha_c \\[4mm] \dfrac{\dfrac{\sigma_{1m}\sin 2\theta_c}{2} - f\left(\sigma_{1m} - \dfrac{8G_0\alpha_c}{k'+1}\right)\cos^2\theta_c - 2[f(\sigma_{3m}-\sigma_{3c})\sin^2\theta_c + c]}{f\cos^2\theta_c + \sin\theta_c\cos\theta_c}, & \sigma_3 > \dfrac{4G_0}{k'+1}\alpha_c \end{cases}$$

$$(5.3)$$

式中，G_0 为岩体剪切模量；裂隙的半开度及半长度分别为 b、a，$\alpha_c = b/a$；k' 在平面应力状态下为 $(3-\mu)/(1+\mu)$，μ 为泊松比；σ_{1m}、σ_{3m} 为卸荷起点的垂直应力、水平应力；$\sigma_{3c} = [4G_0/(k'+1)\sin^2\theta_c] - \sigma_{1m}a\tan^2\theta_c$。

当扰动强度增大时，σ_1 增高引起其卸荷起点增高，而 σ_3 降低，其卸荷起点相应降低，且 σ_1 的增高程度远大于 σ_3 降低程度，结合式（5.3），σ_L 增大，加上 σ_1 由卸荷起点卸荷至 σ_3 的范围增大，在满足 $\sigma_1 < \sigma_L$ 后继续卸荷，其反向滑移变形将进一步增强。

5.3.2.2　σ_1 卸荷至零或拉应力裂隙失稳扩展

根据图 5.1，采场及采空区底板浅部岩体 σ_1 将卸荷至零或拉应力；由于开采扰动下卸荷起点提高，加之已历经次生裂隙及反向滑移的扩展发育，底板裂隙将以失稳扩展为主，并形成如图 5.18 中的 A_1ABB_1 裂隙面，根据该裂隙面上的平衡条件及莫尔-库仑准则，可按 σ_1 卸荷至零或拉应力分别计算裂隙面扩展破裂的临界应力，当裂隙相互沟通时将形成突水通道。

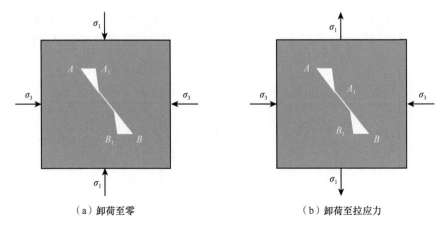

（a）卸荷至零　　　　　　　　　　　（b）卸荷至拉应力

图 5.18　卸荷区岩体裂隙扩展破裂示意 [17]

1）裂隙弯折失稳扩展

当卸荷区 σ_1 卸荷至较低应力时，裂隙将二次失稳扩展，并造成损伤局部化和应力跌落。当 $\sigma_3 > 4G_0\alpha_c/(k'+1)$ 时，失稳扩展所需的临界应力 σ_k 为 [17]

$$\sigma_k = \frac{\dfrac{k'\sqrt{\omega_c}}{2\sin\theta_1} + a[c + (\sigma_3 - \sigma_{3c})\sin\theta_1(f\sin\theta_1 - \cos\theta_1)]}{-[(\omega_c/\sqrt{2}\sin\theta_1) + a\cos\theta_1(f\cos\theta_1 + \sin\theta_1)]} \tag{5.4}$$

式中，θ_1 为裂隙弯折失稳的方位角；σ_{3c} 为平均水平应力；ω_c 为两相互影响裂隙间距的半长。

若 σ_1 卸荷至零时裂隙岩体仍未发生破裂，则其将卸荷至拉应力直至破裂。当 $\sigma_3 > 4G_0\alpha_c/(k'+1)$ 时，裂隙岩体拉应力破坏的条件仍按式（5.4）计算。

而当 $\sigma_3 < 4G_0\alpha_c/(k'+1)$ 时，方位角为 0 的裂隙卸荷至拉应力将发生失稳扩展，其临界应力 σ_k 为 [17]

$$\sigma_k = \frac{K_{\text{ICC}}}{\sqrt{\pi a}} \tag{5.5}$$

式中，K_{ICC} 为岩石的 I 型断裂韧变。

2）裂隙张开贯通

卸荷时，裂隙张开变形后在深部 σ_3 作用下可能闭合，而当 σ_3 满足一定条件时，张开变形必然产生，尤其是浅部因 σ_3 卸荷极易造成裂隙张开贯通。

当 σ_1 卸荷至零时，若 $\sigma_3 > \sigma_1 > 4G_0\alpha_c/(k'+1)$，裂隙将闭合。若 $\sigma_3 > 4G_0\alpha_c/(k'+1) > \sigma_1$，裂隙在方位角（$\theta_1^{\text{m}}$，$\theta_2^{\text{m}}$）范围内张开变形；若 $\sigma_3 < 4G_0\alpha_c/(k'+1)$，裂隙均张开变形。

当 σ_1 卸荷至拉应力时，若 $\sigma_3>4G_0\alpha_c/(k'+1)$，裂隙将在一定方位角（$\theta_1^m$，$\theta_2^m$）范围内产生张开变形；若 $\sigma_3<4G_0\alpha_c/(k'+1)$，所有裂隙均将产生张开变形。

分析可知，采场底板岩体 σ_1 卸荷过程中，$\sigma_1<\sigma_L$ 裂隙产生反向滑移，$\sigma_1<\sigma_k$ 裂隙失稳扩展；而裂隙张开贯通在卸荷时必然产生，仅对裂隙的张开范围产生影响。同时，扰动强度越大，底板端部应力越大，卸荷起点越高，越易满足失稳扩展的应力条件；而扰动强度增大时，σ_3 减小在一定程度上又将满足裂隙的张开贯通机制。若含水层在扰动影响的最大范围之内，并满足裂隙失稳扩展及张开贯通条件，在承压水压力满足渗透作用时必将导致底板突水。

因此，扰动强度越大，σ_1 越大，卸荷起点越高，可满足底板裂隙失稳扩展的应力条件越多，越有利于突水通道的裂隙扩展；反复失稳扩展导致岩体损伤劣化的累积，更有利于突水通道形成。

5.3.3 底板岩体水力渗透破裂演化

根据图 1.1 及表 1.2 及已有研究[18]，采深增加，底板承压水压力增高。为进一步体现图 1.1 中深部底板承压水压力拟合数据的物理意义，可将承压水压力 q_0 与采深 H 的关系转化为 $q_0=A_q\mathrm{e}^{B_q\gamma H}$，其中 A_q、B_q 为拟合系数，γ 为上覆岩层体积力。因此，在深部高压应力作用下，底板承压水的流动性减弱，底板水易产生区域性的阻滞或滞留，使得承压水压力随采深增加具有指数增长趋势，并在一定程度上加剧了突水的危险性。

同时，由于岩体节理、裂隙及断层等构造或弱面内水压与岩石或岩体的变形破裂存在应力耦合，加上煤层开采形成的基本顶失稳扰动作用，岩体受到挤压而使岩体裂隙中的水产生附加水压力，使得底板节理、裂隙弱面产生不同程度的水力渗透作用，以此可研究底板深部节理、裂隙等弱面由于应力扰动引起的裂隙附加水压力，从而分析底板岩体的水力渗透破裂演化特征。

5.3.3.1 不同扰动应力下底板深部裂隙附加水压力变化

为研究岩体在扰动载荷压剪作用下裂隙体积减小引起裂隙中水体产生的附加水压力大小，以图 5.19 所示的含平面穿透闭合单裂隙的表征单元体为研究对象，考虑岩体的渗透实际，可获得扰动载荷所引起的压剪裂隙附加水压力的解析式（5.6）[19]：

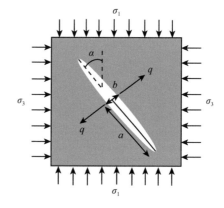

图 5.19　底板裂隙岩体附加水压力计算模型[19]

$$
\begin{cases}
q_s = \dfrac{\varphi_w}{1+\delta}\sigma_d, \\[2mm]
\delta = \zeta\,\dfrac{k_w E_w - 2(1+\mu)(1-2\mu)}{2(1-\mu^2)} \\[2mm]
\sigma_d = \left(\dfrac{\sigma_1 - p_1 + \sigma_3 - p_3}{2} - \dfrac{\sigma_1 - p_1 - \sigma_3 + p_3}{2}\cos 2\alpha\right)
\end{cases}
\tag{5.6}
$$

式中，q_s 为扰动载荷引起的裂隙附加水压力；φ_w 为裂隙附加水压力的折减系数，其大小与岩石的渗透性有关，保守情况下可取 1 以偏于安全，从而使裂隙的附加水压力最大；p_1、p_3 分别为裂隙所受的初始垂直和水平地应力，扰动后的垂直和水平应力分别为 σ_1、σ_3；裂隙长轴与最大主应力 σ_1 的夹角为 α；k_w 为岩体裂隙水的压缩系数，其倒数为水的体积模量；σ_d 为扰动载荷在垂直于裂隙面方向的应力分量；$\zeta = b/a$，ζ 为裂隙形状因子，反映椭圆形裂隙的几何形状，a、b 分别为裂隙的半长与半宽；δ 为岩体与裂隙中的水之间的耦合参数；E_w、μ 分别为岩石的弹性模量与泊松比。

底板深部未受开采扰动时，若裂隙内的初始水压力为 q_0，则开采扰动后底板裂隙内的总水压力 q 为 q_0 与 q_s 之和，即

$$
q = q_0 + \frac{\varphi_w}{1+\delta}\left(\frac{\sigma_1 - p_1 + \sigma_3 - p_3}{2} - \frac{\sigma_1 - p_1 - \sigma_3 + p_3}{2}\cos 2\alpha\right)
\tag{5.7}
$$

为分析不同采深及不同扰动载荷下附加水压力 q_s 的变化规律，以邢东矿 -980 水平底板深部岩体参数为依据，设 $\zeta = 0.05$，$\varphi_w = 1$，$\alpha = 51°$，$k_w = 2.18\text{GPa}$，$\mu = 0.25$，$E_w = 28\text{GPa}$，$\sigma_3 = p_1 = p_3 = \gamma H$，$q_0$ 与 H 的关系根据图 1.1 的拟合趋势线确定，$q_0 = 1.1819e^{0.0018H}$，设 $\sigma_1 = k_c\gamma H$，k_c 为应力扰动系数，$k_c = 1 \sim 3$[14]，并分别令 $k_c = 3.0$、2.5、2.0、1.5 及 $H = 200\text{m}$、400m、600m、800m、1000m、1200m，将以上参数代入式（5.6），计算绘制了不同采深下底板深部裂隙的附加水压力变化曲线，如图 5.20 所示。

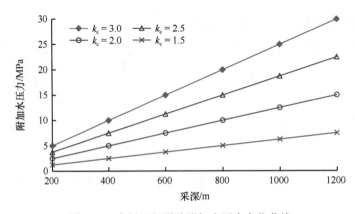

图 5.20 底板深部裂隙附加水压力变化曲线

由图 5.20 可知，不同采深下底板裂隙的附加水压力变化曲线不同，扰动载荷 σ_d 越大，裂隙的附加水压力 q_s 越高；采深 H 越大，q_s 越高；q_s 与 σ_d 及 H 呈线性增长关系。当 $k_c=1.5$ 时，$H=200\text{m}$ 的 q_s 仅为 1.25MPa，但 $H=1200\text{m}$ 时 q_s 则达 7.47MPa，约为 $H=200\text{m}$ 的 6.0 倍，两者却相差 6.22MPa；而当 $k_c=3$ 时，$H=200\text{m}$ 时 q_s 为 4.98MPa，但 $H=1200\text{m}$ 的 q_s 已达 29.89MPa，仍约为 $H=400\text{m}$ 的 6.0 倍，但两者却相差达 24.91MPa，差异性显著增大。

应力扰动系数 k_c 越大，q_s 随 H 增加的斜率越高，即附加水压力增高越快。当 $H=1000\text{m}$ 时，若 $k_c=1.5$，$q_s=6.23\text{MPa}$；若 $k_c=3.0$，q_s 则增加至 24.91MPa；应力扰动系数增加 1 倍，q_s 则增加 3 倍。因此，深部开采时扰动载荷 σ_d 越大，底板裂隙的附加水压力增加越剧烈。

若固定 $k_c=1.3$，$H=1000\text{m}$，改变底板裂隙的倾角 ϑ，$\vartheta=90°-\alpha$，分别令 $\alpha=80°$、$70°$、$60°$、$50°$、$40°$、$30°$、$20°$、$10°$，则 $\vartheta=10°$、$20°$、$30°$、$40°$、$50°$、$60°$、$70°$、$80°$，以此可根据式（5.6）计算获得不同底板裂隙倾角 ϑ 下岩体内的附加水压力变化曲线，如图 5.21 所示。

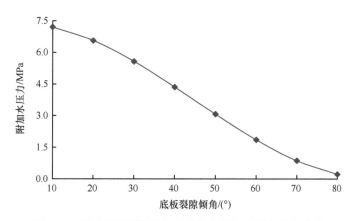

图 5.21　不同底板裂隙倾角下岩体内附加水压力变化曲线

根据图 5.21，随底板裂隙倾角 ϑ 增加，岩体内附加水压力逐渐降低，且随 ϑ 增加，曲线的切线斜率降低，即 ϑ 随附加水压力降低的速率减小。当 $\vartheta=10°$ 时，q_s 最大，为 7.20MPa；而当 $\vartheta=80°$ 时，q_s 仅为 0.22MPa；ϑ 增加了 70°，q_s 降低了 6.98MPa；ϑ 增加了 6 倍，ϑ 降低了 96.94%。故煤系地层底部深部断层或节理裂隙的水平层理及小角度发育反而有利于岩体内附加水压力的增加，一定程度上可增加对岩体的水力劈裂或楔入作用。

若同样固定 $k_c=1.3$，$H=1000\text{m}$，$\vartheta=\arctan[\mu+(\mu^2+1)^{1/2}]=49°$，则 $\alpha=51°$，分别令 $\zeta=0.01$、0.02、0.03、0.04、0.05，则可根据式（5.6）获得不同底板裂隙形状因子下岩体内的附加水压力变化曲线，如图 5.22 所示。

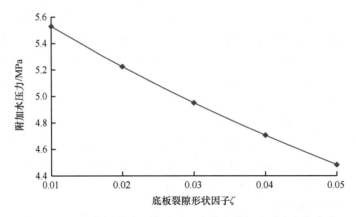

图 5.22　不同底板裂隙形状因子下岩体内附加水压力变化曲线

根据图 5.22，随底板裂隙形状因子 ζ 增加，岩体内附加水压力 q_s 近似线性降低。当 ζ=0.01 时，q_s=5.53MPa；当 ζ=0.05 时，q_s=4.48MPa；ζ 增加 4 倍，q_s 降低了 18.99%；与 ϑ 相比，ζ 对 q_s 降低的敏感性减弱，即 ζ 对 q_s 降低的影响远小于 ϑ，ζ 对 q_s 的影响较小。由于 ζ=b/a，在压应力作用下，更多表现为裂隙的压缩变形失稳增加，即 a 增加，ζ 减小，故采场底板超前应力扰动下反而有利于岩体内附加水压力的增加；而在卸荷作用下，更多表现为裂隙的张开变形破裂，即 b 增加，ζ 增大，由此可知底板深部裂隙内应力卸荷，ζ 增加，q_s 一定程度上表现出降低，但卸荷岩体的裂隙开度增加将使岩体渗透率增加，故卸荷作用下，承压水压力更多表现为向底板浅部已卸荷空间压力释放的水楔作用和强度降低作用，使底板岩体内裂隙不断向上导升扩展。

5.3.3.2　不同承压水压力下底板深部裂隙破裂强度变化

当考虑附加水压力时，底板深部岩体的破裂强度发生变化，结合压剪破裂准则，可获得考虑附加水压力的岩体破裂强度 σ_w[19]：

$$\sigma_w = \frac{\dfrac{\overline{K}_{\mathrm{IIC}}}{\sqrt{\pi a}} + c + (\lambda + f)\left[\dfrac{\varphi_w}{1+\delta}\left(\dfrac{p_1+p_3}{2} - \dfrac{p_1-p_3}{2}\cos\alpha\right) - q_0\right]}{\dfrac{1}{2}\sin 2\alpha - (\lambda + f)\left(1 - \dfrac{\varphi_w}{1+\delta}\right)\sin^2\alpha}$$
$$+ \frac{\sigma_3\left[\dfrac{1}{2}\sin 2\alpha + (\lambda + f)\left(1 - \dfrac{\varphi_w}{1+\delta}\right)\cos^2\alpha\right]}{\dfrac{1}{2}\sin 2\alpha - (\lambda + f)\left(1 - \dfrac{\varphi_w}{1+\delta}\right)\sin^2\alpha}$$

（5.8）

式中，c、f 分别为岩体裂隙面上黏聚力和摩擦系数；K_{IIC} 为岩石压缩状态下 II 型断

裂韧度；λ 为压剪参数，取决于岩石材料压剪特性，等于材料压缩状态下Ⅱ型断裂韧度与Ⅰ型断裂韧度 k_{IC} 的比值，$\lambda=\bar{K}_{\mathrm{IIC}}/K_{\mathrm{IC}}$；$\bar{K}_{\mathrm{IIC}}=\lambda K_{\mathrm{I}}+|K_{\mathrm{II}}|$，$K_{\mathrm{I}}$、$K_{\mathrm{II}}$ 分别为裂隙尖端的应力强度因子，$K_{\mathrm{I}}=-\sigma_{\mathrm{n}}(\pi a)^{1/2}$，$K_{\mathrm{II}}=\tau_{\mathrm{n}}(\pi a)^{1/2}$，$\sigma_{\mathrm{n}}$ 及 τ_{n} 分别为裂隙面上的正应力和切应力，其计算见式（5.9）：

$$\begin{cases} \sigma_{\mathrm{n}}=\dfrac{\sigma_1+\sigma_3}{2}-\dfrac{\sigma_1-\sigma_3}{2}\cos2\alpha-q \\ \tau_{\mathrm{n}}=\dfrac{\sigma_1-\sigma_3}{2}\sin2\alpha-f\sigma_{\mathrm{n}}-c \end{cases} \tag{5.9}$$

结合邢东矿−980 水平采场围岩的力学参数，$K_{\mathrm{IIC}}=0.25\mathrm{MPa\cdot m^{1/2}}$，$\bar{K}_{\mathrm{IIC}}=1.2K_{\mathrm{IIC}}$，$c=0$，$\lambda=0.2$，$f=0.14$，根据式（5.6）、式（5.7）及图 1.1 中 $q_0=1.1819\mathrm{e}^{0.0018H}$，计算绘制了不同采深下底板裂隙的破裂强度变化曲线，并与不考虑附加水压力计算出的破裂强度 σ_{b} 对比，如图 5.23 所示。

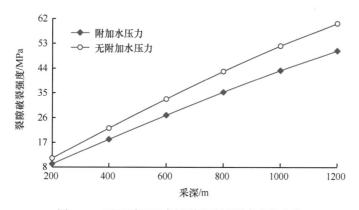

图 5.23　不同采深下底板裂隙破裂强度变化曲线

根据图 5.23，与未考虑底板承压水压力影响的底板深部裂隙的破裂强度规律一致，随采深增加底板深部裂隙的破裂强度近似线性增加，但同一采深时其破裂强度低于未考虑附加水压力影响时。当采深 200m 时，$q=2.44\mathrm{MPa}$，$\sigma_{\mathrm{b}}=11.17\mathrm{MPa}$，而 $\sigma_{\mathrm{w}}=9.12\mathrm{MPa}$，破裂强度降低了 2.05MPa，降低约 18.35%；当采深为 1200m 时，$q=14.73\mathrm{MPa}$，$\sigma_{\mathrm{b}}=60.28\mathrm{MPa}$，$\sigma_{\mathrm{w}}=50.35\mathrm{MPa}$，破裂强度降低了 9.93MPa，降低约 16.47%；故采深增加，考虑附加水压力影响的破裂强度与未考虑附加水压力影响的破裂强度差值增大，但降低比率略微下降，承压水压力导致底板深部裂隙岩体破裂强度降低，且采深越大，岩体破裂强度降低量越大。

为进一步分析承压水压力与底板深部裂隙破裂强度降低的关系，令 $H=1000\mathrm{m}$，q_0 分别为 3MPa、6MPa、9MPa、12MPa、15MPa，计算获得不同承压水压力下底板深部裂隙的破裂强度曲线如图 5.24 所示。

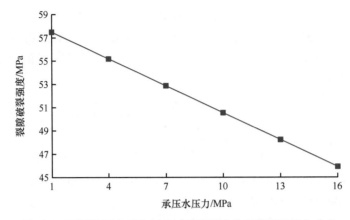

图 5.24 不同承压水压力下底板深部裂隙的破裂强度变化曲线

由图 5.24 可知，随承压水压力升高，底板深部裂隙的破裂强度线性降低。当 q_0=1MPa 时，σ_w=57.49MPa；当 q_0=16MPa 时，σ_w=45.91MPa；承压水压力 q_0 增加了 15MPa，σ_w 降低了 11.58MPa。因此，在深部高承压水上开采时，底板深部裂隙的破裂强度降低可提高承压水的水力和破裂作用，一定程度上提高底板突水的危险性。

若固定 H=1000m，q_0=10MPa，k_c=1.3，分别令 α=80°、70°、60°、50°、40°、30°、20°、10°，即 ϑ=10°、20°、30°、40°、50°、60°、70°、80°，计算获得了不同裂隙倾角下底板深部裂隙的破裂强度曲线，如图 5.25 所示。

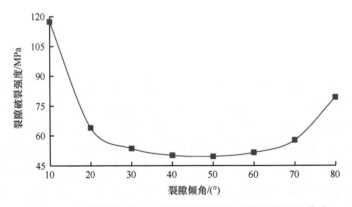

图 5.25 不同裂隙倾角下底板深部裂隙的破裂强度变化曲线

由图 5.25 可知，随底板深部裂隙倾角增加，岩体破裂强度先降低后增加，在 ϑ=50° 左右时达最低值。当 ϑ≤30° 时，σ_w 由 117.29MPa 迅速降低至 53.62MPa，ϑ 增加了 20°，σ_w 降低了 63.67MPa，降低约 54.28%；当 30°≤ϑ≤50° 时，σ_w 由 53.62MPa 缓慢降低至 49.62MPa，ϑ 增加了 20°，σ_w 仅降低约 4.00MPa，降低约

7.46%；当 50°≤ϑ≤70° 时，σ_w 由 49.62MPa 缓慢增加至 57.75MPa，ϑ 增加了 20°，σ_w 缓慢增加 8.13MPa，仅增加约 16.38%；而当 ϑ≥70° 时，σ_w 由 57.75MPa 缓慢增加至 79.32MPa，ϑ 增加了 10°，σ_w 却增加了 21.57MPa，增加约 27.19%。由此可见，当时 30°≤ϑ≤70°，σ_w 处于岩体破裂强度的低值区，而邢东矿-980 水平断层、裂隙等结构弱面发育的倾角范围又多位于此区间，故邢东矿-980 水平的底板深部裂隙结构极易因角度发育优势而增加底板深部岩体的破裂程度，并一定程度上可以增加底板突水的危险性。

因此，在考虑应力扰动、承压水的附加水压力、裂隙倾角情况下，底板深部裂隙的水力渗透破裂程度增加明显，虽然采深增加，围压升高，一定程度上可抑制底板深部裂隙的扩展破裂，但与应力扰动、承压水的附加水压力、裂隙倾角相比，开采扰动后围压对底板深部裂隙扩展破裂的抑制作用大幅减弱。

5.4 底板岩体破裂地质雷达探测

深部开采扰动强度不同，底板裂隙岩体损伤破裂及裂隙发育程度不同。为掌握深部开采扰动及卸荷作用下的底板破裂状况，并验证分析深部采场底板裂隙破裂演化规律，在赵固一矿 16021 工作面轨道运输巷（上侧为实体煤）应用 50MHz 频率的 ZTR12-2 型矿用防爆地质雷达（图 5.26）探测来压前后底板裂隙的破裂演化规律。

图 5.26 ZTR12-2 型矿用防爆地质雷达

5.4.1 探测方案及数据处理

回采前、初次来压后及周期来压后，在 16021 轨道运输巷自切眼至切眼以外 80m 段观测，分别实测未受开采影响、受基本顶失稳扰动及卸荷影响的底板裂隙扩展特征。

由地质雷达向底板发送脉冲式电磁波，在岩体传播时遇到电性差异的裂隙、空洞时发生反射，形成不同波形的频率由接收天线接收。当雷达移动时，利用纵坐标（双程旅行时）和横坐标（距离）确定目标体深度的"时距"波形图，并根据振幅自小至大用 256 色阶显示彩色剖面，再将反射数据以像素点显示底板裂隙发育，最大探深达 50m。同时，对接收信号数据采用零线设定、背景去噪、滤波、小波变换及增益等程序进行后期处理[20]，以消除现场探测时的杂波和信号干扰。

5.4.2 探测结果

16021 工作面于 2017 年 5 月 22 日 16 点班开始回采，6 月 5 日轨道运输巷推进 36.3m 时初次来压显现强烈，6 月 10 日周期来压显现不明显，步距 16.5m，应用地质雷达实测其底板裂隙发育，如图 5.27 所示。

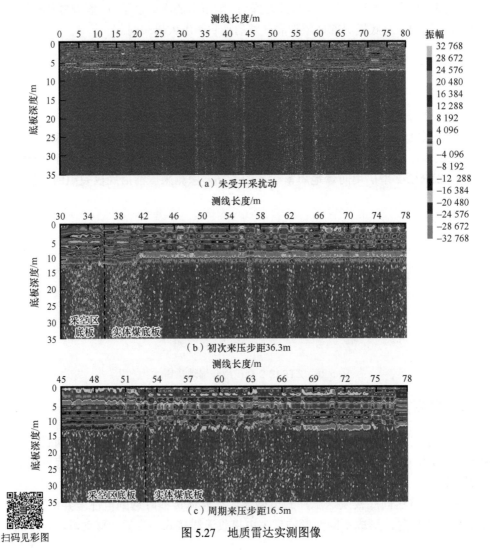

（a）未受开采扰动

（b）初次来压步距36.3m

（c）周期来压步距16.5m

图 5.27 地质雷达实测图像

扫码见彩图

由图 5.27 可知，扰动强度不同，底板破裂深度和裂隙发育程度不同，卸荷区卸荷破裂深度较端头效应区加荷破裂深度约 1m；并且卸荷区与端部效应区之间呈现不同程度的裂隙密集度减弱现象，主要受支承压力降低至水平应力影响，导致裂隙反向滑移并且部分裂隙闭合而形成。同时，底板浅部岩层振幅变化大并出现错断，波形杂乱，破裂严重；底板深部岩层波形杂乱，振幅小，裂隙密集，裂隙含水率大，卸荷区较端头效应区裂隙更为发育。未受开采扰动时，底板破裂深度约 7m，而初次来压时达 11m，破裂深度加深 4m，增加约 57.1%；同时，由于 16021 工作面初次来压超前影响距离约 50m，在其范围内的后一周期来压破裂深度增加至约 13m。初次来压时卸荷区 30～36m 段及端部效应区 36～42m 段较周期来压时的 45～53m、53～56m 段底板裂隙发育更为明显，范围更大。故扰动强度越大，应力集中程度越大，卸荷起点越高，端部效应区及卸荷区裂隙破裂程度越严重。

同时，地质雷达系统自带含水谱分析系统，其根据含水介质频率域的频谱特征从谱线轮廓形状和频带宽度等参数计算介质的含水性，并通过经验公式（5.10）计算不同介质元素对应谱域能量的比值，得到裂隙含水率 ω_k[20]：

$$\omega_k = (F_w / F_k) \times 100\% \tag{5.10}$$

式中，F_w 为水的峰谱面域；F_k 为岩层的峰谱面域。

由于频谱受底板裂隙及空气影响并不能完全反映底板裂隙的真实含水率，故仅分析裂隙含水率的相对性，以反映不同状况下底板裂隙发育和含水性程度，导出含水率数据并绘制不同扰动强度下裂隙含水率分布特征，如图 5.28 所示。

由图 5.28 对比可知，深部开采底板 15m 以浅裂隙含水率大，裂隙发育密集，且扰动强度越大，底板裂隙含水率越大；而向底板深部随应力集中及卸荷程度减弱，裂隙含水率减小。初次来压距采场底板 15m 时，由于底板裂隙的摩擦滑动、自相似扩展作用，在应力增高区 80～65m 段降低，而在失稳扩展变形作用下，在 65～46m 段裂隙含水率增加；端部效应区 46～36m 段由于扰动强度过大，底板煤岩体在压应力作用下失稳扩展，裂隙部分压缩闭合，含水率降低；卸荷区

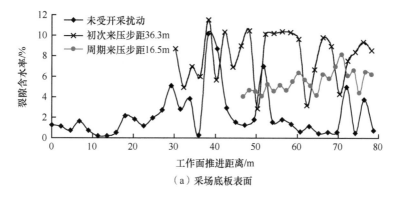

（a）采场底板表面

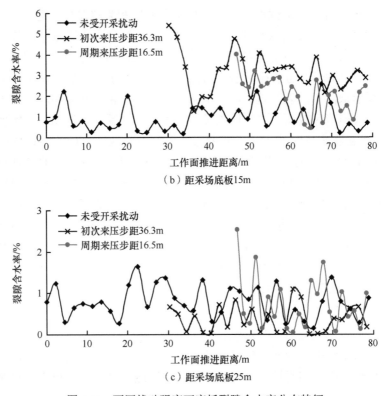

（b）距采场底板15m

（c）距采场底板25m

图5.28 不同扰动强度下底板裂隙含水率分布特征

36～30m段卸荷作用导致裂隙继续失稳扩展进而导致图5.28（b）中裂隙含水率迅速增加；而周期来压时由于来压显现不明显，扰动强度弱，在端部效应区裂隙以失稳扩展为主，压缩变形量小，故其裂隙含水率在75～46m段逐渐增加，并未出现明显的降低段，这与前述基本顶失稳下底板岩体破裂演化一致。同时，由于底板表面裂隙岩体已基本完全破裂，其裂隙含水率受动载扰动影响不明显，但初次来压时底板裂隙发育仍较周期来压严重；而采场底板25m以深时基本未受基本顶失稳扰动影响，其裂隙含水率变化不大。

因此，扰动强度决定了底板裂隙的失稳扩展及渗透演化规律，卸荷对裂隙扩展及含水率的增加作用程度最强，在高承压水压力作用下卸荷区渗透率骤然突变，易诱发底板突水事故，是深部开采底板突水或卸荷滞后突水的主要原因。

5.5 本章小结

本章对深部开采底板岩体裂隙的破裂演化进行了分区，应用加卸荷试验研究了不同应力环境下岩体的破裂与渗透率变化规律，基于断裂力学、卸荷岩体力学及应力-渗透理论研究了底板岩体裂隙的分区破裂演化规律,并进行了工程验证,主要结论如下。

(1) 基于底板应力分布、数值模拟结果及采动力学全过程应力-应变曲线,建立了深部开采底板分区破裂模型,细化了基本顶结构失稳作用下底板的应力及裂隙破裂分区,以应力值及其致裂作用界定了底板端部效应区、卸荷区及触研效应区。

(2) 在常规加卸荷应力环境下,轴向应力增加,渗透率减小;当岩石内部达到次生裂隙的扩展条件时,渗透率跳跃增加;继续加荷,裂隙压缩闭合,渗透率降低;而应力卸荷时,轴向应变增量较小,卸荷至一定程度,渗透率突变。应力卸荷起点越高,应变越大,渗透作用越强。

(3) 三轴加卸荷-渗流试验表明,围压卸荷阶段,轴向应变、径向应变及体积应变呈小幅增加、突变增加及快速增加三阶段,但径向应变、体积应变变化量远高于轴向应变,试样主要表现为沿卸荷方向扩容膨胀,渗透率均先线性增高,再骤然突变增高,且随初始围压增加,渗透率骤然突变的卸荷应力增加。在轴压加荷和围压卸荷共同作用下,深部岩体的破裂裂隙可划分为与卸荷方向垂直的竖向裂隙、与剪切破裂形态类似的倾斜裂隙及沿分界面或层理面的环向裂隙三类,获得了煤岩组合体卸荷致裂的轴压卸荷起点及围压卸荷终点强度特征,并应用 CT 扫描与三维重构技术,获得了卸荷破裂试样的裂隙率、长度、角度及数量规律。

(4) 在端部效应区根据垂直应力 σ_1 大小划分了底板裂隙的变形扩展阶段,给出了裂隙产生摩擦滑动、自相似扩展及失稳扩展变形的临界应力,其分别为 $\sigma_{1(0)}$、$\sigma_{1(c)}$ 及 $\sigma_{1(cc)}$。当 $\sigma_1 < \sigma_{1(0)}$ 时,底板岩体处于弹性阶段;当 $\sigma_{1(0)} \leq \sigma_1 < \sigma_{1(c)}$ 时,原生裂隙摩擦滑动变形;$\sigma_{1(c)} \leq \sigma_1 < \sigma_{1(cc)}$ 时,裂隙自相似扩展;$\sigma_{1(cc)} \leq \sigma_1$ 时,裂隙失稳扩展。

(5) 在卸荷区根据垂直应力卸荷水平将裂隙扩展划分为卸荷至水平应力、零或拉应力阶段,并使岩体处于反向滑移变形、弯折失稳扩展或张开贯通等扩展破裂阶段。基本顶结构失稳扰动强度越大,底板端部应力越大,卸荷起点越高,底板裂隙所经历的扩展破裂越多。

(6) 结合夹杂理论及压剪破裂准则研究了深部开采底板岩体的水力渗透破裂演化规律,并指出:附加水压力随扰动载荷及采深增加呈线性增高;应力扰动系数越大,附加水压力随采深增加的斜率越高;随裂隙倾角增加,岩体内破裂强度先降低后增加,并存在为底板深部裂隙破裂的优势角度;随承压水压力升高,底板裂隙的扩展破裂长度非线性增长,而随裂隙倾角增加,其先缓慢增加,再快速增加,后又缓慢增加。

(7) 现场地质雷达探测验证了深部开采基本顶失稳扰动下底板岩体的分区破裂演化规律:卸荷对底板裂隙扩展破裂及含水率的增加作用最强,在深部高承压水压力作用下卸荷区渗透率骤然突变易诱发底板突水事故。

参 考 文 献

[1] Janson J, Hult J. Fracture mechanics and damage mechanics a combined approach[J]. Journal de Mecanique Appliquee, 1977, 1(1): 69-84.

[2] Wong R H C, Chau K T, Tang C, et al. Analysis of crack coalescence in rock-like materials containing three flaws part I: Experimental approach[J]. International Journal of Rock Mechanics and Mining Sciences, 2001, 38(7): 909-924.

[3] 徐则民, 黄润秋, 罗杏春, 等. 静荷载理论在岩爆研究中的局限性及岩爆岩石动力学机理的初步分析[J]. 岩石力学与工程学报, 2003, 22(8): 1255-1262.

[4] 薛东杰, 周宏伟, 彭瑞东, 等. 基于应力降的非连续支承压力强扰动特征研究[J]. 岩石力学与工程学报, 2018, 37(5): 1080-1095.

[5] 张金才, 张玉卓, 刘天泉. 岩体渗流与煤层底板突水[M]. 北京: 地质出版社, 1997: 15-75.

[6] 张勇, 庞义辉. 基于应力—渗流耦合理论的突水力学模型[J]. 中国矿业大学学报, 2010, 39(5): 659-664.

[7] 庞义辉, 张勇. 三维应力下岩石渗透率实验研究[J]. 采矿与安全工程学报, 2009, 26(3): 367-371.

[8] 庞义辉. 承压水上开采底板破坏型突水机理研究[D]. 北京: 中国矿业大学 (北京), 2010: 18-33.

[9] 谢和平, 高峰, 鞠杨. 深部岩体力学研究与探索[J]. 岩石力学与工程学报, 2015, 35(11): 2161-2178.

[10] 谢和平, 周宏伟, 薛东杰. 煤炭深部开采与极限开采深度的研究与思考[J]. 煤炭学报, 2012, 37(4): 535-542.

[11] 韩军, 张宏伟, 宋卫华, 等. 煤与瓦斯突出矿区地应力场研究[J]. 岩石力学与工程学报, 2008, 27(增2): 3852-3859.

[12] 赵德安, 陈志敏, 蔡小林, 等. 中国地应力场分布规律统计分析[J]. 岩石力学与工程学报, 2007, 26(6): 1265-1271.

[13] 钱鸣高, 缪协兴, 许家林, 等. 岩层控制的关键层理论[M]. 徐州: 中国矿业大学出版社, 2000: 72-256.

[14] 钱鸣高, 石平五, 许家林. 矿山压力与岩层控制[M]. 徐州: 中国矿业大学出版社, 2010.

[15] 李建林, 王乐华, 等. 卸荷岩体力学原理与应用[M]. 北京: 科学出版社, 2016: 58-456.

[16] 李春元, 张勇, 彭帅, 等. 深部开采底板岩体卸荷损伤的强扰动危险性分析[J]. 岩土力学, 2018, 39(11): 3957-3968.

[17] 周小平, 张永兴. 卸荷岩体本构理论及其应用[M]. 北京: 科学出版社, 2007: 11-76.

[18] 李春元, 张勇, 彭帅, 等. 深部开采底板岩体卸荷损伤的强扰动危险性分析[J]. 岩土力学, 2018, 39(11): 3957-3968.

[19] 李东奇, 李宗利, 吕从聪. 考虑裂隙附加水压的岩体断裂强度分析[J]. 岩土力学, 2018, 39(9): 3174-3180.

[20] 杨峰, 彭苏萍. 地质雷达探测原理与方法研究[M]. 北京: 科学出版社, 2010: 57-102.

6 深部开采底板岩体动态破裂相似模型实验

为准确测量和描述深部开采底板岩体裂隙的破裂及分布特征，在室内采用相似模型实验再现了深部开采顶底板岩体的联动破裂现象及底板裂隙扩展破裂过程等，从而为研究深部开采底板岩体裂隙的动态破裂规律提供依据。

6.1 实 验 原 理

根据相似理论，将与原型力学性质相似的材料按几何相似常数缩制成模型，在模型基础上开采煤层实现相似材料模拟实验，并保证模型与原型满足几何相似、运动相似与动力相似[1-3]。

（1）几何相似，即模型与原型几何形状相似，长度比为常数 α_l，满足：

$$\alpha_l = \frac{x_\mathrm{m}}{x_\mathrm{p}} = \frac{y_\mathrm{m}}{y_\mathrm{p}} = \frac{z_\mathrm{m}}{z_\mathrm{p}} \tag{6.1}$$

式中，x_m 和 x_p、y_m 和 y_p、z_m 和 z_p 分别为模型和原型沿 x、y、z 方向的几何尺寸。

（2）运动相似，即模型与原型对应点的运动时间、加速度、速度等呈一定比例，时间比 α_t 为常数，并满足：

$$\alpha_t = \frac{t_\mathrm{m}}{t_\mathrm{p}} = \sqrt{\alpha_l} \tag{6.2}$$

式中，t_m 和 t_p 分别为模型和原型开采时对应的时间。

（3）动力相似，即模型和原型的作用力相似，容重比 α_γ 为常数，而相似材料的容重常为 $1.4\sim1.6\mathrm{g/cm^3}$，可根据工程地质条件，综合考虑确定容重比：

$$\alpha_\gamma = \frac{\gamma_\mathrm{m}}{\gamma_\mathrm{p}} \tag{6.3}$$

式中，γ_m 和 γ_p 分别为模型和原型材料的容重。

同时，在岩层重力和内部应力作用下，岩石变形和破坏时的相似准则为

$$\frac{\sigma_{\mathrm{m}}}{\gamma_{\mathrm{m}} L_{\mathrm{m}}} = \frac{\sigma_{\mathrm{pp}}}{\gamma_{\mathrm{p}} L_{\mathrm{p}}} \tag{6.4}$$

式中，L_{m} 和 L_{p} 分别为模型和原型材料的尺寸；σ_{m} 和 σ_{pp} 分别为模型和原型材料的强度（包括抗压、抗拉、抗剪强度等）。

故模型的应力及强度比为

$$\sigma_{\mathrm{m}} / \sigma_{\mathrm{pp}} = \alpha_{l} \cdot \alpha_{\gamma} \tag{6.5}$$

6.2 实 验 设 计

6.2.1 模型铺设及测点布置

采用二维相似材料实验台建立地质与开采模型，模型规格为：长×宽×高=247cm×40cm×150cm。根据赵固一矿工程背景及相似原理[4-6]，煤层埋深约 700m，取 $\alpha_l=1/100$，上覆岩层通过施加外载荷满足相似要求；取 $\alpha_t=1/10$，即模型每 2.4h 开采 4.8cm，并与现场的一昼夜进尺相似；根据模型所选用的细砂、石灰、石膏和水等相似材料容重，取 $\alpha_\gamma=0.67$。为使模型岩层与煤系地层节理发育相似，根据原型岩层节理发育及厚度确定模型的合理分层数；同时，应用表 6.1 及式（6.3）、式（6.5）以抗压强度为主导指标选择材料配比，计算各煤岩层相似材料力学参数（表 6.1），按比例混合后搅拌均匀，将相似材料平稳均匀铺设至模型，层间加云母粉使模型层理分明，共计 61 个分层。

表 6.1 模型主要力学参数与材料配比

序号	岩性	模型容重/(g/cm³)	抗压强度/MPa	累计/cm	总厚/cm	分层厚/cm	分层数	配比号	分层总质量/kg	分层砂质量/kg	分层灰质量/kg	分层膏质量/kg	分层水质量/kg	备注
10	松散黏土	1.26	0.03	134.8	28.6	2.2	13	9∶0.7∶0.3	37.39	33.65	2.62	1.12	2.62	
9	中砂岩	1.68	0.62	106.2	6.5	2.2	3	7∶0.3∶0.7	37.39	32.71	1.40	3.27	2.62	
8	砂质泥岩	1.56	0.44	99.7	56.4	2.3	25	6∶0.5∶0.5	39.09	33.50	2.79	2.79	2.74	
7	大占砂岩	1.68	0.82	43.3	8.4	2.8	3	6∶0.3∶0.7	47.58	40.78	2.04	4.76	3.33	
6	泥岩、砂质泥岩	1.62	0.11	34.9	1.9	1.9	1	8∶0.7∶0.3	32.29	28.70	2.51	1.08	2.26	
5	二₁煤	0.84	0.08	33	3.5	1.75	2	8∶0.7∶0.3	29.74	26.43	2.31	0.99	2.08	墨汁
4		0.84	0.08	29.5	2.7	1.35	2	8∶0.7∶0.3	22.94	20.39	1.78	0.76	1.61	

续表

序号	岩性	模型容重/(g/cm³)	抗压强度/MPa	累计/cm	总厚/cm	分层厚/cm	分层数	配比号	分层总质量/kg	分层砂质量/kg	分层灰质量/kg	分层膏质量/kg	分层水质量/kg	备注
3	砂质泥岩	1.56	0.46	26.8	13.8	2.3	6	6:0.5:0.5	39.09	33.50	2.79	2.79	2.74	
2	L₉灰岩	1.56	0.87	13	1.9	1.9	1	6:0.3:0.7	32.29	27.68	1.38	3.23	2.26	
1	砂质泥岩	1.56	0.44	11.1	11.1	2.2	5	6:0.5:0.5	37.39	32.05	2.67	2.67	2.62	

为精确监测煤层开采时顶底板岩层的位移变化，沿模型正面以煤层与底板分界面为基准向上下两侧不同层位布置位移基点，煤层及顶板基点间距为10cm×10cm，煤层底板基点间距为5cm×5cm，直至模型上、下边界为止，共计布置353个位移基点；基点左侧和右侧距模型边界均为25cm，如图6.1所示。为便于观测，在每个位移基点固定标签并进行编号。

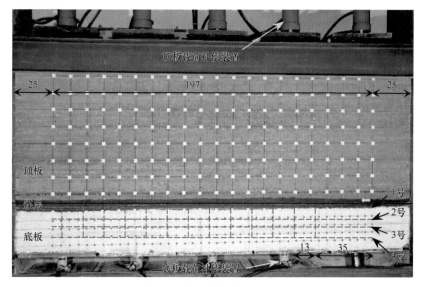

图 6.1　位移基点布置（cm）

为采集顶板动载荷影响下煤层及底板应力变化，铺设模型时沿不同层位布置高灵敏应变片52个，每层铺设13个，共铺设四层，具体层位如图6.1下部测线所示。在二₁煤下分层中间布置1号测线，应变片距底边界27.9cm（距采场底板2.7cm），向下每条应力测线距底边界分别为19.9cm、15.3cm、8.8cm（距采场底板分别为10.7cm、15.3cm、21.8cm）；距切眼35cm处开始布置应变片，相互间隔13cm。

6.2.2　测量仪器及数据收集

实验前，对应变片开展应力应变标定，随机选择三个应变片（图 6.2）加荷，单轴加荷正方形板面积为 0.0225m²。应力（y）与应变（x）关系见式（6.6），其拟合优度为 0.9820，拟合程度较好。

$$y = 0.0073x + 0.0320 \tag{6.6}$$

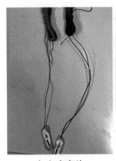

（a）应变片　　　（b）DH3816型静态应变测试系统　　　（c）仪器布置

图 6.2　测量仪器和数据收集

待模型风干后，开挖煤层，采用 DH3816 型静态应变测试系统采集应变片数据，并将应变片数据输出至 Excel 表格中以分析底板应力变化。实验时，在开挖侧布置数字照相量测试验系统，对不同开采时刻的模型拍摄；将 2 台 MV-VD500SM/SC 型数字摄像机、SONY PIS 型防爆摄像机、佳能 EOS70D 型单反相机及 LED 照明灯分别固定至三脚架并调整焦距对准实验平台，固定平稳；两个数字摄像机分别对模型整体、底板裂隙采集图像。测量仪器和数据收集如图 6.2 所示。

6.2.3　加荷设计及模型开采

应用高强度自动加荷系统，施加顶板覆岩压力以模拟顶板扰动作用；该系统设有游动梁，在游动梁上方布置两个可提供 20t 压力的液压缸并用法兰盘与实验台连接，将 5 个可提供 10t 阻力的液压缸均匀布置在游动梁下方，从而通过两级加荷系统实现 50t 的加荷压力以模拟不同开采深度的覆岩载荷，如图 6.3（a）所示；两级加荷机构通过加荷泵、液压箱与电液控制台实现电液控制，如图 6.3（b）、（c）所示。同时，将压力和流量传感器安装在供液管线上，并与电液控制台上的仪表配合使用，以实现力的持续均匀加荷；采用 5 个 CP-700 型液压手动泵模拟加荷底板承压水压力和扰动应力，如图 6.3（d）所示。

赵固一矿采深约 700m，α_l=1/100，根据表 6.1 模型铺设高度为 134.8cm，煤层顶板以上累计高度为 101.8cm，根据几何相似比，剩余 598.2m 的上覆岩层厚度

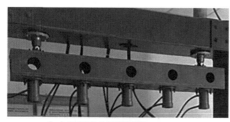

（a）顶板应力补偿系统　　　　　　（b）顶板压力加荷泵

（c）顶板加荷控制台　　　　　　（d）底板压力加荷

图 6.3　液压加荷系统

H 需通过施加外载荷满足相似要求。设上覆岩层模型的容重 γ_p 为 2700kg/m³，则 598.2m 的深度产生的总压力 σ_v 为

$$\sigma_v = \gamma_p \cdot H = 16.15\text{MPa} \tag{6.7}$$

结合式（6.7），根据模型尺寸及 α_l、α_γ，实际加荷重量 F_v 为

$$F_v = \sigma_v \cdot s_v \cdot \alpha_l \cdot \alpha_\gamma / g = 10\,690.65\text{kg} \tag{6.8}$$

式中，s_v 为施加载荷的作用面积，s_v=2.47m×0.4m=0.988m²；g 为重力加速度，取 10N/kg。

每个液压缸施加压力为 2138.13kg。

底板承压水压力 q_0=6MPa，则底板实际加荷总压力 F_q 为

$$F_q = q_0 \cdot s_v \cdot \alpha_l \cdot \alpha_\gamma / g = 3971.76\text{kg} \tag{6.9}$$

则底板每个液压缸施加压力为 794.35kg。

为清晰显现煤层开采时加卸荷作用下裂隙的扩展破裂过程，在模型风干前采用无强度的大白粉将煤层底板刷白（图 6.1），待大白粉风干后布设测点，模型风干时间约 8d。开挖前分别对顶底板覆岩自重和承压水压力进行加荷，并待加荷稳定后，将各应变片初始读数调零，随后开挖。为减少边界条件的影响，开采时模型两边各留设出 25cm 的煤柱，自模型右侧向左侧依次开挖，首次开挖距离 10cm，之后每次开挖 5cm，每开挖 1 次后分别记录各监测仪数据，从而为后续分析提供基础资料。

6.3 深部开采底板岩体动态破裂规律

受二维相似模型实验台无法加荷侧压的局限性，基本顶岩梁失稳的扰动载荷将向侧向释放，其对煤壁端部、触矸区域及底板应力的扰动程度减小，进而导致底板裂隙岩体的破裂演化程度降低，并表现为与表 2.4 及开采实际不符。

基于此，实验时当顶板失稳产生扰动载荷后，依据现场扰动时底板位移、应力相似原则及底板压力拱的卸荷作用，采用底板加荷装置对煤壁端部效应区或卸荷区岩体向上进行缓慢扰动加荷[7]，直至岩体裂隙扩展贯通为止，待加荷装置处于采空区时将其卸荷以实现采空区的应力恢复。同时，加荷过程中，监测记录模型底板的应力和位移变化，用 SONY PIS 防爆摄像机摄录裂隙的动态扩展破裂过程，进而分析不同扰动载荷作用下底板岩体裂隙的破裂演化规律。

6.3.1 底板岩体动态破裂演化过程

当工作面推进 60m 时，顶板初次来压（图 6.4），与 12041 工作面实测初次来压步距 62m 基本一致；但来压后底板未发生明显的变形扩展，而根据前述现场实测初次来压的扰动强度最大，与现场不符，这主要是由于扰动载荷向侧向释放所致，并未完全将应力扰动传至底板，与前述一致。同时，由于在初次来压步距范围的底板最右侧加荷装置距模型右侧边界较近，为防止模型边界整体失稳垮塌不再对其加荷，仅能验证二维相似模型对底板扰动强度低，并未能真实反映现场初次剧烈载荷作用下底板鼓起破裂，裂隙扩展贯通这一显著特征。但应用其底板应力和位移数据可验证基本顶岩梁失稳的扰动作用。

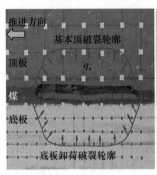 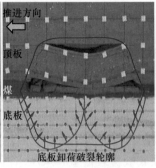 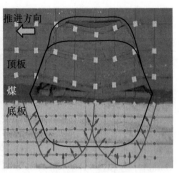

（a）初次来压前推进55m　　　（b）初次来压时推进60m　　　（c）来压稳定后推进60m

图 6.4　顶板初次来压过程中底板形态变化

当工作面推进至 80m 时，根据前述深部开采的扰动作用，对底板内的 CP-700 型液压手动泵逐渐加荷模拟煤壁端部效应导致的底板应力增加，加荷扰动下底板岩体裂隙扩展演化过程如图6.5所示。

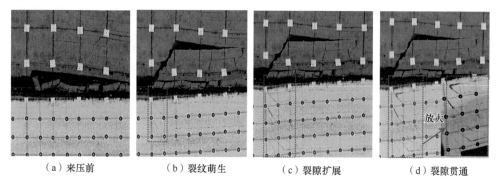

（a）来压前　　　　　（b）裂纹萌生　　　　　（c）裂隙扩展　　　　　（d）裂隙贯通

图6.5　推进80m时底板岩体裂隙扩展演化过程

根据图6.5，随加荷进行，底板裂隙表面岩体首先卸荷鼓起，煤壁处底板萌生裂纹，主裂纹倾斜发育［图6.5（b）］；继续加荷，在采出空间的卸荷作用下，裂隙扩展，缝隙变宽，分支裂纹产生，同时裂隙沿主裂纹倾角向底板深部扩展，扩展角度多与主裂纹倾角一致，但此时裂隙并未贯通整个底板，如图6.5（c）所示；当加荷导致底板裂隙岩体卸荷的深度贯穿模型底板时［图6.5（d）］，形成了底板裂隙卸荷的倾斜破裂模式。

当工作面推进至110m时，加荷扰动下底板岩体的裂隙扩展演化过程如图6.6所示，与推进80m时基本一致，裂隙呈倾斜破裂模式［图6.6（d）］，但由于煤系地层多呈水平层理发育，其出现了倾斜裂隙与水平层理裂隙连接扩展现象，并逐层向底板深部扩展。

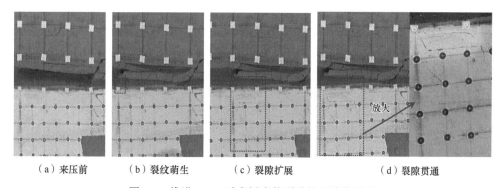

（a）来压前　　　（b）裂纹萌生　　　（c）裂隙扩展　　　　（d）裂隙贯通

图6.6　推进110m时底板岩体裂隙扩展演化过程

当工作面推进至125m时，加荷扰动下底板岩体裂隙扩展演化过程，如图6.7所示。

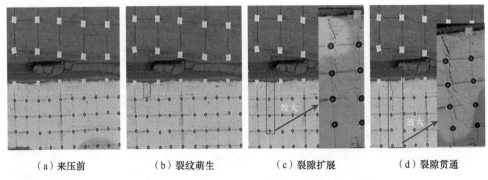

| （a）来压前 | （b）裂纹萌生 | （c）裂隙扩展 | （d）裂隙贯通 |

图 6.7　推进 125m 时底板岩体裂隙扩展演化过程

在煤壁正下方出现了近似垂直的裂纹和裂隙扩展，在底板深部分支裂隙向采空区卸荷方向扩展演化，并最终形成了底板裂隙的近似垂直破裂模式。推断为：当基本顶岩梁失稳作用于煤壁端的压应力大时，对煤壁端部底板造成压剪错动作用，导致煤层开采后煤壁处主裂纹近似垂直，且煤壁端部应力向采空区传递，卸荷速率较慢；而采场及采空区侧底板在较低的卸荷应力及变形速率情况下向上缓慢扩展，煤壁端部与卸荷区底板岩体未同步错动，进而形成了近似垂直的破裂裂隙。同时，卸荷区底板浅部分支裂隙少，向底板深部煤壁两侧应力水平接近一致时分支裂隙增多。与倾斜破裂模式相比，近似垂直破裂模式受基本顶岩梁煤壁端扰动作用更强，裂隙扩展主要为压剪错动作用所致，易形成大规模瞬时突水；而倾斜破裂模式，裂隙孕育、扩展及沟通过程相对缓慢，这也是基本顶失稳扰动下底板卸荷破裂导致突水差异的特征之一。

当工作面推进至 150m 时，加荷扰动下底板岩体裂隙扩展演化过程如图 6.8 所示，与推进 80m、110m 时一致，裂隙呈倾斜破裂模式，但倾斜裂隙更多。

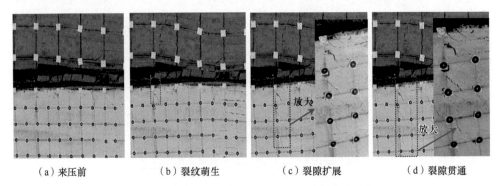

| （a）来压前 | （b）裂纹萌生 | （c）裂隙扩展 | （d）裂隙贯通 |

图 6.8　推进 150m 时底板岩体裂隙扩展演化过程

当工作面推进至 170m 时，加荷扰动下底板岩体的裂隙扩展演化过程如图 6.9 所示，与推进 80m、110m、150m 时一样，主裂隙为倾斜扩展，但其裂隙未贯通，仅呈轻微扩展，分支裂纹或裂隙少，将其应力和位移变化与前述对比可分析扰动强度对岩体裂隙扩展演化过程的影响。

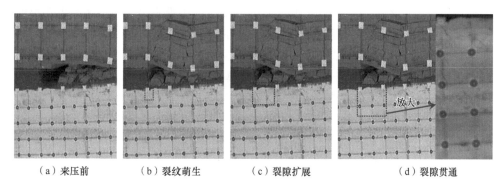

（a）来压前　　　　（b）裂纹萌生　　　　（c）裂隙扩展　　　　（d）裂隙贯通

图 6.9　推进 170m 时底板岩体裂隙扩展演化过程

对比发现，当工作面推进 80m、110m、150m 及 170m 时对底板加荷扰动后，主裂隙均呈倾斜扩展演化，分支裂隙向采空区方向扩展，直至与煤系地层水平层理斜交；而当工作面推进 125m 时底板破裂的主裂隙近似垂直，分支裂隙亦向采空区方向扩展，但分支裂隙发育长度较短，且并未出现明显与煤系地层水平层理相交的裂隙。为此，可将开采卸荷作用下底板裂隙的扩展破裂划分为倾斜破裂模式和近似垂直破裂模式两种，同时结合底板裂隙扩展演化时的应力、位移变化，进一步分析两者的区别及形成机制，以揭示深部开采基本顶失稳扰动或强卸荷作用下底板裂隙破裂机制。

综上所述，推进不同距离时底板岩体裂隙的扩展演化规律为：在煤壁处压剪作用和采空区底板应力卸荷作用下，底板先沿煤壁端萌生并逐渐扩展破裂形成主裂隙，随卸荷应力继续增加，水平层理发育并与主裂隙沟通，贯通后主裂隙与水平层理夹角处裂隙最宽。

6.3.2　底板岩体应力变化规律

为研究基本顶失稳扰动下采空区底板应力分布特征及对裂隙扩展破裂影响，提取了底板应变片有效数据，并根据式（6.5）及式（6.6）计算得到底板各测点的应力值。

当工作面推进至 60m，顶板初次来压时，底板各测点的应力数据如图 6.10 所示。

图 6.10（a）中，四个测线的测点应力均为先卸荷至最小值，再迅速增加至峰值，再减小并至趋于稳定，表明底板裂隙煤岩体经历了加荷→加荷至应力峰值→卸荷→卸荷至最小值→应力恢复阶段。在扰动载荷侧向释放无约束情况下，煤层底界面的 1 号测线（图 6.1）应力峰值最大仍达到了 19.59MPa，而其原岩应

力平均值约 6.26MPa，应力集中系数为 3.13；而越向底板深部应力峰值越小，并呈非线性降低，4 号测线的应力峰值仅为 8.37MPa，其应力集中系数为 1.85，与 1 号测线相比降低了 1.28，降低约 40.89%。卸荷后应力最小值随距采场底板距离增加逐渐增加，1 号测线卸荷至拉应力为 1.33MPa，其余测线应力卸荷最小值均为压应力，如图 6.10（b）所示；其扰动应力峰值降低规律与卸荷最小值变化规律均与前述一致，这进一步证明了前述理论与数值模拟是正确的。

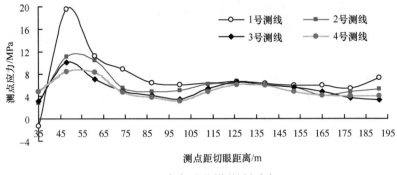

（a）不同测线的测点应力

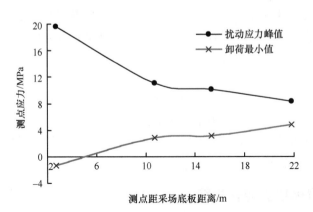

（b）各测线扰动应力峰值与卸荷最小值

图 6.10　初次来压时各测点应力

但 4 条测线测点的应力峰值均位于近煤壁侧采空区中部底板。根据前述，在基本顶失稳的扰动作用下，位于采空区中部的破断岩梁梁端对底板造成应力扰动，导致触矸效应区应力增高。同时，受实验条件限制，底板测点间距离为 13cm，布置密度小，且基本顶失稳扰动位置无法提前预测，未能准确监测煤壁前后底板应力最大值，从而导致测线峰值点位于采空区侧底板并存在一定误差。

同时，与数值模拟相比，图 4.5 中采深 700m 时底板以深 2m 触矸，垂直压应力增量峰值为 18.47MPa，图 6.1 中 1 号测线处于底板以深 2.7m 的触矸区域，压应力增量峰值为 19.59MPa，两者差值仅 1.12MPa，相差较小，进一步证明了基本顶初次失稳对底板破裂的触矸效应。受相似模拟应变片布置影响，未能监测到超前底板压应力增量峰值及卸荷应力峰值，但采深 700m 时图 4.3、图 4.4 中应力变化量峰值均略高于相似模拟，主要因数值模拟避免了相似模拟无侧面围压加荷约束的弊端，两者既相互验证，又实现了数值模拟对相似模拟的有效补充。

分别提取工作面推进不同距离时不同扰动强度下来压时，裂纹萌生、裂隙扩展甚至贯通时的 1 号测线各测点的应力变化，如图 6.11 所示。

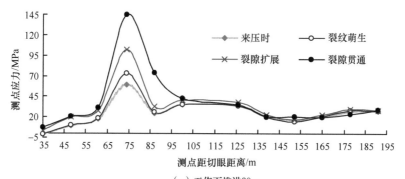

（a）工作面推进80m

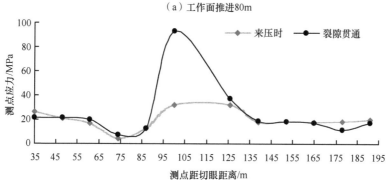

（b）工作面推进110m

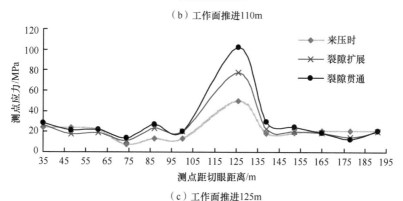

（c）工作面推进125m

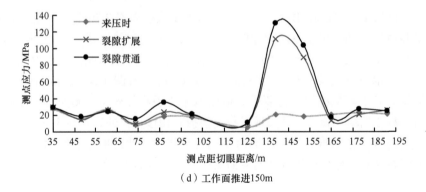

（d）工作面推进150m

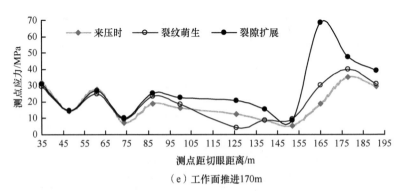

（e）工作面推进170m

图 6.11 不同扰动强度下 1 号测线各测点应力

对比可知，在底板裂隙扩展演化下，煤壁底板附近测点应力均逐渐增加，但裂隙贯通时测点应力峰值不同，统计了不同扰动强度下底板测点应力见表 6.2。

表 6.2 底板测点应力

参数	工作面推进距离				
	80m	110m	125m	150m	170m
来压/MPa	59.80	32.23	50.21	20.79	30.05
裂隙贯通/MPa	144.78	93.36	102.40	130.51	68.62（未贯通）
应力增量/MPa	84.98	61.13	52.19	109.72	—
最大应力距煤壁水平距离/m	6	10	1	11	5
最大应力位置	采空区底板	采空区底板	超前底板	采空区底板	采空区底板

当工作面推进 80m 时，在采空区内距煤壁水平距离 6m 的测点应力最大为 144.78MPa，推进至 110m、125m 及 150m 时底板裂隙贯通时应力分别为 93.36MPa、102.40MPa 及 130.51MPa，而推进至 170m 时，在应力 68.62MPa 情况下裂隙的扩展及贯通程度均很小，如图 6.9（d）所示，底板裂隙贯通所需的应

力增量最少也为 52.19MPa，可见必须有足够的扰动强度才能导致裂隙贯通。同时，可呈倾斜破裂模式时，测线上测点的应力最大值均出现在采空区侧，并与初次来压时一致，且应力最大值位置距煤壁的远近不同导致其主裂隙倾角不同，如图 6.11 所示；而近似垂直破裂模式，应力最大值位置超前煤壁下方底板 1m 处，应力也达到了 102.40MPa，这说明煤壁端部效应区的压剪作用大于采空区的卸荷作用。

根据图 6.11，工作面推进 80m、110m、125m、150m 时裂隙贯通时采空区后方的底板卸荷后应力最小值分别为 -1.33MPa、4.12MPa、7.39MPa、4.99MPa，差值不大，故与裂隙贯通时的应力峰值相比，不同扰动强度对采空区底板卸荷后应力最小值影响不大，但由于应力峰值的增加将导致卸荷应力差别较大。

分别统计倾斜破裂模式、近似垂直破裂模式时底板各测线测点的应力，如图 6.12 所示。

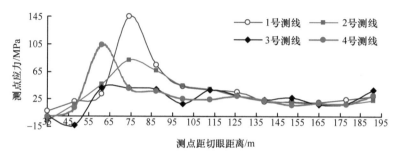

（a）倾斜破裂模式（工作面推进80m）

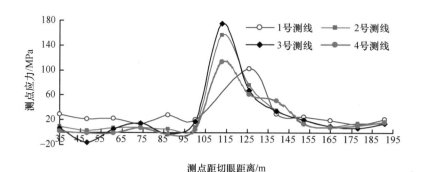

（b）近似垂直破裂模式（工作面推进125m）

图 6.12　不同裂隙破裂模式下各测线测点的应力

由图 6.12 可知，当底板呈倾斜破裂模式时，底板测点应力峰值均位于采空区侧底板，而在煤壁侧底板应力虽处于增高阶段，但其为向下的压应力，而在采空区侧底板为压应力向上的卸荷应力；采空区底板的应力卸荷作用及煤壁的压剪作用使底板裂隙沿煤壁端开始萌生，而采空区底板的高应力及强卸荷作用导致底板鼓起。根据格里菲斯强度理论，处于煤壁端的萌生裂纹产生高应力集中，并沿其长度方向扩展形成主裂隙，直至贯通，但采空区底板应力峰值位置不同将导致主裂隙倾角不同。对于近似垂直破裂模式，底板深部测点应力峰值位于采空区内，而位于底板浅部的 1 号测线应力峰值位于超前煤壁 1m 处的实体煤下方，可判定为煤壁处高支承压力作用造成煤壁端岩体首先压剪破裂，进而导致垂直裂纹萌生，采场及采空区侧底板在较低的卸荷应力及变形速率下向上缓慢扩展，煤壁端部与卸荷区底板岩体未同步错动，且高应力集中进一步导致近似垂直裂隙沿其长度方向扩展，直至裂隙贯通，并形成了近似垂直破裂裂隙。

6.3.3 底板岩体位移变化规律

为直观获取模型内各岩层的位移变化，引入基于数字图像相关法（digital image correlation，DIC）的非接触式全场应变测量分析技术对所观测的模型突破进行位移测量。开挖结束后，提取了顶底板岩体破裂过程中的有效图像，并采用德国 LaVsion 公司推出的 DaVis 软件系统处理图像位移；该系统采用多线程技术优化处理程序编码，具有先进的图像处理算法，以及多维图像的智能存储和显示；其可定义任意形状处理区域，并剔除不需要的图像信息[8]。

DaVis 软件系统可将记录下的图像划成问询域尺寸为 16×16 至 96×96 的像素矩阵，在两张图片变化的时间间隔 dt 内，颗粒或标志点在问询域中可通过两个问询域之间基于快速傅里叶变换的互相关运算实现图像位移 ds 计算，并应用包括局部自适应网络技术、变形网格技术及相关平均技术等网格划分技术以及相关算法进一步提高系统性能和结果的准确性。计算流程如图 6.13 所示[8]。

采用相邻图像互相对比提取像素模式，得到后一图像的像素矩阵变化，并将数据保存为 dat 文件，再由 Tecplot 软件将像素矩阵数据格式转换为位移数据图像，处理得到顶底板裂隙扩展破裂过程的位移图像，如图 6.14 和图 6.15 所示。

初次来压前，煤层底板在煤壁压应力和采出空间卸荷作用下，位移向采空区右上方移动，底板表面位移仅约 0.2m。初次来压后，底板位移方向未明显变化，但其表面位移最大增高至约 0.5m，增加约 150%；在采空区中部区域底板深部出现一位移增高明显区域，位移约 0.3m，推断为顶板失稳的扰动载荷作用导致底板应力卸荷。同时，在超前 10m 范围的实体煤底板位移方向也向采空区右上方移动，这说明开采卸荷导致的底板鼓起作用远高于超前支承压力的压实闭合作用。

由图 6.15 可知，裂隙贯通后，底板岩体位移变化明显，尤其是采空区后方岩体位移明显增加，但根据图 6.5～图 6.8，采空区后方并未出现主裂隙，主裂隙仍是由于煤壁的端部效应产生，煤壁两侧底板位移差异大；裂隙贯通时，采空区底板位移主要为垂直位移，等值线基本垂直于底板水平线。为分析底板位移对裂隙扩展的影响，提取处理了工作面推进110m时底板岩体位移的演化过程，如图6.16所示。

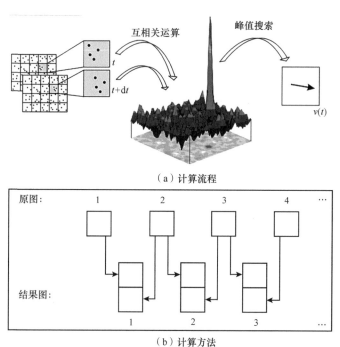

（a）计算流程

（b）计算方法

图 6.13　DaVis 软件图像计算方法 [8]

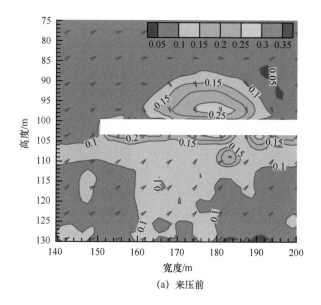

（a）来压前

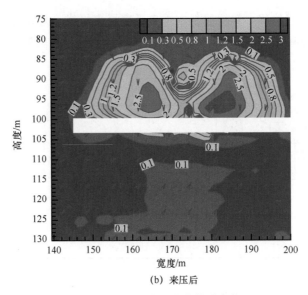

(b) 来压后

图 6.14 初次来压时底板岩体位移变化（m）

由图 6.16 可知，在基本顶岩体失稳扰动作用下，底板岩体逐渐向煤壁侧移动，裂隙萌生时煤壁下方底板位移仍向下，随应力扰动持续，煤壁处位移继续增加，当裂隙贯通时，煤壁处底板鼓起量达到 0.3m，虽然煤壁及实体煤下方底板位移向上，这主要是由于底板扰动应力过大所致，但其裂隙扩展贯通的本质与现场一致，只是其需要煤壁两侧位移错动差异达到一定值才能导致裂隙贯通。而现场煤壁及超前底板为向下压应力，其底板位移向下压缩闭合，与采空区底板鼓起相反，煤壁两侧位移方向差异及错动更易导致裂隙萌生、扩展甚至贯通。

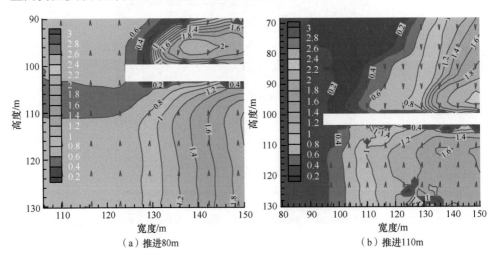

（a）推进80m　　　　　　　　　　　（b）推进110m

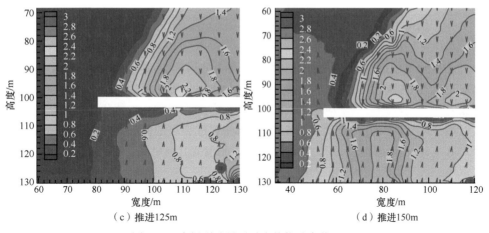

图 6.15 底板裂隙贯通时岩体位移变化（m）

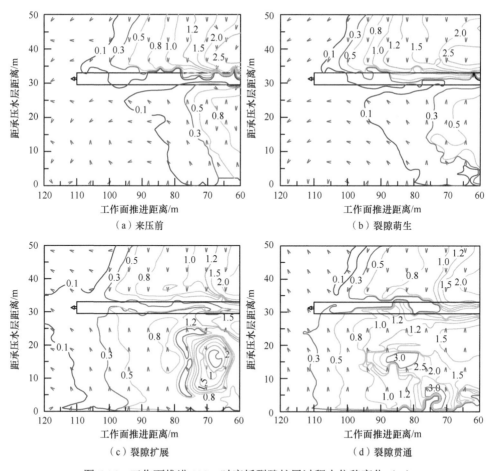

图 6.16 工作面推进 110m 时底板裂隙扩展过程中位移变化（m）

6.4 深部开采底板岩体动态破裂分形几何特征

为摄取实验过程中的高质量图像，始终将分辨率 5472 像素×3648 像素的佳能 EOS70D 型相机固定在实验台正前方约 2m 处，采用数字遥控方式三连拍，并记录采集时间。提取照片后，应用 MATLAB 软件对图像裁剪、二值化、骨骼化、去刺及区域裂隙骨骼二值化处理（图 6.17），再将底板裂隙图像放大以保证裂隙线条清晰，并统计底板裂隙的分形、数量、倾角、长度等几何特征。

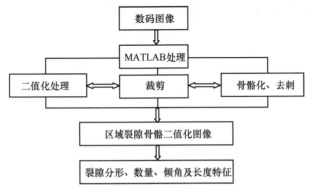

图 6.17 底板裂隙图像处理流程

采用移动平均的图像阈值进行二值化处理，以 zigzag 模式逐线执行以减少光线偏差；令 z_{k_i+1} 表示在第 k_i+1 步扫描顺序时遇到的一个点。在新点处的移动平均（平均灰度）为[9-10]

$$m_k(k_i+1) = \frac{1}{n_1} \sum_{i=k_i+2-n_1}^{k_i+1} z_i = m_k(k_i) + \frac{1}{n_1}(z_{k_i+1} + z_{k_i-n_1}) \tag{6.10}$$

式中，n_1 为计算移动平均使用的点数，$m_k(1)=z_1/n_1$。

同时，采用 Tool Boxes IPT 函数 bwmorph 生成二值图像的骨架，采用 endpoints 函数清除骨架中的毛刺[11]，断开裂隙交点得到各孤立裂隙的单像素裂隙骨架图像。

6.4.1 底板岩体动态破裂分形特征

将经 MATLAB 处理后的图像，导入 Fractal Dimension 数字图像盒维数计算软件，计算得到由盒盖数 N 与盒盖数边长 $(1/S)$ 组成的 $\lg N$-$\lg S$ 双对数图和线性相关系数 r，其拟合直线斜率为底板裂隙的分形维数 D_d[12-13]。对图 6.5～图 6.9 应用 MATLAB 处理后得到底板裂隙网络分布如图 6.18 和图 6.19 所示，计算得到其分形维数如图 6.20 和图 6.21 所示；统计得到推进不同距离时底板岩体裂隙网络分形维数见表 6.3。

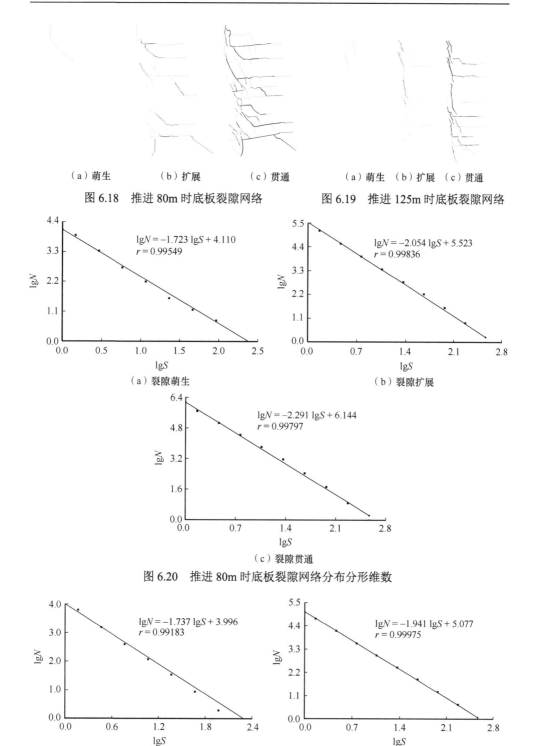

（a）萌生　　　　（b）扩展　　　（c）贯通　　　　（a）萌生　（b）扩展　（c）贯通

图 6.18　推进 80m 时底板裂隙网络　　　图 6.19　推进 125m 时底板裂隙网络

$\lg N = -1.723 \lg S + 4.110$
$r = 0.99549$

（a）裂隙萌生

$\lg N = -2.054 \lg S + 5.523$
$r = 0.99836$

（b）裂隙扩展

$\lg N = -2.291 \lg S + 6.144$
$r = 0.99797$

（c）裂隙贯通

图 6.20　推进 80m 时底板裂隙网络分布分形维数

$\lg N = -1.737 \lg S + 3.996$
$r = 0.99183$

（a）裂隙萌生

$\lg N = -1.941 \lg S + 5.077$
$r = 0.99975$

（b）裂隙扩展

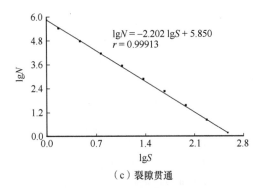

$$\lg N = -2.202 \lg S + 5.850$$
$$r = 0.99913$$

（c）裂隙贯通

图 6.21　推进 125m 时底板裂隙网络分布分形维数

表 6.3　底板岩体裂隙网络分形维数

参数		推进距离				
		80m	110m	125m	150m	170m
裂隙萌生	分形维数	1.723	1.754	1.737	1.759	1.649
	相关系数	0.995	0.988	0.992	0.995	0.987
裂隙扩展	分形维数	2.054	1.872	1.941	2.114	1.830
	相关系数	0.998	0.999	1.000	0.998	0.999
裂隙贯通	分形维数	2.291	2.194	2.202	2.239	1.930
	相关系数	0.998	0.998	0.999	0.998	0.999

根据图 6.18 和图 6.19，底板裂隙萌生时的倾角决定了底板裂隙扩展发育的主裂隙倾角，随着扰动强度增加，分支裂隙发育，且分支裂隙以沟通煤系地层的水平层理为主，即裂隙间优先沟通原生裂隙，并不断向深部扩展，直至裂隙贯通。

由图 6.20 和图 6.21 及表 6.3 可知，随着裂隙扩展程度增加，底板裂隙分形维数增加，裂隙贯通时的分形维数均在 2.2 左右，工作面推进 80m 时分形维数最大为 2.291，推进 110m 时最小也达 2.194，仅相差 0.097，仅为最小值的 4.42%。这说明虽然裂隙贯通时扰动强度不同，但其裂隙网络分形维数差别不大，即在同一地质条件下基本顶失稳扰动强度导致裂隙贯通，形成突水卸荷的裂隙网络分形维数基本一致。

同时，统计了裂隙贯通时底板监测应力与裂隙网络分形维数的关系，如图 6.22 所示。

当底板裂隙贯通时，随着分形维数增加，底板最大应力先增加后减小，两者并未形成必然的相关关系。但底板浅部 1 号测线的最大应力却随分形维数增加不断增加，而底板浅部应力卸荷程度决定了浅部裂隙网络的沟通联络程度，这说明在一定程度上浅部裂隙网络对裂隙分形维数具有重要影响。

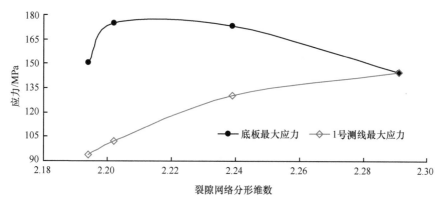

图 6.22　底板裂隙网络分形维数与应力关系

6.4.2　底板裂隙倾角发育特征

将二值化图像裂隙主轴与 x 轴的夹角 β_{x} 作为裂隙方向，计算方法见式（6.11）。导出计算数据并统计各裂隙的倾角及频次绘制成裂隙倾角发育玫瑰图（图 6.23）。

$$\frac{I_{x}}{I_{y}}\sin 2\beta_{x} + I_{xy}\cos 2\beta_{x} = 0 \tag{6.11}$$

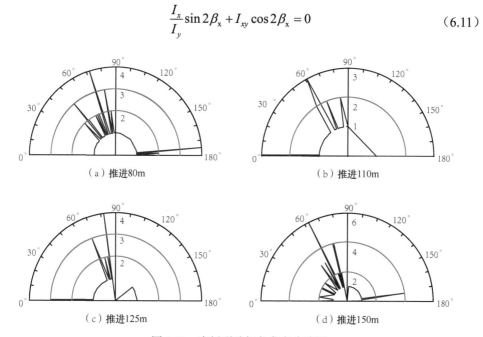

图 6.23　底板裂隙倾角发育玫瑰图

由图 6.23 可知，底板裂隙贯通时具有一定的优势角度，基本在 50°～85°，这与支承压力的传播角和底板岩体的卸荷角度密切相关；底板裂隙发育的主裂隙倾角基本决定了优势破裂带角度的范围，这主要是由于主裂隙形成后，分支裂隙不断延伸扩展并与煤系地层的水平层理沟通所致，并进一步导致水平裂隙增加。若以优势破裂带角度范围内裂隙频次最大值作为主裂隙，则推进80m、110m、125m及150m时其主裂隙倾角分别为72°、61°、82°及63°。

为分析底板主裂隙倾角的形成机制，绘制了底板主裂隙倾角发育示意图（图6.24）。

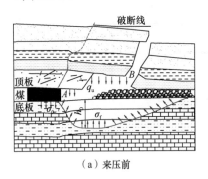 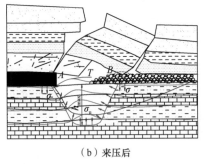 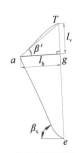

（a）来压前　　　　　　　　（b）来压后　　　　　　（c）倾角计算

图6.24　底板主裂隙倾角发育示意

扰动前，基本顶岩梁结构作用于煤壁及后方采空区矸石上，并形成一定的底板压力拱，而扰动后基本顶岩梁结构失稳形成的扰动载荷通过煤壁及采空区后方矸石对底板应力造成扰动，底板压力拱变化并导致底板应力传播方向发生明显改变如图6.24（b）所示，煤壁两侧形成明显的底板压缩闭合区与卸荷底鼓区，在煤壁压剪作用及采出空间的卸荷作用下，煤壁两侧底板岩体位移向相反方向移动，导致煤壁两侧底板岩体错动形成倾角为 β_x 的主裂隙。主裂隙倾角形成的影响因素有：压力拱角度、应力大小及其传播角、岩体性质与卸荷程度。

由于现场支架后方为采空区垮落矸石，无法观测底板位移量，而在支架护顶范围内可观测底鼓量，且煤壁的压剪作用和采场底板的卸荷作用在煤壁两侧对底板裂隙的形成起主导作用，现场可根据采空区侧煤壁附近的底鼓量估算底板主裂隙的倾角如图6.24（c）所示。监测煤壁端采场内底鼓量较大的点 T，设其底鼓量为 l_v，距煤壁的水平距离为 l_h，在 $\triangle agT$ 和 $\triangle aeT$ 内，可根据三角函数估算 β_x 见式（6.12）：

$$\beta_x = 90° - \beta' = 90° - \arctan(l_v/l_h) \tag{6.12}$$

以所做相似模拟为例，分别统计不同推进距离时煤壁后方5m内底板表面岩体的最大位移点及其距煤壁的距离见表6.4。

分析可知，估算值与主裂隙倾角相近，最大相差约7.2°，最小仅差1.3°，故根据式（6.12）可判定底板主裂隙的发育角度，并可依据其优化注浆加固改造技术。

表 6.4 底板主裂隙倾角统计

参数	推进距离			
	80m	110m	125m	150m
l_v/m	0.6	0.4	0.3	1.2
l_h/m	2	1	3	3
估算 $\beta_{x'}$/(°)	73.3	68.2	84.3	68.2
主裂隙实际 $\beta_{x'}$/(°)	72	61	82	63

6.4.3 底板裂隙长度与数量发育特征

将裂隙二值化图像通过累加孤立裂隙的单像素骨架图像像素点（斜直线、垂直线、平直线）获取图像中全部孤立裂隙的总长度，最后根据图像像素与实验底板实际厚度的比例将裂隙转换为实际长度 [14-15]，转换后的裂隙长度特征如图 6.25 所示。

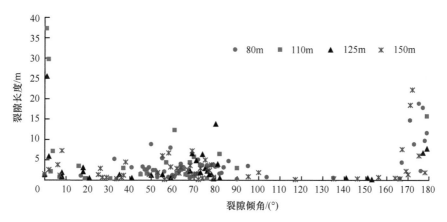

图 6.25 不同底板裂隙倾角的长度特征

由图 6.25 可知，底板裂隙倾角集中分布于 50°～85°，但推进 125m 时 70°～82° 裂隙更集中，即优势角度更集中，分布范围小，进而形成了近似垂直裂隙贯通模式；而其余裂隙的分布范围大，优势角度较分散，分支裂隙更多，并形成了倾斜裂隙破裂模式。同时，裂隙发育优势角度范围内，推进 125m 时倾角 82° 的裂隙最长约 13.77m，而其水平裂隙最长达 25.53m，增加了 11.76m，增加约 85.40%；其他推进距离下，优势角度范围内的裂隙长度与水平裂隙长度差距更大，如推进110m 时两者差距达 25.00m，故优势角度或主裂隙的长度普遍小于水平裂隙长度。这也说明主裂隙倾角越大，煤壁的压剪作用越强，分支裂隙越少，越不易沟通煤系地层的水平层理，且水平裂隙扩展范围较小；而主裂隙倾角越小，煤壁的压剪和采场底板卸荷的叠加作用导致分支裂隙越发育，更多为分支裂隙沟通水平层理裂隙，并诱导水平裂隙扩展延伸。

6.5 本章小结

本章应用二维相似材料模型模拟了深部开采时底板岩体的动态破裂演化过程，研究了底板岩体裂隙的分形几何特征，主要得到以下结论。

（1）应用相似模型实验验证了深部开采顶底板的初次失稳联动特征，且基本顶初次失稳后，采空区中部跨中触矸底板处存在一压应力增高区，位移由垮断前向上鼓起转变为向下压缩，而煤壁端底板压缩变形加剧。

（2）将开采卸荷作用下底板裂隙的扩展破裂划分为倾斜破裂模式和近似垂直破裂模式两种。倾斜破裂模式的主裂隙均呈倾斜扩展演化，分支裂隙向采空区方向扩展，直至与煤系地层水平层理斜交；近似垂直破裂模式的主裂隙近似垂直，分支裂隙发育长度较短，且与水平层理沟通的裂隙少；同时，在煤壁压剪作用和采空区底板应力卸荷作用下，底板裂隙先沿煤壁端萌生并逐渐扩展形成主裂隙，卸荷应力继续增加，则水平层理发育并与主裂隙沟通，贯通后主裂隙与水平层理夹角处裂隙最宽。

（3）提取计算了底板应变片的监测数据，研究得出：在底板裂隙扩展过程中，煤壁底板附近测点应力均逐渐增加，但底板裂隙贯通时测点应力峰值不同；由于煤壁端部效应区的强压剪作用导致垂直裂纹萌生，而卸荷区底板岩体未与其同步错动促进了近似垂直裂隙破裂模式的形成。

（4）应用 DaVis 软件系统处理相似模型实验所摄取图像的位移，得到：深部开采时煤壁端部效应区底板位移压缩闭合，而采空区底板卸荷鼓起，煤壁两侧位移方向差异及错动更易导致裂隙萌生、扩展甚至贯通。

（5）根据实验拍摄的高质量图像，应用 MATLAB 软件进行了二值化处理，并导入 Fractal Dimension 数字图像盒维数计算软件计算了底板裂隙的分形维数特征，统计得到了底板裂隙的倾角、长度及数量发育特征。结果表明：随裂隙扩展破裂程度增加，裂隙网络分形维数增加，但裂隙贯通时的分形维数均在 2.2 左右；底板裂隙发育时的优势角度在 50°～85°，并基本由主裂隙倾角决定，提出了现场根据采空区侧煤壁附近的底鼓量估算主裂隙倾角的公式；裂隙近似垂直破裂模式时，70°～82° 优势角度更集中，而倾斜破裂模式的裂隙优势角度较分散，分支裂隙更多。主裂隙倾角越大，分支裂隙越少，越不易沟通煤系地层的水平层理；而主裂隙倾角越小，分支裂隙越发育，越易沟通水平层理裂隙。

参 考 文 献

[1] 张明建, 郜进海, 魏世义, 等. 倾斜岩层平巷围岩破坏特征的相似模拟试验研究[J]. 岩石力学与工程学报, 2010, 29(S1): 3259-3264.

[2] 程卫民, 孙路路, 王刚, 等. 急倾斜特厚煤层开采相似材料模拟试验研究[J]. 采矿与安全工程学报, 2016, 33(3): 387-392.

[3] 王崇革, 王莉莉, 宋振骐, 等. 浅埋煤层开采三维相似材料模拟实验研究[J]. 岩石力学与工程学报, 2004, 23(S2): 4926-4929.

[4] Cheng J W, Liu F Y, Li S Y. Model for the pre-diction of subsurface strata movement due to underground mining[J]. Journal of Geophysics and Engineering, 2017, 14: 1608-1623.

[5] 李春元. 深部强扰动底板裂隙岩体破裂机制及模型研究[D]. 北京: 中国矿业大学 (北京), 2018.

[6] Li Z H, Zhang H L, Du F. Novel experimental model to investigate fluid-solid coupling in coal seam floor for water inrush[J]. Technical Gazette, 2017, 25(1): 216-223.

[7] 赵毅鑫, 姜耀东, 吕玉凯, 等. 承压工作面底板破断规律双向加载相似模拟试验[J]. 煤炭学报, 2013, 38(3): 384-390.

[8] LaVision GmbH. Product-Manual for DaVis 8.3[R]. Göttingen: LaVision GmbH, 2015.

[9] Gonzalez R C, Woods R E, Eddin S L. 数字图像处理的 MATLAB 实现[M]. 2 版. 北京: 清华大学出版社, 2013.

[10] Ingle V K, Proakis J G. Digital image processing using MATLAB[M]. 2nd ed. Stamford: Cengage Learning, 2010.

[11] 熊伟, 谢剑薇, 曾峦. 检测骨架图形特征点的新方法[J]. 红外与激光工程, 2002, 31(4): 301-304.

[12] Zuo J P, Li Z D, Zhao S K, et al. A study of fractal deep-hole blasting and its induced stress behavior of hard roof strata in bayangaole coal mine, China[J]. Advances in Civil Engineering, 2019, 2019(Pt.2): 9504101.1-9504101.14.

[13] 王志国, 周宏伟, 谢和平. 深部开采上覆岩层采动裂隙网络演化的分形特征研究[J]. 岩土力学, 2009, 30(8): 2403-2408.

[14] 黎伟, 刘观仕, 姚婷. 膨胀土裂隙图像处理及特征提取方法的改进[J]. 岩石力学, 2014, 35(12): 3622.

[15] 曹玲, 王志俭. 土体表面干缩裂隙的形态参数定量分析方法[J]. 长江科学院院报, 2014, 31(4): 63-67.

7 深部开采底板岩体卸荷破裂力学机理

根据表 1.2 及以往突水实例，采场底板突水多位于卸荷状态的采空区并表现为滞后型突水[1-3]；并且采场底板突水为非平衡条件下裂隙岩体破裂诱发失稳突变的非线性过程，加之深部开采强烈的卸荷作用进一步驱动了采场底板岩体的破裂，从而形成了深部开采底板卸荷破裂致灾的本质。基于此，可从深部开采基本顶失稳后采场底板强烈的卸荷破裂作用入手，结合卸荷岩体力学及离散元模拟研究深部开采底板岩体卸荷的强扰动特征，揭示深部开采底板岩体的卸荷破裂致灾机理，进而评价深部开采底板卸荷破裂的强扰动危险性。

7.1 深部开采卸荷与底板变形破裂关系

煤层开采后，采场附近煤岩体处于卸荷状态，并经历从原岩应力向垂直应力 σ_1 升高，水平应力 σ_3 递减至破裂的完整采动力学过程。而深部开采岩体垂直应力、水平应力及扰动强度的增加导致其初始储能增高，对应处于压缩状态的弹簧如图 7.1（b）所示；在卸荷作用下，底板岩体获得补偿空间，处于压缩状态的深部岩体"回弹"能力更强，从而形成强烈的卸荷效应并表现出明显的强扰动特征。

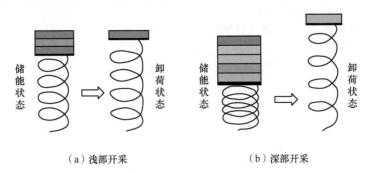

（a）浅部开采　　　　　　　　（b）深部开采

图 7.1　底板岩体卸荷状态示意

7.1.1 开采卸荷与底板破裂深度关系

深部采场底板在开采卸荷前 σ_3 较浅部增加，受支承压力影响采场前方实体煤下部底板 σ_1 增高，由此造成底板岩体卸荷起点增高，开采卸荷后，在临空作用下岩体应力不断卸荷并向底板深部扰动扩展。为分析卸荷起点及卸荷量对底板深部岩体裂隙扩展破裂的影响，设底板应力卸荷起点为 σ，开采后岩体内应力卸荷至 σ'，卸荷应力 $\Delta\sigma=\sigma-\sigma'$，则卸荷量 δ_0 为 [4]

$$\delta_0 = \frac{\sigma - \sigma'}{\sigma} \times 100\% = \frac{\Delta\sigma}{\sigma} \times 100\% \qquad (7.1)$$

当 $\delta_0=0$ 时，底板岩体将不产生卸荷，并形成底板深部岩体的应力再平衡效应，故可根据应力卸荷量沿煤层底板走向和垂向划分底板卸荷分区，以确定岩体破裂的深度特征，从而为评估采场底板突水危险性提供依据。

7.1.2 开采卸荷与底板流变损伤关系

受采深、地质条件等因素影响，底板不同深度处应力卸荷起点不同，导致其卸荷时间及速率产生差异。将底板隔水层厚度范围内应力随时间变化的函数设为 $\sigma(t)$，$\sigma(t)$ 随时间变化的比值视为应力卸荷速率 V，则

$$V(t) = \mathrm{d}\sigma(t)/\mathrm{d}t \qquad (7.2)$$

由于底板突水为底板岩体破裂诱发失稳突变的非线性卸荷过程，故 V 为因变量，是时间 t 的函数。当卸荷速率相同时，深部岩体卸荷起点增高导致其卸荷稳定时间更长，当外部载荷大于岩体长期强度时，随时间推移岩体将进入加速流变阶段并最终破裂。为准确描述卸荷岩体的非线性流变特征，结合在 Burgers 流变模型的黏滞系数计算方法，可得非线性损伤流变方程，见式（7.3）[4]：

$$\begin{cases} \varepsilon = \dfrac{\sigma}{E_{\mathrm{M}}} + \left(\dfrac{\sigma}{\eta_{\mathrm{M}}}\right)t + \dfrac{\sigma}{E_{\mathrm{K}}}\left(1 - \mathrm{e}^{\frac{E_{\mathrm{K}}t}{\eta_{\mathrm{K}}}}\right), & t < t^* \\[3mm] \varepsilon = \dfrac{\sigma}{E_{\mathrm{M}}} + \left(\dfrac{\sigma}{\eta_{\mathrm{M}}}\right)\left\{[a_0\Delta\sigma]^{b_0(t-t^*)}\right\}t + \dfrac{\sigma}{E_{\mathrm{K}}}\left(1 - \mathrm{e}^{\frac{E_{\mathrm{K}}t}{\eta_{\mathrm{K}}}}\right), & t \geq t^* \end{cases} \qquad (7.3)$$

式中，ε 为岩体的总应变；σ 为 t 时刻岩体的应力；E_{M}、η_{M} 及 E_{K}、η_{K} 分别为 Maxwell 体、Kelvin 体的弹性模量与黏滞系数；t^* 为岩体从稳态匀速阶段过渡到加速流变的临界时刻；a_0、b_0 为岩体参数。其中，岩体加速流变过程中损伤因子 D 为卸荷应力 $\Delta\sigma$ 与时间的指数函数关系，其损伤演化方程为

$$D = 1 - (a_0\Delta\sigma)^{-b_0(t-t^*)} \qquad (7.4)$$

深部岩体由于应力卸荷起点增大，当岩体参数及开采速度相同时，D 增大，损伤程度增加。在岩体初期衰减及匀速稳态流变阶段即 $t<t^*$ 时，深部采场底板岩体 ε 随 σ 增加线性增加；而当底板岩体卸荷进入加速流变阶段后即 $t \geq t^*$ 时，ε 由于 δ_0 增加必然非线性骤增。因此，深部岩体的流变变形破坏能力较浅部更强，加上微裂隙的存在，随时间延长其累积损伤将演化为宏观破裂，并导致裂隙贯通。

根据岩石三轴卸荷试验，卸荷速率越大，破裂越严重；相同卸荷速率下，孔隙水压越大，越易破裂；孔隙水压越大，破裂时张性裂隙和次生裂隙越多[5]。故在高承压水压力作用下，若深部岩体卸荷时间短，卸荷速率增大将导致岩体破裂程度增加；若卸荷时间长则易使岩体加速流变破裂，并造成裂隙扩展贯通。

7.2 深部开采底板岩体卸荷的强扰动特征

为研究底板岩体卸荷损伤的强扰动特征并进一步分析开采卸荷对底板的扰动影响程度，根据赵固一矿深部采场地质及开采条件运用离散元软件 3DEC 建立采深 H 为 300m、700m、1100m 和 1500m 的围岩赋存环境模型，并采用第 4 章相同的方法循环开挖深部开采模型，直至基本顶岩梁失稳为止。

深部开采后，σ_1、σ_3 若卸荷稳定后仍处于弹性阶段，根据式（7.1）可形成卸荷起点至卸荷到弹性阶段的 $\Delta\sigma$ 与 δ_0，此时底板岩体仅产生弹性变形；若 σ_1、σ_3 卸荷起点满足式（4.1）使 $f_s \geq 0$，且卸荷后仍处于压应力状态，则 $\Delta\sigma$ 与 δ_0 由压剪应力峰值至卸荷稳定后的应力形成，同时岩体产生塑性流动变形，根据式（7.3）及式（7.4）将造成流变损伤；若 σ_1、σ_3 卸荷稳定后满足式（4.2）使 $f_t \geq 0$，流变损伤已在其卸荷过程中的压剪破裂阶段产生，$\Delta\sigma$ 与 δ_0 由压剪应力峰值至拉伸破裂阶段的应力形成。

7.2.1 深部开采底板应力卸荷量特征

为直观反映浅部、深部开采基本顶失稳状态及底板应力分布的差异，导出不同采深下顶板失稳后的采场围岩垂直应力分布图（图 7.2）。

根据图 7.2，随采深增加，采场超前支承压力影响范围及采场卸荷区范围明显增加。采深 1100m 时的 σ_1 峰值达 143.9MPa，约为采深 300m 时 68.3MPa 的 2.1 倍，两者相比原岩应力仅增加约 20.0MPa，但 σ_1 峰值增加却达 75.6MPa，为原岩应力增加值的 3.8 倍。根据支承压力在底板中的传播规律，采场底板的支承压力峰值随之提高，其作为开采后底板岩体应力的卸荷起点相应提高（图 7.3），并导致底板岩体的卸荷能力及卸荷范围均增加。当采深 1100m 时底板岩体卸荷至拉应力的最大值达 39.1MPa，为采深 300m 时 19.6MPa 的 2.0 倍；同时，采深 1100m 时底板卸荷扰动深度已至 L_8 灰岩底边界，而采深 300m 时仅至砂质泥岩层。

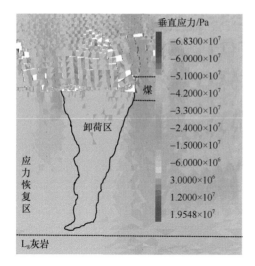

（a）采深300m

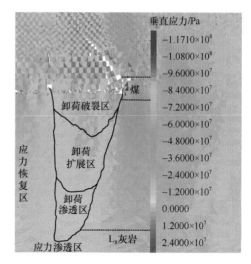

（b）采深700m

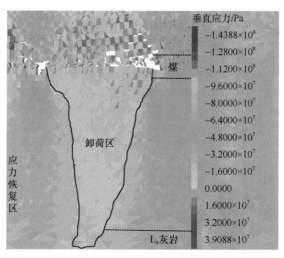

（c）采深1100m

扫码见彩图

图 7.2　不同采深下顶板失稳后采场围岩垂直应力分布

　　同时，为统计底板不同深度处及距采场不同距离的岩体卸荷特征，每隔 2m 在采场底板 30m 以浅区域设置测线，受 σ_1 卸荷释放能力强影响，底板岩体的错动、回转、挤压及偏移导致 σ_3 变化不稳定，统计时仅分析其卸荷起点大的分段；统计了顶板失稳后距采场煤壁 2m 处的岩体卸荷起点应力，如图 7.3 所示。

　　由图 7.3 可知，随采深增加，采场底板深部岩体的卸荷起点应力增加；采深 1100m 以浅时 σ_1 及 σ_3 卸荷起点峰值分别在底板表面及距采场底板 2m 处，而当采深达 1500m 时，其卸荷起点峰值距采场底板均为 5m，卸荷起点峰值向深部转

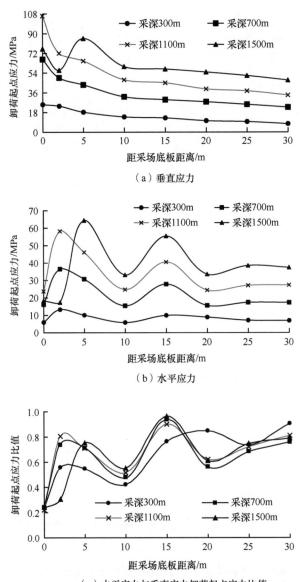

（a）垂直应力

（b）水平应力

（c）水平应力与垂直应力卸荷起点应力比值

图 7.3　不同采深下采场底板岩体卸荷起点应力特征曲线

移。当采深 1100m 时底板表面岩体 σ_1 卸荷起点应力 106.0MPa 约为采深 300m 时 25.2MPa 的 4.2 倍；而采深 1500m 时底板表面岩体已破裂，σ_1 卸荷起点峰值转移至底板 5m 深度处，为 85.5MPa，分别为采深 300m、700m、1100m 时的 4.7 倍、2.0 倍、1.3 倍。同时，σ_1 卸荷起点与原岩应力相比的应力增量随采深增加而增加，采场底板 30m 处其差值最小，分别为 1.7MPa、6.8MPa、7.7MPa、11.4MPa；σ_3 卸荷起点规律与垂直应力基本相同，其差异为卸荷起点应力峰值及卸荷程度较垂直应力均较小；向采场底板深部 σ_3 与 σ_1 卸荷起点比值逐渐增加，直至原岩应力区比值增至 1，但采深为 700m 以深时扰动对底板的影响深度大，比值增加缓慢。

受开采煤层压缩变形影响，采场底板表面监测点被挖去并表现为未卸荷，且根据图 7.2 底板表面岩体已卸荷至零或拉应力，其卸荷量对整体规律无影响不做统计，根据式（7.1）统计绘制不同采深下底板岩体的应力卸荷量变化曲线，如图 7.4 所示。

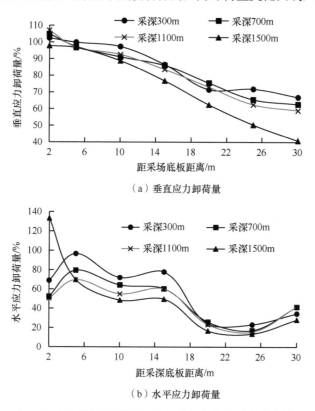

（a）垂直应力卸荷量

（b）水平应力卸荷量

图 7.4　不同采深下采场底板岩体应力卸荷量变化曲线

与卸荷起点应力曲线不同，随采深增加，底板应力卸荷量却降低，但其 $\Delta\sigma$ 增加，且越向底板深部 σ_3 卸荷量差异越小；同一采深时，越向底板深部其卸荷量越小，越向底板深部 σ_1 与 σ_3 的卸荷量差值越大。根据式（7.1），采深增加后，卸荷起点应力增加，而 $\Delta\sigma$ 的增加值较卸荷起点应力小导致卸荷量降低；但根据式（7.4），$\Delta\sigma$ 增加，D 增加，虽然卸荷量降低但采深增加后其扰动程度并未减小，采深增加亦加剧了底板岩体的损伤。当采深 1500m 时，σ_1 及 σ_3 的最小卸荷量分别为 40.8%、13.7%，两者相差 27.1 个百分点；底板 20m 以深时不同采深的 σ_3 卸荷量差值最大也仅 13.2%，故与 σ_1 相比，σ_3 对底板卸荷的影响较小。

7.2.2 深部采场底板岩体卸荷时效特征

为分析深部采场的卸荷时效特征，统计了底板岩体卸荷起点 σ 及开采稳定后应力 σ' 的卸荷时刻，并根据式（7.2）绘制了其卸荷速率变化曲线，如图 7.5 所示。

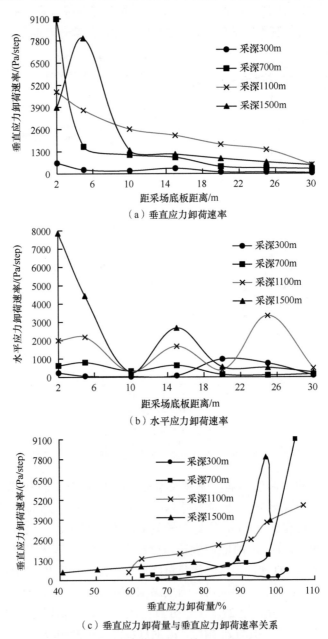

（a）垂直应力卸荷速率

（b）水平应力卸荷速率

（c）垂直应力卸荷量与垂直应力卸荷速率关系

图 7.5　不同采深下采场底板岩体卸荷速率变化曲线

分析可知，采深 1100m 以浅的卸荷速率随采深增加而增加；当采深达 1500m 时，受深部高围压限制卸荷速率降低。底板浅部的卸荷速率最大，采深 1100m 时最大卸荷速率达 9084.9Pa/step，是采深 300m 时最大值 627.6Pa/step 的 14.5 倍，差异大，故采深越深底板岩体达到加速流变的时间越短，根据式（7.4）深部岩体的流变变形将更易出现非线性骤增；而向底板深部岩体卸荷速率逐渐减小，但在采场底板 30m 处采深 1100m 的卸荷速率仍为采深 300m 的 10.4 倍。同时，随 σ_1 卸荷量增加，其卸荷速率非线性增加，卸荷量越大，卸荷速率越快，且采深越大，卸荷速率增加越快；当岩体卸荷量达一定值时，卸荷速率将突变，采深 700m、1500m 时卸荷速率突变时的卸荷量分别为 97.3%、88.8%，采深越大卸荷速率突变时的卸荷量越低，故深部采场较小的卸荷速率即可对岩体造成较大扰动。

7.2.3 深部采场底板岩体位移特征

统计得到了不同采深时底板岩体卸荷后的垂直位移及水平位移曲线，并绘制了垂直应力卸荷量与垂直位移关系曲线，如图 7.6 所示。

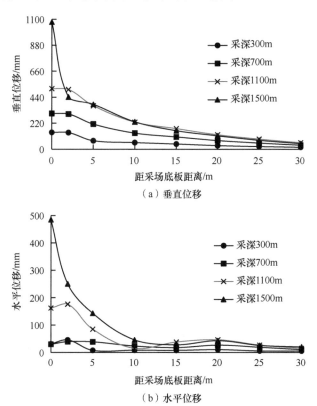

（a）垂直位移

（b）水平位移

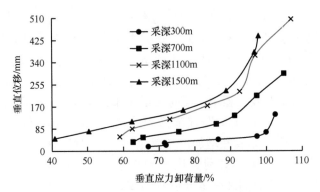

（c）垂直应力卸荷量与垂直位移关系曲线

图 7.6　不同采深下采场底板岩体位移曲线

分析可知，应力卸荷后，底板岩体位移随采深增加而增大，且底板浅部位移差异大，向深部差异逐渐减小。当采深 1500m 时，其垂直位移及水平位移的最大值分别为 1076.5mm、485.0mm，分别为采深 300m 时最大值 142.2mm、45.7mm 的 7.6倍、10.6 倍；而底板深部 30m 处时岩体位移差值最小，但采深 1500m 仍为采深300m 的 2.8 倍、3.9 倍。因此，采深加大后，底板岩体卸荷程度的加大导致岩体位移的骤增，采深越大岩体卸荷能力越强，对岩体损伤破裂的扰动强度越大，越有利于岩体内部裂隙扩展。

同时，随 σ_1 卸荷量增大，岩体垂直位移量不断增加，当卸荷至一定程度时，岩体将失稳突变，深部岩体的突变点卸荷量较浅部小，采深 300m 突变点的卸荷量为 99.9%，而深部采深 700m、1100m、1500m 时突变点的卸荷量分别为 91.2%、92.6%、88.8%，较浅部 300m 采深时分别降低了 8.7 个百分点、7.3 个百分点、11.1 个百分点。因此，深部开采较小的岩体卸荷量即可导致较大的损伤、变形或破裂，深部采场的岩体卸荷量在一定程度上决定了其损伤破裂程度。

7.3　深部开采底板岩体卸荷破裂力学机理

根据前述，深部开采岩体 δ_0 与 D 对底板裂隙的扩展破裂具有显著影响，故可基于底板岩体的卸荷损伤程度建立裂隙扩展破裂模型，以分析不同卸荷损伤条件下底板裂隙的扩展破裂程度及致灾机理。

7.3.1　深部开采底板卸荷岩体质量评价

为分析开采后卸荷量对岩体损伤劣化的影响并评价深部采场卸荷岩体质量，可建立卸荷量与损伤因子 D 的关系。首先，根据有效应力概念和应变等价原理，

可确定 D，如式（7.5）[6]：

$$D = 1 - \frac{E_t}{E_{t0}} \tag{7.5}$$

式中，E_t、E_{t0} 为卸荷时、卸荷起点的变形模量。

根据三轴试验研究，可得卸荷过程中卸荷量与变形模量的关系，见式（7.6）[7]：

$$E_t = E_{t0}(1 - a_2\delta_0^{b_2}) \tag{7.6}$$

式中，a_2、b_2 为拟合参数，可根据试验拟合得到。

联合式（7.5）和式（7.6）可得

$$D = a_2\delta_0^{b_2} \tag{7.7}$$

故随 δ_0 增加，D 呈指数式增长，采深越大，卸荷对底板损伤影响越大，岩体损伤劣化程度越严重。

同时，根据弹性模量与岩体地质力学分类指标值（rock mass rating，RMR）之间的经验公式可得底板卸荷岩体的 RMR，见式（7.8）[4]：

$$RMR = 40\lg E_t + 10 \tag{7.8}$$

对比卸荷前后岩体 RMR，应力卸荷区卸荷量不同，其岩体质量劣化程度不同，可结合式（7.7）对底板岩体进行卸荷分区，以此分析卸荷对岩体质量的影响。

7.3.2 深部开采底板岩体卸荷破裂灾变机理

由于底板岩体卸荷至拉应力时仅在底板浅部（图7.2），且现场拉应力范围内裂隙岩体破裂最严重，而底板突水主要取决于底板深部岩体卸荷导致裂隙扩展破裂的能力，故暂不分析岩体卸荷至拉应力时的裂隙破裂失稳，仅分析卸荷至零时裂隙的失稳扩展能力。

煤层开采后，采场底板应力先增高后卸荷，卸荷作用相当于在增高后的应力场中施加一个反向的拉应力[4]，或由于卸荷导致岩体差异变形而形成垂直于卸荷面的拉应力 T[8]，如图7.7所示。设卸荷后的 σ_1 和 σ_3 分别减小 $\Delta\sigma_1$ 和 $\Delta\sigma_3$，卸荷量分别为 δ_1 和 δ_3，裂隙面与 σ_3 的夹角为 α_t，则卸荷后垂直应力和水平应力分别为 $\sigma_1-\Delta\sigma_1$、$\sigma_3-\Delta\sigma_3$，则卸荷后作用在裂隙面 AB 上的法向应力 σ_{AB} 和剪应力 τ_{AB} 如式（7.9）[8]：

$$\begin{cases} \sigma_{AB} = (\sigma_1 - \Delta\sigma_1)\cos^2\alpha_t + (\sigma_3 - \Delta\sigma_3)\sin^2\alpha_t \\ \tau_{AB} = \dfrac{(\sigma_1 - \Delta\sigma_1) - (\sigma_3 - \Delta\sigma_3)}{2}\sin 2\alpha_t \end{cases} \tag{7.9}$$

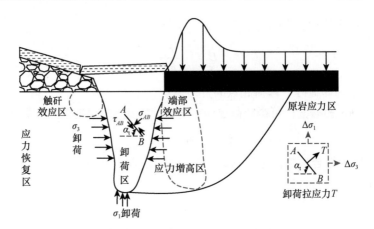

图 7.7 底板裂隙岩体卸荷破裂模型

当卸荷导致的差异变形在裂隙面法向方向引起的拉应力 T 大于 σ_{AB} 时，裂隙面将失稳扩展，即

$$T > \sigma_{AB} \tag{7.10}$$

卸荷拉应力 T 为 $\Delta\sigma_1$ 和 $\Delta\sigma_3$ 作用于裂隙面 AB 上的法向应力，计算方法与 σ_{AB} 相同，但方向相反；而由式（7.1）推出 $\Delta\sigma_1=\delta_1\sigma_1$，$\Delta\sigma_3=\delta_3\sigma_3$，联合式（7.9）和式（7.10）可得裂隙卸荷的扩展破裂条件，见式（7.11）：

$$\delta_1\cos^2\alpha_t > \frac{1}{2}\cdot\frac{\sigma_3}{\sigma_1}(1-2\delta_3)\sin^2\alpha_t + \frac{1}{2}\cos^2\alpha_t \tag{7.11}$$

结合式（7.7）可得裂隙卸荷破裂与 D 的关系式：

$$\left(\frac{D_1}{a_1}\right)^{\frac{1}{b_1}}\cos^2\alpha_t > \frac{1}{2}\cdot\frac{\sigma_3}{\sigma_1}\left[1-2\left(\frac{D_3}{a_3}\right)^{\frac{1}{b_3}}\right]\sin^2\alpha_t + \frac{1}{2}\cos^2\alpha_t \tag{7.12}$$

式中，D_1、D_3 分别为 σ_1 和 σ_3 卸荷时的损伤因子；a_1、b_1 与 a_3、b_3 分别为 σ_1 和 σ_3 卸荷时的试验拟合参数。

据此可知，底板裂隙岩体卸荷后，当卸荷量 δ_0 或损伤因子 D 及裂隙倾角 α_t 满足式（7.11）或式（7.12），底板裂隙必然扩展破裂，而 δ_0、D 的大小与底板裂隙岩体距采场底板的深度密切相关，故在采场底板岩体卸荷破裂深度大于隔水层厚度时将诱发底板突水。

7.3.3 深部开采底板岩体渗透破裂演化机制

深部开采由于承压水压力增大，渗透作用导致裂隙面上的有效应力 σ_{ne} 降低，进一步加大了裂隙岩体的变形扩展程度。同时，受开采扰动和卸荷影响，底板应力场变化导致不同区域裂隙渗透作用机制变化。

7.3.3.1 端部效应区渗透破裂

Louis 根据压水试验建立了加荷时渗透系数与有效应力 σ_{ne} 的关系式[9-10]：

$$K = K_0 e^{(-\lambda_w \sigma_{ne})} \tag{7.13}$$

式中，K_0、K 分别为未受开采扰动、加荷时岩体渗透系数；λ_w 为耦合系数，取决于裂隙性态，可通过室内试验或相关文献确定。

为表征裂隙的破裂程度，引入系数 α_{ne} 以反映岩体内裂隙连通面积与总面积之比，则渗透水压在裂隙面上的法向应力为 $\alpha_{ne}q$，q 为裂隙面的渗透水压。结合莫尔-库仑准则，则裂隙面所承受的 σ_{ne} 可表示为

$$\sigma_{ne} = \sigma_n - \alpha_{ne}q = \sigma_1 \sin^2\beta_t + \sigma_3 \cos^2\beta_t - \alpha_{ne}q \tag{7.14}$$

式中，σ_n 为外力作用在裂隙面的法向应力；β_t 为裂隙面与竖直方向的夹角。

联合式（7.13）和式（7.14）可求端部效应区的渗透系数变化。深部开采扰动时，由于超前压应力作用，端部效应区裂隙岩体压缩变形，当 $\sigma_1 < \sigma_{1(cc)}$ 时，σ_{ne} 增大，λ_w 及 α_{ne} 基本不变造成渗透系数减小；当 $\sigma_1 \geqslant \sigma_{1(cc)}$ 时，次生裂隙失稳扩展导致裂隙数量增加，λ_w 减小，α_{ne} 增大导致底板岩体渗透系数升高。

而当扰动强度增大导致底板应力大于煤岩体裂隙扩展的极限强度时，裂隙扩展程度减弱，并以压缩闭合为主，即 σ_{ne} 的增大作用远大于 λ_w 及 α_{ne}，导致底板岩体渗透系数降低。故扰动强度不同，端部效应区岩体渗透系数呈现不同的变化，但扰动强度增加导致的裂隙扩展破裂程度增大，将更有利于卸荷区的裂隙发育和渗透。

7.3.3.2 卸荷区渗透破裂

在底板卸荷区岩体卸荷，由于岩体卸荷与加荷过程的力学路径不同，深部高应力的强卸荷作用导致裂隙张开，渗透系数显著增加。依据卸荷渗透试验[11]，卸荷岩体的卸荷量与渗透系数的关系式为

$$K' = K_{n0}\left(1 + \frac{\alpha_u q}{1 - \delta_e}\right) \tag{7.15}$$

式中，K_{n0}、K' 分别为卸荷起点、卸荷时的渗透系数；δ_e 为有效卸荷量，$\delta_e = (\sigma_{n0} - \sigma'_{ne})/\sigma_{n0}$，$\sigma_{n0}$、$\sigma'_{ne}$ 分别为卸荷起点、卸荷后的有效应力；α_u 为试验系数，取 0.07。

变换式（7.15），可得

$$K'/K_{n0} = 1 + \frac{\alpha_u q}{1 - \delta_e} \tag{7.16}$$

根据式（7.16），采场底板岩体卸荷后，δ_e 增大，K'/K_{n0} 非线性增长，则底板岩体裂隙扩展破裂程度增加；当卸荷量增加至一定程度时，裂隙岩体渗透系数将发生突变骤增。而与浅部相比，深部开采 σ 增加后在一定程度上必然引起卸荷量及卸荷应力的增加，故深部开采底板岩体卸荷后裂隙扩展破裂程度及渗透系数均增加，将更有利于底板卸荷突水通道的形成。

为进一步分析应力卸荷量及承压水压力对渗透系数的影响规律，令 q 分别为 1.0MPa、4.0MPa、7.0MPa、10.0MPa 及 13.0MPa，α_u 仍为 0.07，获得了不同承压水压力下应力卸荷量与渗透系数的关系曲线，如图 7.8 所示。

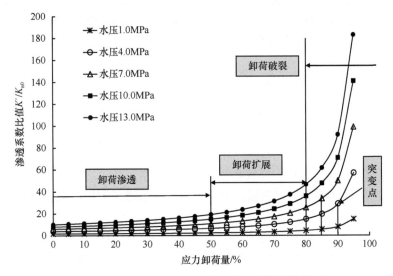

图 7.8 底板岩体应力卸荷量与渗透系数比值关系

由图 7.8 可知，随应力卸荷量增加，岩体内渗透系数比值 K'/K_{n0} 呈非线性升高。当岩体应力卸荷量小于 50% 时，K'/K_{n0} 近似线性增加，各承压水压力下的 K'/K_{n0} 差异不大；当岩体应力卸荷量大于 50% 时，K'/K_{n0} 增长速率加快，各承压水压力下的 K'/K_{n0} 差异开始变大；当岩体应力卸荷量大于 80% 后，K'/K_{n0} 出现了突变增长。承压水压力越高，K'/K_{n0} 突变点处的应力卸荷量越低，即随承压水压力增加，K'/K_{n0} 突变点处的岩体卸荷量降低。

根据前述，采深加大后，底板岩体卸荷程度的加大导致岩体位移骤增；当卸荷至一定程度时，岩体将破裂失稳，深部开采较小的岩体卸荷量即可导致较大的损伤破裂，则深部开采底板岩体在较小的应力卸荷量下即可导致岩体渗透系数发生突变。因此，在应力卸荷作用下，若深部采场底板岩体卸荷破裂深度大于隔水层厚度，底板隔水层厚度内的岩体渗透系数将发生突变，深部开采底板卸荷破裂必然诱发底板突水，由此从卸荷破裂角度揭示了深部开采底板的突水灾变机理。

7.3.3.3　深部开采底板岩体渗透破裂演化机制

　　由于卸荷区岩体卸荷起点为端部效应区岩体所受叠加应力作用的峰值点，故联合式（7.13）～式（7.15）可得卸荷区底板岩体的渗透系数。而深部卸荷起点越高，裂隙岩体卸荷后有效卸荷量越大，渗透系数越大，K' 非线性增长，当卸荷至一定值时，K' 将突变增加，从而形成了承压水压力的渗透破裂作用。故在卸荷作用下底板裂隙岩体将进一步扩展破裂并张开贯通，在卸荷区当卸荷导致底板隔水层裂隙岩体渗透系数突变增加时将诱发突水事故。

　　根据赵固一矿顶底板状况，取 $\gamma=27\text{kN/m}^3$，$\gamma_B=28\text{kN/m}^3$，$\gamma_{底}=25\text{kN/m}^3$，$k=2.5$，$H=700\text{m}$，$\varphi_0=28°$，$h_B=8.4\text{m}$，$E_d=4.8\text{GPa}$，$M=3.5\text{m}$，$k_p=1.3$，$x=h_z=1.9\text{m}$，$f=0.19$，$L_d=3.7\text{m}$，$\mu=0.25$，$\lambda_w=0.07$，$\beta=45°$，$q=6\text{MPa}$。在端部效应区 σ_3 变化不大取 8MPa，当 $\sigma_1<\sigma_{1(cc)}$ 时 $\alpha_{ne}=0.5$，$\lambda_w=0.01$；当 $\sigma_1\geq\sigma_{1(cc)}$ 时，$\alpha_{ne}=0.6$，$\lambda_w=0.001$。在卸荷区，依据数值模拟，在底板动载扰动深度影响范围内，自底板深部向底板表面 σ_1 近似线性衰减至拉应力；由于底板岩体卸荷至拉应力时仅在底板浅部，且现场拉应力范围内裂隙岩体破裂最严重，而突水主要取决于深部岩体卸荷导致裂隙扩展破裂的能力，暂不分析岩体卸荷至拉应力时的渗透系数，取 $\alpha_{ne}=0.8$，$\sigma_3=4\text{MPa}$。将以上参数分别代入式（7.13）～式（7.16），并分别令 $L=8\text{m}$、16m、24m、32m、40m，绘制了底板岩体渗透系数变化曲线，如图7.9所示。

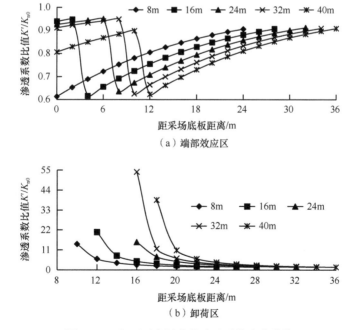

图 7.9　深部开采底板岩体渗透系数变化曲线

在端部效应区来压步距越大，扰动对渗透系数的影响深度越大，自底板深部向浅部裂隙岩体渗透系数随应力增大先减小，当 $\sigma_1 \geqslant \sigma_{1(cc)}$ 时开始增加，若应力大于煤岩体裂隙扩展的极限强度时又减小。而在卸荷区由于卸荷作用 K'/K_{n0} 始终大于 1，越向底板浅部渗透系数越大，当岩体卸荷至一定值时 K' 突变增加；扰动强度越大，卸荷导致的 K' 突变深度越大，承压水压力渗透破裂作用越强。结合图 5.1，可得深部开采扰动下底板岩体的渗透破裂演化规律见表 7.1。

表 7.1 深部开采扰动下底板岩体渗透破裂演化规律

扰动阶段	扰动区域	扰动形式	应力变化	裂隙变形扩展状态	裂隙破裂扩展特征	渗透系数变化
Ⅰ	原岩	无扰动	原岩应力	原生裂隙	未扩展	初始不变
Ⅱ	应力增高区	超前扰动	增高	摩擦滑动	高应力加荷变形扩展	降低
Ⅲ			增高	自相似扩展		降低
Ⅳ	端部效应区		增高	失稳扩展		增加
Ⅴ			增高	裂隙部分闭合	高应力超过煤岩体极限强度破坏	降低
Ⅵ	卸荷区	卸荷扰动	降低	反向滑移变形扩展	卸荷至 σ_3 变形扩展	增加
Ⅶ			降低	弯折失稳扩展	卸荷至零或拉应力失稳扩展	突变增加
Ⅷ			降低	张开贯通		突变增加

结合前述，深部开采扰动强度越大，底板裂隙岩体卸荷起点应力越高，底板裂隙越易扩展破裂，渗透系数越大，当卸荷区渗透系数突变增加的岩层深度大于隔水层厚度时，必然诱发底板突水；据此可采取顶板预裂、提高支护强度或无煤柱护巷等措施降低基本顶失稳的扰动强度及底板卸荷起点应力，也可根据底板裂隙破裂深度及分布特征进行底板围岩加固，以预防深部采场底板突水。

7.4 深部开采底板岩体卸荷破裂分区及扰动危险性

7.4.1 深部开采底板岩体卸荷破裂分区

根据前述，深部开采岩体 δ_0 与 D 对底板扰动及裂隙扩展破裂具有显著影响，故基于岩体卸荷损伤分析底板突水扰动的危险性，可为深部安全开采提供指导。

由式（7.11）和式（7.12）可知，在底板原生裂隙发育倾角 α_t 一定情况下，σ_3 与 σ_1 比值、δ_0 和 D 的变化对裂隙扩展贯通具有决定作用。根据前述，底板深部 σ_3 与 σ_1 的比值逐渐增大并渐近于 1，故在底板卸荷损伤范围内 $0 < \sigma_3/\sigma_1 < 1$，在卸荷损伤范围边缘 $\sigma_3/\sigma_1 = 1$ 岩体未卸荷并构成了卸荷损伤的最大扰动深度。为直观反映 δ_1、δ_3 及 α_t 的关系，分别取 $\alpha_t = 30°$、$\sigma_3/\sigma_1 = 1$，绘制了裂隙扩展破裂卸荷量关系，

如图 7.10 所示。

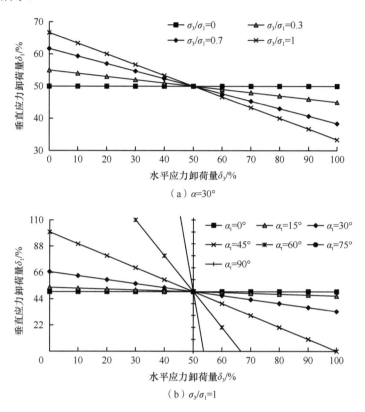

（a）$\alpha=30°$

（b）$\sigma_3/\sigma_1=1$

图 7.10　裂隙扩展破裂卸荷量关系

由图 7.10 可知，α_t 一定时，随 σ_3/σ_1 增大，裂隙扩展破裂所需 δ_0 增加；随 δ_3 增加，裂隙扩展破裂所需 δ_1 减小。随 α_t 增大，裂隙扩展所需卸荷量增大，而煤系地层小角度层理裂隙发育将有利于裂隙扩展。δ_3 越大越有利于岩体裂隙扩展破裂；σ_3/σ_1 越小越有利于裂隙扩展破裂，越易造成底板裂隙贯通；而深部采场 σ_3 增加在一定程度上可抑制裂隙扩展，且 σ_3 越高，裂隙扩展的所需卸荷量越大。当卸荷区岩体卸荷量满足卸荷扩展破裂条件时裂隙将失稳贯通，以此可判定底板岩体卸荷渗透能否形成突水通道。

当 $\alpha_t=0°$（或 $\alpha_t=90°$）时，需 $\delta_1>1/2$（或 $\delta_3>1/2$）才能满足裂隙扩展破裂；而 $\delta_1>1/2$ 时只需较小的 δ_3，岩体裂隙便可破裂。根据前述，开采卸荷后 σ_3 变化不稳定，且与 σ_1 相比其对底板深部卸荷的影响较小，故可重点分析 σ_1 卸荷作用下底板卸荷破裂深度特征，并以渗透系数近似线性增长时的应力卸荷量 $\delta_1>1/2$ 作为卸荷扩展区的分界线；当 $1/2 \geqslant \delta_1>0$ 时，根据式（7.13）和图 7.9，岩体卸荷，渗透系数 K' 开始增大，由此，可将卸荷作用导致的渗透系数增加但未达到裂隙扩展破裂条件的区域定义为卸荷渗透区。而随 δ_1 增加，K' 不断增大，卸荷引起 K' 增大；若令 δ_u 为底板岩体渗透系数发生突变增高的临界应力卸荷量，则 $\delta_u > \delta_1 > 1/2$ 时，渗透系数快速增高，则可将岩体处于 $\delta_u > \delta_1 > 1/2$ 的底板区域定义为卸荷扩展区；而当 $\delta_1 \geqslant \delta_u$ 时，底板岩体发生卸荷破裂，岩体渗透系数发生突变，则底板岩体将构成卸荷破裂区。因此，可沿底板自下而上将卸荷岩体划分为卸荷渗透区、卸荷扩展区及卸荷破裂区，加上底板高承压水压力的应力渗透区即可构成卸荷分区。底板裂隙岩体卸荷分区见表 7.2。

表 7.2 底板裂隙岩体卸荷分区

分区标准	$\delta_1 \geqslant \delta_u$	$\delta_u > \delta_1 > 1/2$	$1/2 \geqslant \delta_1 > 0$	$\delta_1 = 0$
分区名称	卸荷破裂区	卸荷扩展区	卸荷渗透区	应力渗透区

根据图 7.10（a），深部采场 $\sigma_3/\sigma_1 < 1$ 时更易满足裂隙的扩展破裂条件，但 $\delta_3 < 1/2$ 时，裂隙扩展破裂均需 $\delta_1 > 1/2$，故在底板扰动深度范围内，α_t 及 σ_3/σ_1 对裂隙扩展破裂的影响较小。但当 $\delta_3 > 1/2$ 时，表 7.2 中卸荷分区可能由于 δ_3 增大导致卸荷扩展区的下限降低至 $\delta_1 < 1/2$ 甚至更低，从而造成卸荷扩展区的范围扩大，为此在深部开采时应重点关注 δ_1、δ_3 的变化，防止因 $\delta_3 > 1/2$ 的深度向底板深部移动而导致卸荷扩展区范围贯穿隔水层厚度而诱发底板突水。

现场可根据钻孔取心、应力和位移观测及工程经验确定 δ_0、D 与 RMR 及卸荷的最大扰动深度并划分卸荷分区；本次采用采深 700m 的数值模拟结果，划分卸荷分区示意图如图 7.2（b）所示。同时，根据数值分析，深部开采时较小的岩体卸荷量即可引起岩体产生较大的损伤破裂；应用三轴试验及式（7.13）可继续确定 δ_0 与渗透系数 K' 的关系，当底板卸荷区与承压水应力渗透区沟通或重叠时在底板高承压水压力作用下卸荷区内岩体卸荷量满足渗透系数发生突变时必将进一步卸荷破裂而引起底板突水，在高承压水压力的挤入扩展作用下卸荷突水初期形成较小的突水量，在卸荷时效作用下当底板岩体裂隙完全破裂失稳后将达到突水峰值，随卸荷时间继续延长承压水压力减小并稳定后形成稳定的突水量。

7.4.2 不同工程尺度下底板岩体卸荷破裂危险性

受开采深度、扰动强度、采高、裂隙分布等工程尺度因素的影响，不同工程尺度下裂隙煤岩的破裂程度不同[12-16]。基于此，应用 3DEC 数值软件以底板岩体最大位移量及卸荷量为参数，计算分析不同工程尺度下底板裂隙煤岩的损伤破裂程度，从而为深部开采底板裂隙围岩控制提供依据。根据前述，已针对不同采深的底板卸荷强扰动特征及扰动强度对底板位移量的影响进行了研究分析，故本节不再进行赘述和分析。

7.4.2.1 扰动强度对底板卸荷破裂的影响

根据式（7.1）统计了 4.4 节不同扰动强度下底板的垂直应力卸荷量变化，如图 7.11 所示。

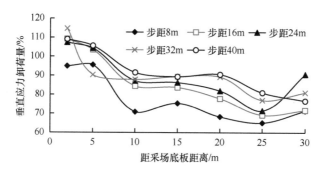

图 7.11　不同扰动强度下底板岩体垂直应力卸荷量变化

随扰动强度增加，底板岩体垂直应力卸荷量趋于增加，但由于底板表面岩体最大仅能卸荷至拉应力，且岩性相同，故底板岩体的垂直应力最大卸荷量差别不大，并有一定起伏。而向底板深部，不同扰动强度增加明显，距采场底板深度 15m 时差别最大，由来压步距 8m 时的卸荷量 68.3% 增加至来压步距 40m 时的 90.6%，增加了 22.3 个百分点；继续向底板深部受水平应力及变形量限制，不同扰动强度下垂直应力卸荷量差值逐渐减小，并趋于一致。

同时，统计了不同来压步距下采场底板岩体超前压应力作用下的加荷闭合量最大值和开采卸荷作用下底板卸荷鼓起量最大值变化，如图 7.12 所示。

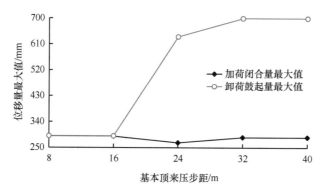

图 7.12　不同扰动强度下底板岩体位移量最大值变化

根据图 7.12，不同扰动强度下，超前压应力作用下底板岩体的加荷闭合量最大值变化不大，来压步距 8m 时加荷闭合量最大值为 289.8mm，而来压步距 24m 时加荷闭合量最大值为 267.0mm，仅相差 22.8mm。但开采卸荷后，底板岩体的卸荷鼓起量最大值迅速增加，由 290.0mm 迅速增加至 699.1mm，增加了约 1.4 倍，由于扰动强度的增加导致底板裂隙岩体的卸荷能力显著增强，卸荷区的裂隙扩展破裂程度将明显增加。

因此，扰动强度对底板裂隙场及应力场的影响明显，来压步距增加，扰动强度增强，将导致底板岩体的卸荷能力显著增强，卸荷区的裂隙扩展破裂程度显著增加。

7.4.2.2　采高对底板卸荷破裂的影响

为分析采高对底板岩体扩展破裂的影响，根据 12041 工作面地质和开采技术条件，分别模拟采高为 1.0m、2.3m、3.6m、4.9m、6.2m 时的开采扰动状况，采场基本顶失稳后的顶底板变化，如图 7.13 所示。

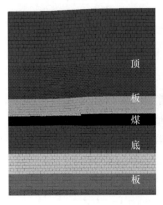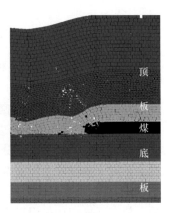

（a）采高1.0m　　　　　　　　（b）采高3.6m　　　　　　　　（c）采高6.2m

图 7.13　不同采高下基本顶失稳后顶底板变化

由图 7.13 可知，采高增大后，经历高支承压力作用的采场围岩损伤破裂能力增强，开采对顶底板的扰动程度增大；采高越大超前煤岩体的压缩变形量和采空区底板的卸荷鼓起量增加。监测统计了不同采高下底板岩体在超前压应力作用下的加荷闭合量最大值和卸荷作用下底板卸荷鼓起量最大值变化，如图 7.14 所示。

根据图 7.14，随采高增加，超前底板加荷闭合量最大值及卸荷鼓起量最大值均增加。当采高 1.0m 时加荷闭合量最大值仅为 176.54mm，采高 6.2m 时达到了 375.99mm，增加了 199.45mm，增加约 1.13 倍；底板岩体卸荷鼓起量最大值却由采高 1.0m 时的 259.15mm 增加至 647.78mm，增加达 388.63mm，增加约 1.50 倍。底板岩体的卸荷鼓起量最大值均大于加荷闭合量最大值，开采卸荷能力远大于压应力作用。

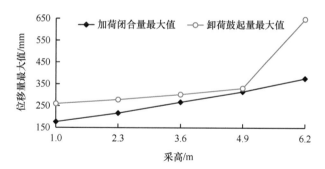

图 7.14 不同采高下底板岩体位移量最大值变化

同时，根据式（7.1）统计计算了不同采高下底板岩体的垂直应力卸荷量变化，如图 7.15 所示。

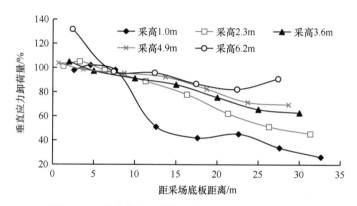

图 7.15 不同采高下底板岩体垂直应力卸荷量变化

由图 7.15 可知，在底板 10m 以浅，岩体的垂直应力卸荷量差别不大，主要是采场底板表面岩体仅卸荷至拉应力，且由于岩体只需较小的拉应力即可破裂。而向底板 10m 以深，岩体的垂直应力卸荷量随采高增加不断增大，且越向底板深部差值越大。当采高 1.0m 时，距采场底板 27.6m 的岩体垂直应力卸荷量为 33.76%，而当采高增加至 6.2m 时，距采场底板 27.4m 时的卸荷量却达到了 91.03%，卸荷量增加了 57.27 个百分点，增加了 0.61 倍。故采高越大，底板岩体的卸荷扰动特征越明显。

因此，采高越大，底板裂隙岩体的压缩变形量和卸荷鼓起量越大，且底板岩体的垂直应力卸荷量越高，采高对底板岩体的开采扰动影响越大，卸荷区的岩体卸荷扩展破裂程度越严重。

7.4.2.3 裂隙分布对底板卸荷破裂的影响

为分析裂隙分布对底板岩体扩展破裂的影响，应用 3DEC 软件在下分层底煤、浅部砂质泥岩、L$_9$灰岩、深部砂质泥岩层及 L$_8$灰岩内分别设置厚度 2.6m、1.5m、1.9m、1.6m、1.7m 的随机分布裂隙模型，随机分布裂隙顶面距采场底板的距离分别为 0m、11.1m、18.0m、29.2m 及 36.0m；同时，裂隙尺寸均遵循指数为 1.1 的负幂律分布，裂隙长度最小为 1m，最大 3m，密度 0.5 条/m^3 作为终止生成裂隙的阈值，裂隙位置和方向服从均匀分布。在采场后方 4m 处设置测线，监测不同底板深度处的岩体应力场及位移场变化，并统计各模型底板岩体测点的加荷闭合量最大值及卸荷鼓起量最大值，如图 7.16 所示。

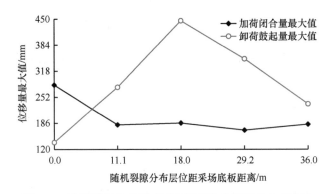

图 7.16　随机裂隙分布影响下底板岩体位移量最大值变化

由图 7.16 可知，随机裂隙分布层位对底板岩体位移量具有明显影响，尤其是卸荷鼓起量。随随机裂隙分布层位距采场底板距离增加，底板岩体加荷闭合量最大值有降低趋势，但卸荷鼓起量最大值却先迅速增加后又降低。当随机裂隙分布层位为直接底时，随机裂隙恰处于煤壁端部效应区的核心范围内，其在压应力作用下加荷闭合量最大值达到了 283.09mm，而向底板深部煤壁端部效应减小，加荷闭合量最大值降低，当随机裂隙分布层位距采场底板 29.2m 时加荷闭合量最大值为 168.44mm，降低了 114.65mm，降低约 40.50%。

而在卸荷作用下，随机裂隙的卸荷程度更大，由于直接底为随机裂隙时底板岩体最大变形量为直接底自身卸荷变形，直接底下部层位变形又受其作用限制无法超越浅部层位卸荷鼓起量，故直接底卸荷鼓起量最大值仅为 137.33mm。但分布于底板以深 18m 的随机裂隙对浅部裂隙岩体的影响最大，其卸荷鼓起量最大值达 446.05mm，增加了 308.72mm，增加了 2.25 倍，这主要是由于随机裂隙层位卸荷能力更强，导致其进一步扰动底板浅部岩体。继续向底板深部时，随机裂隙受开采扰动作用影响减弱，对浅部岩体的卸荷影响减小，导致底板岩体卸荷鼓起量最大值减小。

同时，根据式（7.1）计算了随机裂隙分布影响下垂直应力卸荷量的变化规律如图 7.17 所示。随随机裂隙分布层位距底板距离增加，底板裂隙岩体垂直应力卸荷量基本呈先增大后降低趋势，与卸荷鼓起量最大值变化规律一致。以底板以深 5m 测点为例，随机裂隙分布层位位于直接底时其垂直应力卸荷量为 75.61%，而当随机裂隙分布层位于距采场底板 18m 的中深部岩层时其垂直应力卸荷量增加至 106.00%，增加了 30.39 个百分点，增加约 0.40 倍；随机裂隙分布层位距采场底板 36.0m 时其垂直应力卸荷量又降低至 84.82%，与距采场底板 18m 时相比降低了 21.18 个百分点，降低约 20%。故随机裂隙分布层位处于隔水层厚度范围的中深部时底板裂隙岩体的卸荷鼓起量最大值越大，垂直应力卸荷量越高，卸荷区的裂隙岩体卸荷扩展破裂程度越严重。

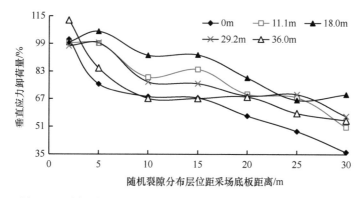

图 7.17　随机裂隙分布影响下底板裂隙岩体垂直应力卸荷量变化

因此，当随机裂隙分布层位位于底板隔水层厚度范围的中深部时，随机裂隙对底板的扩展破裂作用最大，其不仅可导致浅部岩体破裂，也可卸荷扩展至深部岩体，导致深部岩体卸荷量及扩展破裂程度进一步加剧，当底板破裂深度与应力渗透区重叠或沟通时将导致隔水层范围内岩体贯通诱发底板突水。故对底板注浆改造时，应重点加固位于隔水层厚度范围内的中下部裂隙岩体，削弱其与含水层的贯通程度，切断随机裂隙与含水层的水力联系。

7.5　本 章 小 结

本章应用卸荷岩体力学分析了深部开采卸荷对底板变形破裂的影响，获得了底板岩体卸荷的强扰动特征，建立了底板岩体卸荷破裂模型，研究了其卸荷灾变力学机理，分析了深部开采底板卸荷破裂的强扰动危险性，主要得出了以下结论。

（1）应用卸荷岩体力学理论分析了深部开采卸荷对底板岩体变形破裂的影响，并指出：底板应力卸荷起点及卸荷量增加，将引起卸荷速率或卸荷时间增加，导致流变变形、损伤破裂程度增强并促进裂隙扩展贯通。

（2）运用 3DEC 数值软件计算分析了深部开采底板岩体卸荷的强扰动特征：

随采深增加，深部岩体卸荷起点应力及卸荷应力增加，卸荷量降低；随垂直应力卸荷量增加，卸荷速率非线性增加，采深越大，卸荷速率增加越快，卸荷量越大，卸荷速率越快，其突变时的卸荷量越低；随垂直应力卸荷量增大，岩体垂直位移量增加，并最终导致失稳突变；深部岩体较小的卸荷量即可致岩体严重损伤破裂。

（3）基于深部岩体的卸荷作用建立了卸荷量与损伤因子的关系及底板岩体卸荷破裂模型，分析了开采卸荷对底板岩体质量的影响，推导确立了底板裂隙岩体卸荷破裂的条件，揭示了深部开采底板岩体卸荷破裂灾变的力学机理，并指出：随底板应力卸荷量增加，岩体内渗透系数呈非线性升高；当岩体应力卸荷量较小时，渗透系数近似线性增加；岩体应力卸荷量继续增加，渗透系数增长速率加快；当岩体应力卸荷量大于一定值后，渗透系数出现了突变增长；并且随承压水压力增加，渗透系数突变点处的岩体卸荷量降低；深部开采底板岩体在较小的应力卸荷量下造成隔水层内岩体渗透系数发生突变，则底板卸荷破裂必然诱发底板突水。

（4）结合岩体渗流特征分析了深部高承压水压力的渗透作用：在端部效应区当 $\sigma_1 < \sigma_{1(cc)}$ 时，有效应力 σ_{ne} 增大，扰动加荷渗透系数 K 减小；当 $\sigma_1 \geqslant \sigma_{1(cc)}$ 时，次生裂隙失稳扩展导致裂隙数量增加，K 增加；当扰动强度增大至底板应力大于煤岩体极限强度时，K 减小。而在卸荷区，卸荷起点越高，裂隙岩体有效卸荷量越大，卸荷渗透系数 K' 越大，当卸荷至一定值时 K' 突变增加；并且扰动强度越大，K' 的突变深度越深，当 K' 突变增加的岩层深度大于隔水层厚度时将诱发底板突水。

（5）根据底板隔水层内岩体渗透率变化，细化了深部开采底板岩体卸荷破裂分区，并根据应力卸荷量将底板垂向自上而下依次划分为卸荷破裂区、卸荷扩展区、卸荷渗透区，分析探讨了底板卸荷破裂的扰动危险性。结果表明：随应力卸荷量增加，底板损伤破裂因子指数式增长，采深越大，底板岩体损伤破裂程度越严重；随底板裂隙倾角增大，裂隙扩展破裂所需卸荷量增大；水平应力卸荷量越大越有利于裂隙扩展破裂；水平应力与垂直应力的比值越小，越易造成底板裂隙扩展破裂。

（6）应用 3DEC 数值软件，以底板岩体最大位移量及卸荷量为参数，分析了不同工程尺度下底板岩体的卸荷破裂程度：随扰动强度增强，底板裂隙岩体垂直应力卸荷量增加；采高越大，底板岩体的加荷闭合量最大值和卸荷鼓起量最大值越大，且底板岩体的垂直应力卸荷量越高；随随机裂隙分布层位距底板距离增加，底板裂隙岩体卸荷鼓起量与垂直应力卸荷量先增大后降低，当随机裂隙分布层位位于底板隔水层厚度范围的中深部时，随机裂隙对底板裂隙岩体的损伤破裂作用最大。

参 考 文 献

[1] 钱鸣高, 缪协兴, 许家林, 等. 岩层控制的关键层理论[M]. 徐州: 中国矿业大学出版社, 2000: 72-256.

[2] 煤矿安全监察总局. 2010-2012 年全国煤矿重特大事故案例汇编[M]. [S.l.]: [s.n.], 2013.

[3] 李春元, 张勇, 彭帅, 等. 深部开采底板岩体卸荷损伤的强扰动危险性分析[J]. 岩土力学, 2018, 39(11): 3957-3968.

[4] 李建林, 王乐华. 卸荷岩体力学原理与应用[M]. 北京: 科学出版社, 2016: 58-456.

[5] 邓华峰, 王哲, 李建林, 等. 卸荷速率和孔隙水压力对砂岩卸荷特性影响研究[J]. 岩土工程学报, 2017, 39(11): 1976-1983.

[6] 刘泉声, 刘恺德, 卢兴利, 等. 高应力下原煤三轴卸荷力学特性研究[J]. 岩石力学与工程学报, 2014, 33(S2): 3429-3438.

[7] 胡政, 刘佑荣, 武尚, 等. 高地应力区砂岩在卸荷条件下的变形参数劣化试验研究[J]. 岩土力学, 2014, 35(S1): 78-84.

[8] 黄达, 黄润秋. 卸荷条件下裂隙岩体变形破坏及裂纹扩展演化的物理模型试验[J]. 岩石力学与工程学报, 2010, 29(3): 502-512.

[9] Louis C. Rock hydroulics[M]//Led M. Rock mechanics. New York: Verlay Wien, 1974.

[10] 李春元, 张勇, 张国军, 等. 深部开采动力扰动下底板应力演化及裂隙扩展机制[J]. 岩土工程学报, 2018, 40(11): 2031-2040.

[11] 梁宁慧, 刘新荣, 包太. 岩体卸荷渗流特性的试验[J]. 重庆大学学报 (自然科学版), 2005, 28(10): 133-135.

[12] 康红普. 煤炭开采与岩层控制的空间尺度分析[J]. 采矿与岩层控制工程学报, 2020, 2(2): 5-30.

[13] 齐庆新, 潘一山, 舒龙勇, 等. 煤矿深部开采煤岩动力灾害多尺度分源防控理论与技术架构[J]. 煤炭学报, 2018, 43(7): 1801-1810.

[14] 左建平, 孙运江, 刘海雁, 等. 采矿岩石多尺度破坏力学[J]. 矿业科学学报, 2021, 6(5): 509-523.

[15] 来兴平, 张帅, 代晶晶, 等. 水力耦合作用下煤岩多尺度损伤演化特征[J]. 岩石力学与工程学报, 2020, 39(S2): 3217-3228.

[16] 许峰, 靳德武, 杨俊哲, 等. 保德煤矿峰峰组隔水性能多尺度定量化评价[J]. 煤炭学报, 2021, 46(7): 2379-2386.

8 深部开采底板卸荷破裂分区评价与监测预警技术

由于深部开采的煤层埋深大，底板岩体内裂隙纵横交错，分布广泛且复杂，部分区域含有断层等大的断裂结构，为解决底板隔水层内断层、构造等断裂结构的探测精度低及定位评价不准确问题，现场采用综合物探、钻孔探查、卸荷破裂风险评价及突水监测预警等探测手段，形成了地面与井下、静态探查与动态监测相结合的底板岩体卸荷破裂分区评价与监测预警关键技术（图8.1），查明并探清不同区域底板富水及断裂结构，以实现底板深部破裂的分区探查、治理与预警。

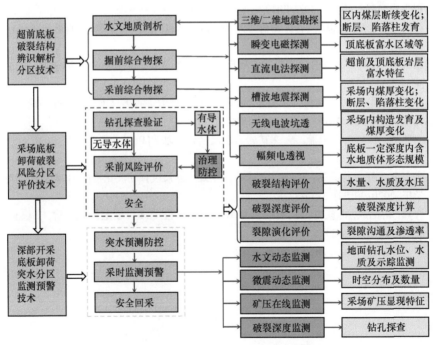

图 8.1　深部开采底板卸荷破裂分区评价与监测预警技术体系

8.1 超前底板破裂结构辨识解析分区技术

8.1.1 三维/二维地震勘探

矿井深部采区设计前应采用二维地震勘探配合三维地震勘探方法进行超前勘探大的断层、陷落柱等不连续断裂构造[1-3]。在邢东矿深部-980水平，三维地震勘探时采用井炮激发，60Hz高频检波器接收，应用8线8炮制单边下倾激发的束状观测系统；二维地震勘探采用60道接收的单边激发观测系统，SN388遥测数字地震仪1.0ms采样录制。同时，为准确地掌握区内低速带变化，为静校正提供必要的参数，采用微地震测井方法进行低速带测定。

地震数据及原始频谱的主要处理流程为：解编→空间属性建立→折射静校正→高通滤波、陷波→真振幅恢复→初至切除→多道预测反褶积→速度分析→动校正→地表一致性剩余静校正→倾角时差校正→速度分析→叠后处理→偏移→分频等。同时，在野外原始单炮解编后，建立炮点、检波点位置空间属性。

处理得到了$2^#$煤及$9^#$煤底板等高线的整体形态图，如图8.2所示。

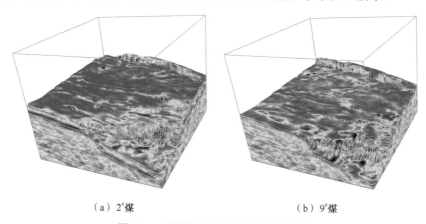

（a）$2^#$煤   （b）$9^#$煤

图8.2 邢东矿深部底板等高线形态图

根据图8.2（a），全区基本为一向东倾的单斜构造，断层走向规律性较强，走向多为NE或NEE向，$2^#$煤埋深在-1510～-725m，埋藏最浅处在测区西北部，埋藏最深处在测区东南部，地层倾角一般在12°左右，东南部倾角较陡，达27°。根据图8.2（b），$9^#$煤底板等高线整体形态与$2^#$煤底板相似，全区基本为一向东倾的单斜构造，断层走向多为NE或NEE向，断层倾角较小，一般在60°以下，煤埋深由测区东南部的最深处-1665m逐渐过渡到测区西北部的最浅处-845m，其间发育多条断层，地层倾角一般在12°左右，但在测区东南部F_{23}断层上盘地层倾角较陡，达27°。

地震勘探成果共确定断层 39 条，均为正断层；按落差 H_f 大小分类，$H_f \geqslant 50m$ 及 $30m \leqslant H_f < 50m$ 的断层各 3 条；$10m \leqslant H_f < 30m$ 的断层 18 条；$5m \leqslant H_f < 10m$ 的断层 6 条；$H_f < 5m$ 的断层 9 条，具体见表 8.1。

在 39 条断层中，$2^\#$ 煤、$9^\#$ 煤均错断 24 条，仅断 $2^\#$ 煤 12 条，仅断 $9^\#$ 煤 3 条。仅断 $2^\#$ 煤的断层编号为 SF_2、SF_3、SF_{11}、SF_{12}、SF_{13}、SF_{19}、SF_{22}、SF_{24}、SF_{25}、SF_{26}、SF_{32}、F_{22-1}，仅断 $9^\#$ 煤的断层为 SF_{29}、SF_{30}、SF_{31}，其余断层均断 $2^\#$ 煤和 $9^\#$ 煤，提取处理了 F_{19}、F_{22}、F_{23} 及 DF_{10} 四条既断 $2^\#$ 煤又断 $9^\#$ 煤的断层频谱，如图 8.3 所示。

表 8.1　断层落差统计表

落差 H_f	断层数/条	断层编号
$H_f \geqslant 50m$	3	F_{19}、F_{23}、SF_{1-2}
$30m \leqslant H_f < 50m$	3	F_{22}、SF_{1-1}、SF_{21}
$10m \leqslant H_f < 30m$	18	F_{21}、SF_3、SF_4、SF_5、SF_6、SF_7、SF_9、SF_{10}、SF_{15}、SF_{17}、SF_{18}、SF_{19}、SF_{22}、SF_{23}、SF_{27}、SF_{28}、SF_{30}、SF_{32}
$5m \leqslant H_f < 10m$	6	DF_{10}、SF_{14}、SF_{16}、SF_{20}、SF_{26}、SF_{29}
$H_f < 5m$	9	SF_2、SF_8、SF_{11}、SF_{12}、SF_{13}、SF_{24}、SF_{25}、SF_{31}、F_{22-1}

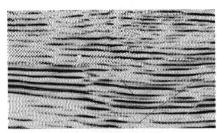

（a）F_{19} 正断层　　　　　　　　　　　（b）F_{22} 正断层

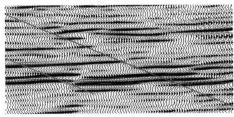

（c）F_{23} 正断层　　　　　　　　　　　（d）DF_{10} 正断层

图 8.3　邢东矿深部−980 水平采区断层频谱

根据图 8.3，F_{19} 正断层位于测区北部，其走向 NEE，倾向 SSE，倾角 66°，两侧延出区外，区内 $2^\#$ 煤落差 78～136m，区内延展长度约 1420m；该断层东部向南摆动约 100m，为测区北部边界断层。F_{22} 正断层位于测区中部，走向 NEE，倾向 SSE，倾角约 59°，东北伸出区外，落差 0~45m，区内延展长度 1200m。F_{23} 正断层位于测区南部、东南部，走向 NEE—NE，倾向 SSE—SE，倾角约 66°，区内落差 60~275m，区内延展长度 2240m，为测区南部边界断层。而 DF_{10} 正断层位于测区中南部，走向 NE，倾向 SE，倾角 66°，落差 0~8m，西侧伸出区外，区内延展长度 600m。

8.1.2 掘进超前探测

为在掘进工作面探测超前煤岩体内的水文地质异常，现场采用了直流电法及瞬变电磁超前探测，其能够适应掘进工作面的狭小空间探测。

8.1.2.1 直流电法超前探测

井下直流电法属于全空间电法勘探，以岩石的电性差异为基础，电流通过布置在巷道内的供电电极在巷道周围岩层中建立起全空间稳定电场，使用全空间电场理论，处理和解释有关矿井水文地质问题；其主要研究深度方向的地层电性变化规律，是在同一点逐次增大供电电极距，使勘探深度由小逐渐变大，并可以观测到测点处沿深度方向由浅到深的地层电性变化特征[4]。

1）探测方法

现场工作采用 WDJD-4 电法仪，应用对称四极测深装置进行超前探测，在巷道迎头处向外布置 A_1~A_4 测点，如图 8.4（a）所示，四点对称布置，四个电极按比例由近及远同步移动。

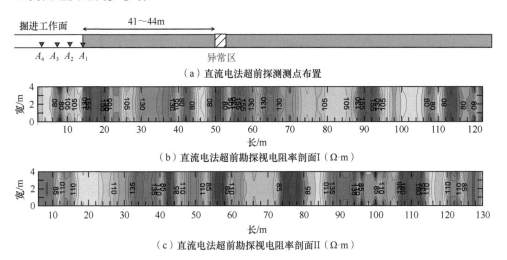

（a）直流电法超前探测测点布置

（b）直流电法超前勘探视电阻率剖面 I（Ω·m）

（c）直流电法超前勘探视电阻率剖面 II（Ω·m）

图 8.4　2126 工作面运输巷直流电法超前探测示意

2）勘探成果分析

根据图 8.4，直流电法勘探发现，巷道掘进工作面超前 41～44m 范围内存在 1 处视电阻率低阻异常区域。掘进时，应时刻观测工作面超前水文变化情况，并及时向迎头铺设一趟 4in（1in=2.54cm）排水管路，安装好工作泵、备用泵，管路及水泵距迎头不得超过 30m；必要时应采取钻探超前验证，以防止突水状况发生。

同时，在超前 130m 范围内存在 1 处视电阻率低阻异常，该处异常可能由于煤岩层破碎引起，揭露时可能会出现顶板滴淋水现象，未发现导含水构造；为保证掘进安全，直流电法勘探的允许掘进距离一般在 60～70m。

8.1.2.2 瞬变电磁超前探测

瞬变电磁超前探测巷道掘进前方（含侧方、顶、底板）的各类突水隐患，具有得天独厚的优势；其超前控制范围包括正前、侧前、斜上、斜下等多个方位，测距一般在 150m 以上。该方法探测范围大、含水异常定性准确，缺点是对探测环境要求相对严格、对不含水构造反应较差[5]。

现场采用加拿大 GEONICS 公司的 PROTEM CM 瞬变电磁仪，该仪器主要由两部分组成：信号接收部分（包括主机和接收线圈）和信号发射部分（发射机和发射电缆）。现场接收、发射框间距 10m，发射频率 25Hz；发射机采用内置 12V 电源，电流 1.4A；积分时间 15s，数据采集采用 30 门。

1）探测布置

为查明掘进工作面迎头超前 30m 范围内煤、岩层含水状况，多在掘进巷道左侧 90°～右侧 90°，间隔 15°，共 13 个角度探测；每个角度再进行垂向 -15°、-30°、-45°、-60°、-75° 共 5 个方向的探测，探测布置图如图 8.5（a）、（b）所示。

同时，探测过程中，现场停电、发射和接收线框远离金属物，主机远离接收框 5m 以上，以最大限度地减少各种干扰。

2）探测成果分析

在 2126 工作面轨道巷，经室内 TEMINT 专用解析软件处理数据，探测绘制了运输巷瞬变电磁超前探测视电阻率等值线图（图 8.6）。图 8.6 中不同色界代表视电阻率相对高低，数值越小，视电阻率越低，富水性越强。故通过视电阻率等值线的色阶变化可圈定相对低阻异常区，进而预测超前富水异常区。

根据图 8.6，在 2126 工作面探测范围内圈定了 1 处低阻异常区 S1，其位于迎头前方 20～35m 偏右，底板下 60～110m，在 -75° 探测方向有反应，分析为局部岩层破碎含水。沿探测方向 70m 附近均存在 1 处低阻异常区，因其位置、形态、电阻率相近，分析为仪器自身的互感反应，未作异常处理。

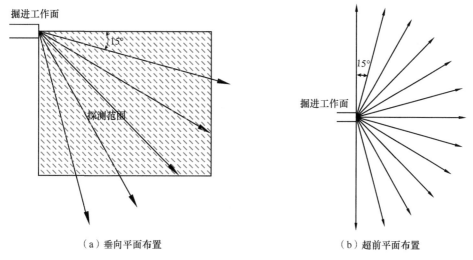

（a）垂向平面布置　　　　　　　　（b）超前平面布置

图 8.5　井下瞬变电磁探测及布置示意

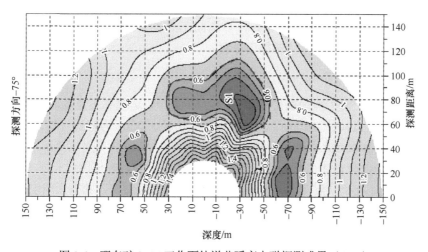

图 8.6　邢东矿 2126 工作面轨道巷瞬变电磁探测成果（Ω·m）

8.1.3　采前综合物探

为确保在煤层开采前完整透视并解析煤层围岩及采场底板深部的破裂结构分布状况，现场可采用无线电波坑道透视技术查明采场内影响程度大于 1/2 煤厚的破裂结构分布，应用井下幅频电透视技术探测工作面底板下方一定深度（1/2 采宽）范围内的岩层含水情况，结合瞬变电磁超前探测技术查明采场底板 80m 以浅范围内岩层的富水区域，并应用三极电测深技术查明巷道底板一定深度（底板 120m 以浅）范围内岩层的富水区域分布，以实现对底板破裂结构的综合探测[6]。

8.1.3.1 无线电波坑透探测

由于各种岩石电性（电阻率、介电常数等）不同，吸收电磁波能量有一定的差异，且电阻率低的岩石具有较大的吸收作用。无线电波坑道透视探测借助于高频电磁波在岩石中的传播规律，在遇到断层等破裂结构时电磁波产生反射和折射作用，并造成电磁波能量的损耗，以此可研究底板各种破裂结构对电磁波传播的影响（包括吸收、反射、二次辐射等作用）所造成的各种异常，从而推断地质异常结构的分布范围。

1）测点布置

现场采用 WKT-E 型无线电波坑道透视仪，发射机、接收机均为矿用本质安全型；使用频率 0.5MHz，发射点间距 50m，接收点间距 10m，单点接收范围 150m（巷道两端除外）。测量时将发射机与接收机分别位于不同巷道中，发射机在一定时间内相对固定，接收机在一定范围内逐点观测其场强。

此外，为有针对性地探测不同巷道间工作面内的破裂结构情况，可使用 1.5MHz 频率对该范围进行坑透加密探测。

2）探测成果分析

在邢东矿 2126 工作面轨道巷布置发射点 11 个，运输巷布置发射点 12 个，共计 23 个，接收点共计 340 余个，共完成探测长度 580m；为有针对性地探测 2126 工作面运输巷和配巷之间的破裂结构情况，使用 1.5MHz 频率对该范围进行坑透探测，运输巷内段布置 4 个发射点，配巷布置 3 个发射点，完成测线长度 140m。

在 2126 工作面运输巷和运料巷开展无线电波坑道透视，获得无线电波坑道透视实测场强曲线解析图（图 8.7），其中纵坐标为实测场强，横坐标为巷道相对位置；图 8.7（a）、（b）为运输巷和运料巷间岩层透视，图 8.7（c）、（d）为运输巷和配巷间岩层透视。

同时，处理获得 2126 工作面综合物探坑透成像图，如图 8.8 所示。

根据图 8.7，在采场面内圈定一处隐伏断裂构造 1# 异常区（图 8.8），该异常由配巷 2# 发射点发射信号时运输巷 42#~46# 位置所接收的测值偏低，运料巷 20#、配巷 7# 发射点发射信号时运输巷 35#~42# 位置所接收测值正常，结合已知地质资料综合推断得出，其位置在运输巷 42#~46# 位置，并向工作面一定范围内延伸。而图 8.8 中，在 2126 工作面切眼左侧存在坑透异常反应（右侧深色区域），反应较弱。

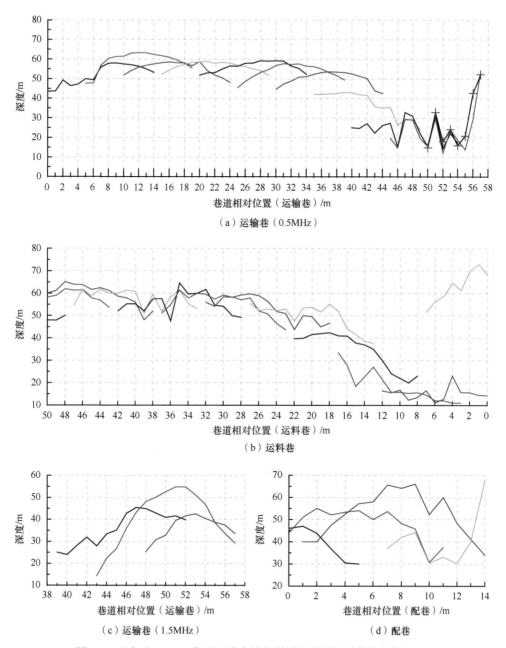

（a）运输巷（0.5MHz）

（b）运料巷

（c）运输巷（1.5MHz）

（d）配巷

图 8.7　邢东矿 2126 工作面无线电波坑道透视实测场强曲线解析（db）

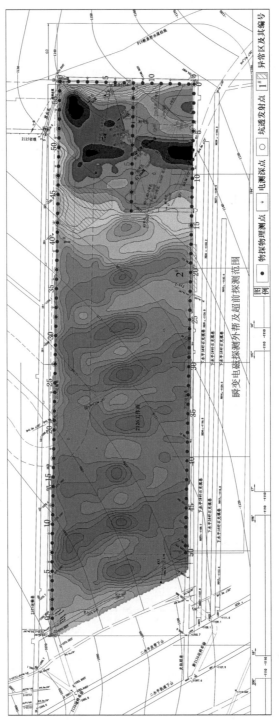

图 8.8 邢东矿 2126 工作面综合物探坑透成像

8.1.3.2 幅频电透视探测

幅频电透视探测时，在工作面一条巷道的供电电极向地下进行稳流供电，电流线流经不同的岩层、矿体或断裂构造时，在工作面另一条巷道内观测到的电流场将发生变化（图8.9）。其以岩石的电性差异为基础，观测人工电流场的分布规律，以确定工作面底板以下一定深度范围内（约为工作面采宽的1/2）不同含水地质体的形态和规模。

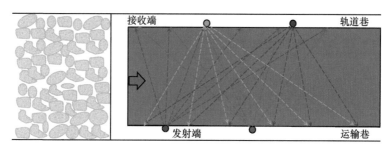

图 8.9　幅频电透视施工示意

1）测点布置

现场加大测点密度，幅频电透视测点距统一采用10m；施工时，电极尽可能打在坚实层位上，并避开积水处，以避免极化不稳等现象发生，且电极离开铁轨等金属物0.5m以上；缩小瞬变发射线框尺寸，将2m×2m方形线框改装成1m×1m线框，避免水管和电缆横穿线框情况的出现；发射和接收线框放置时，尽量躲开各类金属物，最大限度地减少各种金属体对电磁波的吸收；测量期间采取停电措施，以减少周期性环境噪声的影响。

在邢东矿2129工作面采用了幅频电透视，并沿2129运输巷、运料巷各布设幅频测点7个，共计14个，点距70m，共完成工作面长度430m。

2）探测成果分析

对所探测原始数据经过分析、处理，使用专用物探解析软件进行解析，绘制了2129工作面幅频电透视成果图，如图8.10所示。

在图8.10中，曲线为电导率等值线，不同色界代表视电阻率相对高低，数值越大，视电阻率越小（图中深色区域），富水性也越强。由图8.10可知，2129工作面幅频电透视整体呈高阻反应，无明显低阻异常区。

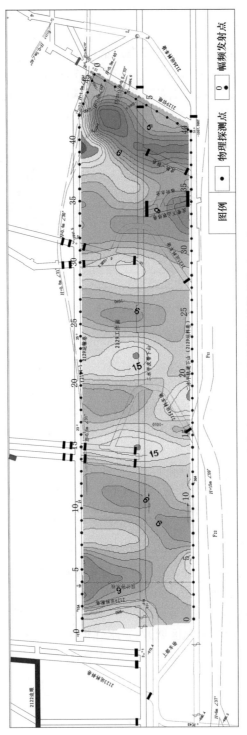

图 8.10 邢东矿 2129 工作面幅频电透视成果 (Ω·m)

8.1.3.3 瞬变电磁探测

为查明邢东矿 2126 工作面运料巷及切眼外帮平面 60m 范围内底板 80m 以浅岩层的富水状况，在采前对 2126 工作面进行了全面深入的瞬变电磁探测。

1）测点布置

因 2125 工作面运输巷外帮已做瞬变电磁，故 2126 工作面瞬变电磁探测只布置在运料巷里帮、外帮及切眼外帮，重点探测采场底板 80m 以浅范围，在运料巷里帮、外帮多角度探测了 500m，外帮控制 60m 范围；切眼外帮多角度探测了 150m，切眼设计超前一组，具体布置如图 8.11 所示。

在运料巷探测角度为里帮−15°、−40°、−70°，外帮顺煤层 −6°、−45°、−80° 共 6 个角度，测点间距 10m。在切眼外帮及运输巷切眼超前探测角度为外帮−25°、−50° 和−75°。考虑到切眼外帮两侧盲区，同时超前探测区域运料巷外帮拐角处。

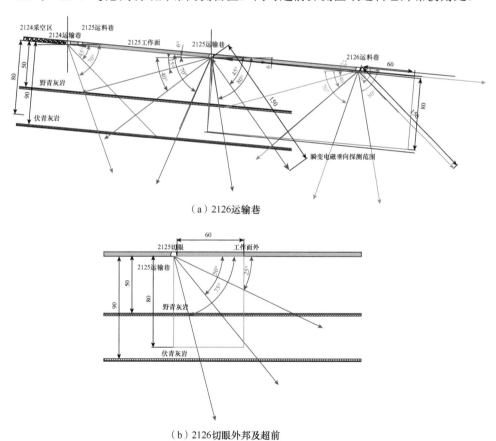

（a）2126运输巷

（b）2126切眼外邦及超前

图 8.11　邢东矿 2126 工作面底板瞬变电磁探测角度布置（m）

2）探测成果分析

经室内 TEMINT 专用解析软件对原始数据分析处理，绘制了 2126 工作面切眼外帮瞬变电磁探测解析曲线图（图 8.12）及切眼瞬变电磁超前探测解析曲线图（图 8.13），图 8.12 和图 8.13 中曲线为视电阻率对数等值线，横坐标为测点位置，纵坐标为探测距离。沿探测方向，探测距离为 120m，盲区 20m。

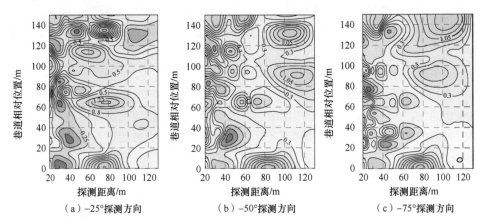

（a）−25°探测方向 （b）−50°探测方向 （c）−75°探测方向

图 8.12 邢东矿 2126 工作面切眼外帮瞬变电磁探测解析曲线（Ω·m）

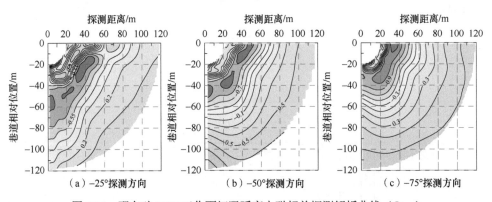

（a）−25°探测方向 （b）−50°探测方向 （c）−75°探测方向

图 8.13 邢东矿 2126 工作面切眼瞬变电磁超前探测解析曲线（Ω·m）

根据图 8.12 和图 8.13，瞬变电磁探测范围内未发现明显低阻异常区。瞬变电磁探测中产生的条带形状的低阻区结合以往解析经验和巷道内探测环境条件，该条带异常为仪器线框互感、巷道内线状金属物体，如金属管路、电缆等的综合反应，非含水异常体反应，不作异常处理。

8.1.3.4 直流电法三极电测

为切实提高探测精度，实现高密度、高分辨率探测，在采场综合物探时采用三极施伦贝尔装置，通过减小测点点距和加密供电、测量电极密度，形成了高分辨率三极测深技术，其物理基础仍然是岩层的导电性差异，通过视电阻率探测，确定探测范围内岩层的含水状况；视电阻率表达式见式（8.1），探测原理如图 8.14 所示。

$$\rho_s = k_s \times \Delta U / I_s \tag{8.1}$$

式中，ρ_s 为视电阻率；k_s 为装置系数，与电极 A、B、M、N 之间的空间相对位置有关；ΔU 和 I_s 为测量电极 M、N 之间的一次场电位差和电流。

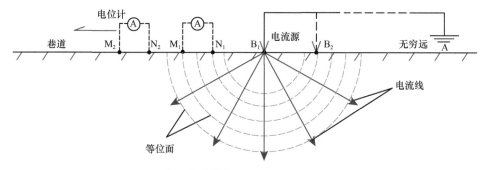

图 8.14　井下高分辨率三极测深技术探测原理示意

探测时，测量电极 M、N 和无穷远处供电电极 B 固定不动，另一供电电极 A 由近到远顺序移动，测量以 M、N 中心点为中心的电场分布特征，确定测点深部奥陶系灰岩富水性变化。

1）测点布置

在 2126 工作面运输巷布置测深点 20 个，运料巷布置测点 17 个，切眼布置测点 6 个，测点共计 43 个，测点间距 30m，采样间距 5m，探测深度控制在巷道底板 120m 以浅岩层。

2）探测成果分析

处理获得了 2126 工作面底板三极测深探测成果，如图 8.15 所示。图中横坐标为巷道相对位置，纵坐标为探测深度。图中曲线为电阻率对数指标等值线，不同色界代表视电阻率相对高低，数值越小，视电阻率越小（图中深色区域），含水性也越强。

根据图 8.15，圈定 1 处相对低阻异常区：该异常位于运料巷 170～220m，垂

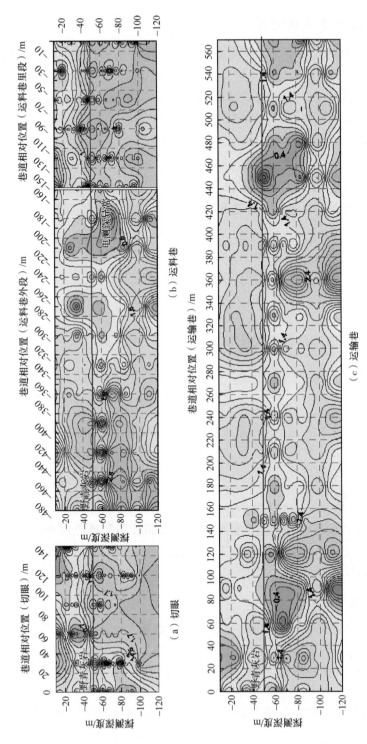

图 8.15 邢东矿 2126 工作面底板三极测深探测成果示意（Ω·m）

向深度为巷道底板 70m 附近，分析为岩层局部破碎引起的含水反应。其他区域视电阻率总体偏高，说明探测范围内岩层总体上含水性弱，未发现明显相对低阻异常区。

根据上述多种物探方法的优缺点，可进行多种方法配合使用，以从多个侧面对工作面开采水文地质条件进行探测和评价。

8.2 采场底板卸荷破裂风险分区评价技术

8.2.1 底板卸荷破裂深度评价

根据前述，由于深部开采基本顶岩梁失稳的扰动作用，基本顶岩梁将分别作用于煤壁端部和岩梁在采空区底板的触矸点处，并以应力或能量扰动的形式传递至煤层底板。而与煤壁端部的扰动压应力和支承压力的叠加作用相比，采空区底板上的不规则垮落矸石在岩梁压力作用下压缩应变能更大，其对底板的压应力作用远低于煤壁端部效应的加荷作用，故采空区岩梁触矸压力对底板破裂深度的影响将远小于煤壁处底板，其主要作用为触矸区域压力向悬空岩梁下部挤压流动导致采空区底板的卸荷作用显著增强。

因此，深部开采扰动导致的底板破裂最大深度可视为煤壁端部效应的超前支承压力和基本顶岩梁煤壁端扰动应力叠加导致的底板破裂深度，其对超前煤壁端底板的破坏主要是由于压应力导致的底板岩体裂隙挤压错动或压缩变形破裂。

为直观反映并初步估算基本顶岩梁失稳扰动对底板的扰动程度，并简化基本顶扰动载荷的计算复杂过程，以初次失稳时煤壁端部的一侧岩梁、悬臂梁及砌体梁结构煤壁端部的岩梁运动为研究对象，考虑基本顶岩梁失稳对煤壁端部及采空区触矸点处的扰动作用。假定基本顶岩块为刚性体，基本顶与直接顶接触后无回弹；直接顶与基本顶相比其质量可忽略不计，并服从胡克定律；扰动时，忽略声、热等能量损耗。基本顶突然失稳的动载荷 F_d 与基本顶岩块质量及其载荷、基本顶与直接顶间的离层量及直接顶的刚度等有关，并可表示为[7]

$$F_d = \left(1 + \sqrt{1 + \frac{2\Delta_h}{\Delta_{st}}}\right)Q_B \qquad (8.2)$$

式中，Q_B 为岩梁结构载荷，$Q_B = h_B \cdot \gamma_B \cdot L$，$h_B$、$\gamma_B$、$L$ 分别为岩梁结构的厚度、体积力及长度；Δ_{st} 为直接顶的压缩量，$\Delta_{st} = Q_B \cdot h_z / E_d$，$E_d$ 为直接顶或矸石的弹性模量；Δ_h 为岩梁结构的下落高度，$\Delta_h = M - h_z(k_p - 1)$，$k_p$ 为岩石碎胀系数，M 为采高。

设基本顶岩梁结构失稳对煤壁、支架及采空区矸石的动载荷为均布载荷，基本顶悬顶距为 L_d，则基本顶岩梁失稳作用于单位面积煤层端部及支架和采空区触

矸点的初始应力 σ_0 为

$$\sigma_0 = F_d / L_d \tag{8.3}$$

由于直接顶及矸石垫层的缓冲作用，基本顶岩梁结构失稳后部分动载荷被吸收；根据弹性理论，扰动应力自动力源传至煤壁端部时，应力将衰减为 [8-9]

$$\sigma' = \sigma_0 \cdot e^{-\eta x} \tag{8.4}$$

式中，σ' 为传播衰减后的应力；x 为自动力源至煤层或矸石触点的距离；η 为应力衰减指数，参照岩石的衰减指数 $\eta=2-\mu/(1-\mu)$ [10]，μ 为岩石泊松比。由于采空区矸石为不规则垮落，碎胀作用明显；而直接顶及煤壁端部为在支承压力作用下已经产生部分压缩变形的压实岩体，两者的应力衰减指数不同，故矸石垫层的应力衰减指数将远小于已经压实的直接顶及实体煤。

联合式（8.2）～式（8.4）可得作用于采场支架、煤壁端部及矸石触点的扰动应力 σ' 为

$$\sigma' = \left\{ 1 + \sqrt{1 + \frac{2[M - h_z(k_p - 1)]E_d}{h_z \cdot \gamma_B h_B L}} \right\} \frac{\gamma_B h_B L e^{-\eta x}}{L_d} \tag{8.5}$$

由式（8.5）可知，采高越大，直接顶厚度越小，基本顶厚度及来压步距越大，作用于支架、煤壁端部及矸石触点的 σ' 越大；但随基本顶及来压步距增大，基本顶作用于直接顶或矸石垫层的压缩量增大导致其动载荷增加的程度趋于缓和。故开采时，应确保直接顶完全垮落，并保证支架的初撑力控制顶板下沉，可采取强制放顶等措施控制顶板垮落步距以缓解冲击。

赵固一矿西二盘区 12041 工作面除初次来压仅端头突水外，其余新增突水点在工作面上、中、下部均有分布（图 1.4），分别占 52.4%、14.3%、33.3%，其分布与剧烈来压位置一致，即剧烈来压地段突水概率大。根据前述，基本顶岩梁失稳对工作面造成的扰动载荷只能由煤层、矸石吸收或传递至底板，并导致煤层底板的破裂程度及范围进一步变大。而现有底板破裂深度的计算公式很少考虑扰动对底板破裂的影响，但现场正常回采及扰动前很少发生突水，扰动后却发生了突水，可见扰动对煤层底板的破裂作用最大，最易造成底板突水。

由于矸石的碎胀系数作用，其压缩变形能力大，对载荷或冲击的吸收能力强，其底板应力远远小于煤壁端部；其对底板的破坏作用主要体现在采空区触矸区域挤压底板，导致底板岩体向采场煤壁方向移动，增强了卸荷区域的变形破裂能力，其对底板破裂深度的影响也远小于煤壁端部。故以下主要分析煤壁端部的底板破裂程度。

将煤壁前方支承压力增高区压力视为均布压力 $q_r=(k_r+1)\gamma H/2$，其中 k_r 为最大应力集中系数，H 为煤层埋深，作用宽度为工作面端部至应力峰值距离的 2 倍。

当岩梁结构失稳造成扰动时，梁结构一端作用于煤壁上方，载荷传递至煤层并作用于煤壁端部；煤壁处扰动应力与支承压力叠加，使煤壁处围岩应力达到或超过其破裂极限，叠加应力 $q'=[(k_r+1)\gamma H/2]+\sigma'$，结合式（8.5）可得顶板扰动时的煤壁端部应力 q' 为

$$q' = \frac{(k_r+1)\gamma H}{2} + \left\{1+\sqrt{1+\frac{2[M-h_z(k_p-1)]E_d}{h_z \cdot \gamma_B h_B L}}\right\}\frac{\gamma_B h_B L e^{-\eta x}}{L_d} \tag{8.6}$$

根据应力传播规律，底板垂直应力与距煤层距离呈负指数关系衰减，故在端部效应区底板任意一点的应力 σ 为 [11]

$$\sigma = \left\{\frac{(k_r+1)\gamma H}{2} + \left[1+\sqrt{1+\frac{2[M-h_z(k_p-1)]E_d}{h_z \cdot \gamma_B h_B L}}\right] \times \frac{\gamma_B h_B L e^{-\eta x}}{L_d}\right\} \cdot e^{-\lambda_a z} \tag{8.7}$$

式中，λ_a 为衰减指数；z 为距应力集中峰值距离。

由式（8.5）和式（8.7）可知，基本顶来压步距越大，扰动作用于支架及煤层端部的 σ' 越大，采场附近底板岩体应力越大；受直接顶压缩量影响，底板应力将呈非线性增长。同时，采场端部底板岩体应力在超前和侧向支承压力及扰动应力三者叠加作用下较采场中部更大。而当三者的叠加应力超过煤岩体的极限承载能力时，应力将向深部转移，并引起底板深部应力增加。故当来压步距增大时扰动导致底板围岩应力增大，深部开采底板应力将形成明显的煤壁端部效应。

依据莫尔-库仑破坏准则，正常回采时底板的最大破裂深度 h_{max} 为 [12]

$$h_{max} = \frac{q}{2\pi\gamma_{\text{底}}}\left(\frac{2\sqrt{\varepsilon}}{\varepsilon-1}-\cos^{-1}\frac{\varepsilon-1}{\varepsilon+1}\right) - \frac{\sigma_c}{\gamma_{\text{底}}(\varepsilon-1)} \tag{8.8}$$

式中，σ_c 为岩体抗压强度；$\gamma_{\text{底}}$ 为岩体容重；$\varepsilon=(1+\sin\varphi_0)/(1-\sin\varphi_0)$，$\varphi_0$ 为煤层内摩擦角。

结合式（8.7），可得扰动作用下深部开采底板裂隙岩体应力场的最大破裂深度 h_{max} 为

$$h_{max} = \frac{\dfrac{(k_r+1)\gamma H L_d}{\gamma_B h_B L e^{-\eta x}}+2+2\sqrt{1+\dfrac{2[M-h_z(k_p-1)]E_d}{h_z \cdot \gamma_B h_B L}}}{2\pi\gamma_{\text{底}}L_d} \cdot \gamma_B h_B L e^{-\eta x}$$
$$\cdot \left[\left(\frac{2\sqrt{\varepsilon}}{\varepsilon-1}-\cos^{-1}\frac{\varepsilon-1}{\varepsilon+1}\right)-\frac{\sigma_c}{\gamma_{\text{底}}(\varepsilon-1)}\right] \tag{8.9}$$

同理，式（8.9）也适用于沿煤层倾向端部的破裂，只是由于工作面两端头煤层同时受超前和侧向支承压力及扰动载荷的叠加作用，其破裂程度比工作面中部更大，故两端头及超前段更易突水。由式（8.9）可知，扰动时支承压力及扰动载

荷的叠加作用导致采场底板破裂深度增加，破裂深度增加程度取决于顶板失稳对煤壁及底板的扰动强度；来压步距的大小决定了顶板扰动载荷及底板破裂深度的增加程度。

由于各矿的岩层力学参数 $\gamma_{顶}$、$\gamma_{底}$、k_r、H、σ_c 及 φ_0 变化不大，直接顶悬顶距取支架控顶距，故影响底板破裂深度的主要因素是来压步距 L；为研究 L 对底板破裂深度的影响，根据赵固一矿顶底板岩层状况采用权重分别计算顶底板岩体的力学参数，取 $\gamma=27\text{kN/m}^3$，$\gamma_B=28\text{kN/m}^3$，$\gamma_{底}=25\text{kN/m}^3$，$k_r=2.5$，$H=650\text{m}$，$\varphi_0=28°$，$h_B=8.36\text{m}$，$E_d=4.77\text{GPa}$，$M=3.5\text{m}$，$k_p=1.3$，$x=h_z=1.9\text{m}$，$\mu=0.19$，$L_d=3.67\text{m}$，$\sigma_c$ 按强度折减系数取 13.0MPa，分别令 $L=6\text{m}$、11m、16m、21m，绘制了基本顶来压步距与底板破裂深度关系，如图 8.16 所示。

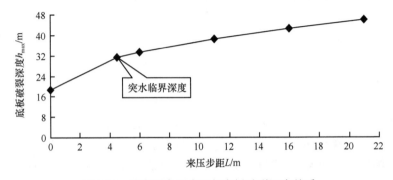

图 8.16　基本顶来压步距与底板破裂深度关系

由图 8.16 可知，随基本顶来压步距增大，煤层底板破裂深度先增加后趋于稳定。当来压步距约为 4.5m 时，底板破裂深度为 31.3m，大于底板隔水层的厚度，即超过底板突水的临界深度；当来压步距为 21m 时，底板破裂深度已达 46m，L_8 灰岩全部在破裂深度范围内。而根据式（8.9），提高底板岩体抗压强度可大幅降低其破裂深度，故应保证底板注浆效果以有效提高岩体参数。

根据图 8.16，顶板未来压时底板破裂深度仅约 18.8m，小于突水临界深度；而来压时，在支承压力、基本顶失稳的扰动载荷及承压水压力的共同作用下，破裂深度达到极限，其岩体内裂隙张开贯通程度最好；由于顶板来压的周期性，底板破裂程度也与其同步呈周期性。

同时，实测来压步距最小 6m 时底板破裂深度 33.2m，大于突水临界深度；煤层埋深约 700m，底板地应力便达 18MPa，在扰动载荷、支承压力叠加作用下，底板应力将超过 45MPa，加上 6.0MPa 承压水压力的渗透、导升作用导致赵固一矿12041 工作面发生了突水事故，故顶板剧烈失稳扰动的周期性造成了底板突水的周期性。

由于底板岩层的非均质性及隔水能力的非均匀性将导致底板突水点分布不同，

而承压水压力及剧烈来压作用将导致顶底板移近量及支架活柱下缩量大甚至造成支架压死。

8.2.2 底板破裂结构探查评价

针对底板应用三维/二维地震勘探、综合物探及钻孔探查后的成果，可进一步开展采场底板突水风险辨识，应用钻孔探查评价底板突水的可能性及危险性[13]，以开展有针对性的防控和治理方案，并为深部开采安全高效开采提供依据。

根据邢东矿-980水平部分工作面的底板探查结果，统计了2222、2126及2129工作面的综合探查成果，见表8.2。

表 8.2 邢东矿-980 水平部分工作面综合探查工程量

探测方法	2222 工作面		2126 工作面		2129 工作面	
	布置方案	工程量	布置方案	工程量	布置方案	工程量
坑透	发射点间隔 50m	720m	发射点间隔 50m，接收点间距 10m	580m		
槽波			激发点与检波点间距均为 10m	270m		
幅频电透视					运输巷、运料巷各 7 个测点，点距 70m	共 14 个测点，长度 430m
直流电法	探测深度 120m，测深点间距 30m	47 个	测点间距 30m，采样间距 5m	43 个测点	沿运输巷 16 个、运料巷 14 个测点，点距 30m	共 30 个测点
瞬变电磁（采场）	运输巷及运料巷分别为 1380m、1460m，切眼 140m	2980m	测点间距 10m，分不同角度布置测点	共 900m	运输巷及运料巷各 6 个探测角度；测点间距 10m	运输巷及运料巷长度分别为 460m、400m
瞬变电磁（超前）	两巷迎头处	2 组	左侧 90°～右侧 90°，间隔 15°，共 13 个角度	共 4 组		

8.2.2.1 2222 工作面

统计了 2222 工作面勘探圈定的 6 处水文异常和 2 处地质异常区域，见表 8.3。

根据表 8.3，瞬变电磁探测圈定了 2 处异常区：S1 异常区位于运料巷 0～50m、外帮 20～37m，深度 75m 附近；S2 异常区位于运料巷 470～730m。通过本次坑道透视成像探测，在工作面探测区域内发现 2 处坑透异常区：K1 异常区位于运料巷 16#～20# 点靠近运料巷，影响幅度大于 1/2 煤厚，分析为隐伏断裂构造异常；K2

异常区为工作面切眼揭露断层，并向工作面内延伸。直流电法测深共圈定 4 处相对低阻异常区：其中 C1 异常区位于运输巷 20～80m，底板下 60m 以深，分析为伏青灰岩局部破碎含水反应；C2 异常区位于运输巷 290～340m，底板下 50m 以深，从野青灰岩延伸到伏青灰岩以深，但上下导通不明显，分析为岩层破碎含水反应；C3 异常区位于运料巷 20～90m，底板下 80m 以深，分析为伏青灰岩局部破碎含水反应；C4 异常区位于运料巷 360～440m，底板下 50m 以深，从野青灰岩延伸到伏青灰岩以深，但上下导通不明显，分析为伏青灰岩局部破碎含水反应。

表 8.3 邢东矿 2222 工作面综合探查异常区域统计

异常编号	异常区位置	异常区描述及解释	富水性
C1	位于运输巷 20～80m，底板下 60m 以深	分析为伏青灰岩局部破碎含水反应	一般
C2	位于运输巷 290～340m，底板下 50m 以深	从野青灰岩延伸到伏青灰岩以深，但上下导通不明显，分析为岩层破碎含水反应	一般
C3	位于运料巷 20～90m，底板下 80m 以深	分析为伏青灰岩局部破碎含水反应	一般
C4	位于运料巷 360～440m，底板下 50m 以深	从野青灰岩延伸到伏青灰岩以深，但上下导通不明显，分析为伏青灰岩局部破碎含水反应	强
S1	位于运料巷 0～50m、外帮 20～37m，深 75m 附近	分析为野青灰岩、伏青灰岩局部富水反应	一般
S2	位于运料巷 470～730m，并向外延伸	分析为断层破碎带影响	强
K1	位于运料巷 16#～20# 点靠近运料巷	异常区影响幅度大于 1/2 煤厚，分析为隐伏断裂构造异常	
K2	位于运料巷 67#～73# 点、运输巷 66#～71# 点	工作面切眼揭露断层并向工作面内延伸	

同时，针对 2222 工作面瞬变电磁及电测深探测圈定的 6 个低阻异常区，施工了 8 个探查验证孔，其中 T1、T2、T3、T4 钻孔设计穿过电测深 C1、C2、C3、C4 异常区，施工过程中均未发现水文异常，T5 钻孔穿过瞬变电磁 S1 异常区，T6、T7、T8 穿过瞬变电磁 S2 异常区，均未发现水文异常，2222 工作面综合物探异常区探测孔未发现水文异常。针对 2222 工作面无线电波坑道透视探测圈出的 2 个异常区，施工了煤层对穿钻，经探测工作面内部未发现直径大于 10m 的隐伏断裂构造。2222 运输巷里帮存在一地震陷落柱异常区，为探查该异常区，施工了地面补勘地质钻孔 1001 孔，该孔打进该异常区时煤层无变化，未发现异常，另外在 2222 运输巷掘进至该异常区附近时停止掘进对其进行钻探探测，工作面圈定后又进行了煤层钻探测及物探探测，均未发现水文异常。

分析认为，2222 工作面掘进期间共揭露 4 条断层，工作面内部地质构造及断裂简单，工作面煤层底板标高在−1180～−980m，采深较大；在物探及钻探验证范围内均未发现底板深部的断裂结构，鉴于物探自身的多解性，在底板深度含水层顶界区域应以钻探及底板深部含水层的封堵治理为主。

8.2.2.2 2126 工作面

为探查并验证 2126 工作面物探异常区域处构造的分布和发育状况，在 2126 工作面运料巷及切眼掘进期间进行了底板超前钻探工作。2126 工作面底板超前钻孔设计终孔层位为 2# 煤底板下 60m，超前距和帮距均为 59m，2126 工作面共施工底板超前钻孔 9 个，井下测斜 9 次，累计工程量 1756m。2126 工作面运料巷各钻孔施工参数见表 8.4，钻探控制范围内均未发现水文异常；切眼物探异常区施工了MC4-1 和 MC4-2 两组钻孔（表 8.5），评价无异常，可以排除。

表 8.4 邢东矿 2126 工作面运料巷物探异常区超前探查钻孔成果

孔号	施工位置	钻孔参数			岩性	备注
		方位/(°)	倾角/(°)	孔深/m		
1	导 22* 前 70m	271	8	38	全煤	
				88	全煤	
2	导 22 前 70m	246	10	55	36m 见岩	
3	导 22 前 41m（钻窝）	229	11	14	见岩	
			13	8.5	见岩	
			9	12	见岩	
			7	60	全煤	卡钻
4	导 22 前 11m（钻窝）	211	11	18	见岩	
			13	11	见岩	
			8	36	见岩	
			6	83	40m 见岩	
5	导 22 前 92m（钻窝）	163	6	65	60m 见岩	卡钻
6	导 22 前 92m（钻窝）	232	12	34	全煤	对 2 号孔补充
7	导 22 前 41m（钻窝）	185	11	8	见岩	对 4 号孔补充
			9	12	见岩	
			7	17	见岩	
			5.5	50	32m 见岩	
8	导 22 前 92m（钻窝）	189	7	51	见岩	
9	导 22 前 92m（钻窝）		5	61	全煤	
总计		累计施工工程量 721.5m				

* 导 22 指 2126 工作面运料巷的 22 号导测点。下同。

表 8.5 邢东矿 2126 工作面切眼物探异常区探查孔成果

孔号	施工位置	钻孔参数			岩性	备注
		方位/(°)	倾角/(°)	孔深/m		
MC4-1	导 30 前 73m	264	6	45	全煤	
MC4-2	导 30 前 73m	223	10	42	全煤	
总计		累计施工工程量 87m				

针对 2126 工作面无线电波坑道透视探测圈出的 1 个异常区，施工了 5 个验证钻孔，5 钻累计钻探进尺 560m，终孔层位控制在 2# 煤底板下垂深 90m，具体参数见表 8.6，其中设计的 4 号钻孔在异常区外，未施工。

表 8.6 邢东矿 2126 工作面坑透异常区底板超前探查钻孔参数

孔号	施工位置	方位/(°)	倾角/(°)	孔深/m	2# 煤下垂深/m	突水	封孔水泥/t	终压/MPa	测终位移/m	偏斜与岩层倾向的关系
1	1 号钻窝	210	−38	119	90	无	0.6	20	4.22	垂直
2	1 号钻窝	240	−44	111	90	无	0.6	20	3.28	垂直
3	1 号钻窝	274	−44	118	90	无	0.6	20	5.61	垂直
5	2 号钻窝	198	−42	112	90	无	0.6	20	4.35	垂直
6	2 号钻窝	234	−53	100	90	无	0.5	20	6.79	垂直
累计工程量 560m，注浆 2.9t										

试验过程中，用注浆泵连续向钻孔内注入清水，孔内压力不断增大，耗时 30~35min，用水 1.2~1.4m³ 后，压力达到 20MPa，停注 1h 后压力无变化，卸压放水，1h 后孔内无水流出，注水前后钻孔无变化。各钻孔施工过程中无突水现象，施工结束后进行了压裂试验。压裂试验结束后，采用水泥 0.6t 对钻孔进行注浆封闭，注浆终压达到 20MPa，封孔后管内及其四周无渗漏水，封孔质量良好。

8.2.2.3　2127 工作面

2127 工作面突水后，为分析突水原因并监测突水位置底板水压，在 2127 工作面运料巷施工了一底板钻孔，终孔位置位于采线 42# 架底板处，如图 8.17 所示。钻孔施工至孔深 143m 时孔内无突水现象，为了进一步探查采线突水情况，继续施工至 160m 终孔，终孔层位判断为 5# 煤底板（2# 煤底板以深 73m）。终孔后，孔内有少量突水，突水量为 0.3m³/h，水压 4.8MPa，钻孔验证认为探测范围内不存在大的导含水构造，后用 700kg 水泥封孔，封孔后无漏水，封孔质量良好。

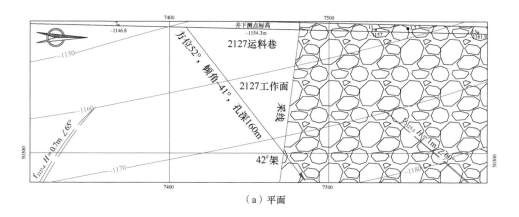

（a）平面

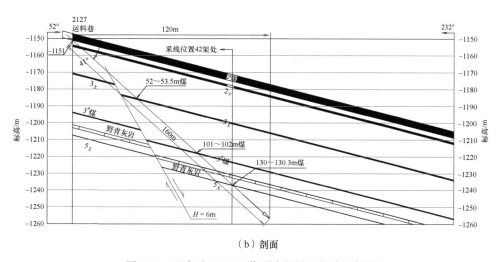

（b）剖面

图 8.17 邢东矿 2127 工作面底板钻孔探查平剖面

8.3 深部开采底板卸荷突水分区监测预警技术

由于底板存在断层、陷落柱或封闭不良钻孔等非连续断裂或地质体，底板岩层的空间展布呈断续特征，可形成底板导水通道；而在底板承压水压力及富水性作用下，水在导水通道及裂隙内流动，空间展布为连续流动状态。受非连续导水通道及含水层的连续流动因素影响，在深部开采顶底板扰动作用下，不同区域底板岩体的水文动态、裂隙扩展破裂、矿山压力显现及破裂深度将发生变化，以此可形成深部开采底板卸荷突水分区监测预警技术，如图 8.18 所示。

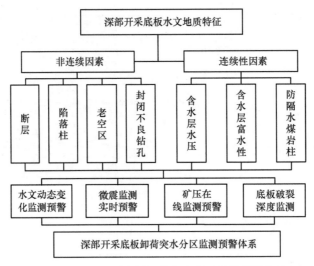

图 8.18　深部开采底板卸荷突水分区监测预警技术

8.3.1　水文动态变化监测预警

深部开采底板突水前后，受底板承压水涌出影响，在突水点周边导水通道作用下，突水点周围及附近的地面水文钻孔水位、水质等可能出现较大的动态变化或异常波动，以此可通过水文钻孔的水位、水温或离子含量变化实现对采场底板突水的动态变化监测和预警[14-15]。

8.3.1.1　水位动态变化监测预警

为分析底板突水与水位动态变化的关系，统计绘制了不同工作面在底板突水前后其突水点临近及周围的地面水文钻孔的水位动态变化曲线，如图 8.19 所示。图 8.19 中，持续时间为负，代表在突水前水文钻孔水位已发生变化；持续时间为正则代表突水后监测持续时间。

由图 8.19 可知，邢东矿各工作面底板突水前一定时间内，水文钻孔的水位均出现了不同程度的降低现象。

在 2126 工作面，距 2126 工作面切眼 1000m 的水 4 钻孔，自突水前 15d 水位由 41.243m 开始出现降幅异常；突水前 11d 开始，水位降幅较明显，4d 内降低了 0.485m；至突水 35d 后，水位降低至 36.007m，水位降深约 4.751m。

在 2127 工作面突水前 1d，距突水点水平距离 800m 的 20041 钻孔观测奥陶系灰岩含水层水位下降明显，由突水前的-9.704m 降至突水当天的-14.084m，单日降幅达到 4.38m；而在突水 44d 后，水位降至最低-33.917m，突水后水位降深达19.833m。后随工作面突水量降低并稳定，钻孔水位有一定回升，至突水 131d 后水位升至 21.09m。

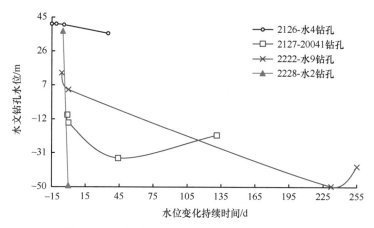

图 8.19　邢东矿地面水文钻孔水位动态变化曲线

在 2222 工作面，距 2222 工作面切眼 724m 的水 9 钻孔，在突水前 6d 水位由 13.793m 快速降低至突水当天的 4.393m，且出现了 423mm/h 的异常降幅，远远超过历史同期及周围奥陶系灰岩观测孔水位下降速度。而在突水约 232d 后，水位降低至最低−49.655m，与水位降低之前相比，降幅达 63.448m。

而在 2228 工作面，距 2228 工作面突水位置 1600m 的水 2 钻孔，自突水前 5d 水位 37.244m 开始出现降幅异常，至突水当天水位已降至−49.233m，5d 内累计降幅达 86.477m，达 0.72m/h，为降幅最快的突水工作面，并由断层活化导通底板奥陶系灰岩水直接形成管道流突水决定。

因此，工作面底板突水后，其临近或周围水文钻孔的水位将发生异常降低，水位降幅钻孔和底板的水力联系相关；但底板裂隙破裂突水水位降幅变化较慢，而断层活化导通导致的突水降幅异常，可达 0.72m/h。故根据突水点与水文钻孔的位置关系和水力联系，采场回采时应密切关注邻近的水位钻孔水位降幅变化，至少可出现 1d 的水位降低预警期，水位降低预警期多在 5～6d，以此可为底板突水灾害发出预警，并及时采取措施防止底板突水造成人身伤亡事故发生。

8.3.1.2　水质动态变化监测预警

在邢东矿 2126 工作面，自工作面底板突水开始共取水样 24 次，初期时间间隔为 24h，后期为 48h，水质类型为 $SO_4 \cdot HCO_3$-K、Na，pH 为 8.04～8.78，矿化度为 2900～3212mg/L，变化均很小，为典型的砂岩水。在主要阴阳离子中，阳离子含量变化很小，K^+、Na^+ 含量基本都在 99% 以上；HCO_3^- 含量自 42.48% 降至 23.36%，而 SO_4^{2-} 含量从 49.08% 升至 60.89%。

在 2127 工作面，自工作面底板突水开始共取水样 108 次，初期时间间隔为 4～8h，中期为 24h，后期为一周，水质类型为 SO_4-HCO_3-K、Na，pH 为 8.5～8.99，矿化度为 2155～3743mg/L，变化也均很小，为典型的砂岩水。在主要阴阳离子中，阳离子含量变化很小，K^+、Na^+ 含量基本都在 98% 以上；阴离子中，Cl^- 含量从 13.9% 降至 4.06%，HCO_3^- 含量自 46.36% 降至 21.74%，而 SO_4^{2-} 含量从 36.28% 升至 71.98%。

在 2222 工作面，自工作面底板突水开始共取水样 50 次，水质类型为 $SO_4 \cdot HCO_3$-K、Na，pH 为 8.06～8.85，矿化度为 1796～3442mg/L，变化也很小，为典型的砂岩水。在主要阴阳离子中，阳离子含量变化很小，K^+、Na^+ 含量基本都在 98% 以上；阴离子中，Cl^- 含量自 10.44% 降至 4.24%，HCO_3^- 含量自 55.84% 降至 21.27%，而 SO_4^{2-} 含量自 33.72% 升至 70.72%。

故根据 2126、2127 及 2222 工作面底板水质可判定底板水质类型为 $SO_4 \cdot HCO_3$-K、Na 型，K^+、Na^+ 含量均在 98% 以上，矿化度与 pH 变化均较小，为典型的砂岩水；但阴离子 Cl^-、HCO_3^- 含量均一致性降低，而 SO_4^{2-} 一致性升高，且变化量较大。因此，针对三个工作面均为底板裂隙破裂突水，底板深部奥陶系灰岩水一定程度上补给了底板突水，但受裂隙网络发育影响，表现为奥陶系灰岩水水质类型变化不明显，更多应从 SO_4^{2-} 的变化量中监测预警底板突水水源和突水程度。

而 2228 工作面与底板断层导通突水，其水质变化表现为明显的奥陶系灰岩水类型，持续监测了 116d 内的水质并绘制了水质变化曲线，如图 8.20 所示。

根据图 8.20（a），2228 工作面突水后，矿化度由开始的 3216mg/L 出现了波动式降低，pH 刚开始稳定，而在第 44d 至第 87d 呈波动式增长，后又稳定；结合 2228 工作面涌水量，突水 1d 工作面水量便增至 200m³/h，约 5d 水量增至 1100m³/h，底板积聚的奥陶系灰岩滞流区高矿化度水在突水初期即迅速排出；而在第 44d 至第 87d 可能受承压水补给影响呈现了小幅的高矿化度和高 pH 变化。

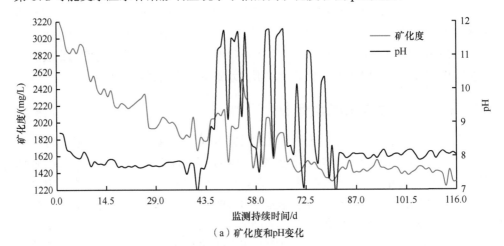

（a）矿化度和pH变化

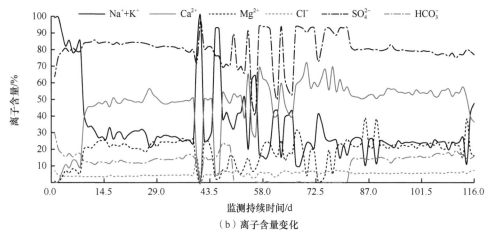

（b）离子含量变化

图 8.20　邢东矿 2228 工作面底板水质动态变化曲线

而根据图 8.20（b），2228 工作面突水水质类型初期为 SO_4-Na 型，其中：Ca^{2+}、Mg^{2+} 含量逐步增加，Na^++K^+ 含量逐步减小，突水 10d 后水质类型变为 SO_4-Ca 型，水源明显有奥陶系灰岩浅部水补给，表现为 SO_4-Ca 型。对比观测水位和涌水量变化曲线，突水 10d 后水量达到峰值 2649m^3/h，峰值过后突水量在 36h 内下降到 1800m^3/h，之后逐渐减少，到注浆工程加入后水量衰减得更加明显。在水量峰值前后，同步发生 Na^++K^+ 含量下降，Ca^{2+}、Mg^{2+} 含量上升，地下水位陡坎式下降，且水位变化与水量变化呈现负相关关系。

故水 2 钻孔所在含水层与井下突水有直接的水力联系，突水水源在此过程中出现了明显变化，阶段性变化明显，由径流条件差的奥陶系灰岩水转变为径流条件好的奥陶系灰岩水特征，补给水量丰富。因此，对于导通断层，其底板奥陶系灰岩水突水水质将呈现明显的 Ca^{2+}、Mg^{2+} 含量上升，Na^++K^+ 含量下降，可起到很好的预警作用。

8.3.1.3　水化学示踪监测

由于碘化钾（KI）易溶于水，且本区地下水中 I^-、K^+ 含量较低，其在水中的离子含量相对易区分，故为验证邢东矿 20041 钻孔水与 2127 工作面突水的连通关系，应用 KI 作为示踪剂进行水化学示踪试验。自第 0d 向 20041 钻孔内加入 11kg KI 后，开始持续监测了 I^-、K^+ 含量变化，变化曲线如图 8.21 所示，其中第 7d 又向 20041 钻孔内加 KI 试剂 19kg，并开始注水，至第 8d 注水完成，共注水 30m^3。

根据图 8.21，K^+ 背景值为 4.12～4.94mg/L，I^- 背景值为 <0.025mg/L，自第 7d 连续取样开始，K^+ 含量一直在 3.71～5.18mg/L 波动，至第 11.8d，K^+ 含量升至 5.45mg/L，并于第 12d 达到峰值 7.92mg/L，后逐渐降低，至第 16d，K^+ 含量恢复

至 4.98mg/L，试验结束。试验时 I⁻ 含量一直在 0.025mg/L 以下，可能由于 I⁻ 不稳定，保存及运输时分解；但自注完水至 K⁺ 含量达到峰值时间约为 81h，平均流速为 9.88m/h，K⁺ 含量突然性增加表明 20041 钻孔水与 2127 工作面突水存在连通关系。因此，2127 工作面底板水得到了浅部水源的充分补给，底板深部突水通道与浅部破裂裂隙网络实现了沟通，并促进了底板水的涌出。

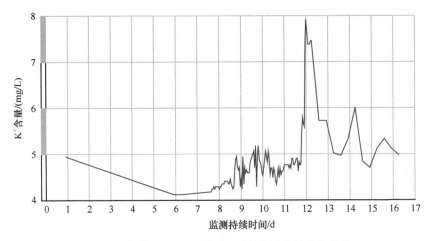

图 8.21　邢东矿 2127 工作面示踪剂离子含量变化曲线

　　因此，深部矿井可依靠工作面周围或邻近的水文钻孔，建立健全水文地质观测系统，实现对地下水的全程动态观测；采掘过程中，可配合钻孔水位、老采空区及突水点涌水量、排水量及突水征兆等环境要素进行监测预警；底板突水后，对工作面涌水量进行实时连续监测，底板监测孔连续或定时水质监测，发现异常及时采取措施。

8.3.2　微震监测实时预警

　　邢东矿−980 水平的微震监测实时反映了采场顶底板岩层破裂的空间特征，尤其 2129 工作面在前期测点及测站布置基础上加密测点观测，提前实现了对底板裂隙、断层活化等破裂结构的实时动态监测[16-17]，为采场底板突水防控及预警提供了实时数据依靠，有效弥补了物探及钻探手段的不足，也实现了对深部开采不同区域底板突水危险性的评价，避免了底板突水事故。

　　提取处理了邢东矿 2129 工作面 2019 年 4 月 1 日 9:00～4 月 5 日 9:00 期间底板实时连续微震事件如图 8.22 和图 8.23 所示。

　　由图 8.22 可知，4 月 2 日，采场煤壁两侧底板野青灰岩以深微震事件很少。4 月 3 日至 4 日所监测的底板野青灰岩以深区域微震数据在采场煤壁两侧迅速增加，野青灰岩至伏青灰岩段微震事件主要位于高应力卸荷的采场煤壁后方，伏青灰岩以深区域微震事件仍持续向采场前方底板延伸，并有向两侧 2123、2125 和 2222 采空区底板深部相互沟通的趋势。结合图 8.23，4 月 3 日至 4 日，当采场进入破裂异常区域中心位置时，底板深部各层位微震事件大幅增加，自底板浅部至奥陶系灰岩深部各层位微震事件基本连通，此时的突水威胁最大；当采场推过底板破裂发育区时，采空区底板深部破裂通道形成，底板野青灰岩以深区域微震事件在 4 月 5 日基本消失。

绘制了微震事件数量的变化曲线，如图 8.24 所示。

根据图 8.24，采场底板伏青灰岩以深区域各分段微震事件均先增加后减少，尤其底板奥陶系灰岩深部微震事件由 4 月 2 日的 4 个异常增高至 4 月 4 日的 40 个，

（a）4 月 2 日

（b）4 月 3 日

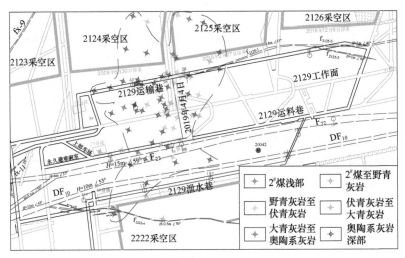

（c）4月4日

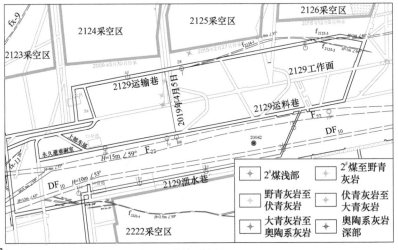

（d）4月5日

图 8.22 邢东矿 2129 工作面采场微震事件连续演化平面

扫码见彩图

增加了 9 倍，并远高于野青灰岩至奥陶系灰岩顶面的各分段区域；各分段微震事件均在 4 月 4 日达到峰值，但大青灰岩至奥陶系灰岩段微震事件数量的峰值最小，仅为 14 个，但其仍为 4 月 2 日的 4.7 倍。待采空区底板卸荷破裂稳定后，4 月 5 日各层位微震事件均急剧降低。

因此，结合图 8.22～图 8.24 底板微震实时连续监测数据，采场底板破裂后微震事件必然产生，应时刻动态监测评估底板深部的微震事件分布空间及数量特征，为底板突水灾害发生提供预警，从而避免人身伤亡事故。

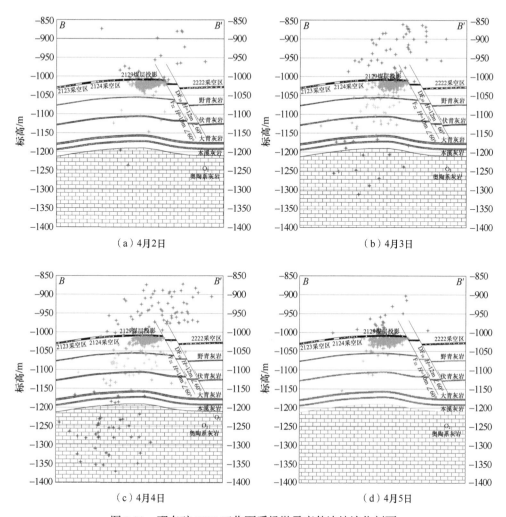

图 8.23 邢东矿 2129 工作面采场微震事件连续演化剖面

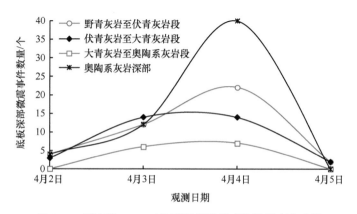

图 8.24 邢东矿 2129 工作面采场微震事件数量变化曲线

8.3.3 矿压在线监测预警

工作面开采后，采场围岩受开采扰动影响，将呈现顶板急剧下沉或冒顶、底鼓、巷道围岩大变形等剧烈来压现象，而采用采场支架的在线监测数据可及时预测顶板剧烈来压，从而为评估底板突水提供监测预警依据。

以邢东矿 2127 工作面为例，工作面突水前，已回采 300m，回采过程中无明显的矿山压力显现现象；而工作面突水 3d 后，采场矿山压力显现明显，突水量也由 44.3m³/h 快速增加至 125m³/h，对工作面 98 个综采支架的压力进行了连续抽样统计（时间间隔为 4h），将各支架压力算术平均值绘制成曲线，2127 工作面支架压力与底板突水量变化如图 8.25 所示。

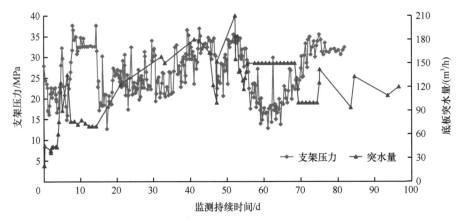

图 8.25　邢东矿 2127 工作面支架压力与底板突水量变化

由图 8.25 可知，2127 工作面底板突水与采场来压存在明显的相关性；工作面突水量随突水时间延续或工作面推进呈明显的跳跃型增长特征。工作面突水约 3d 时，工作面矿压显现剧烈，21 个支架压死，其中 26 个立柱和 16 个平衡被压坏，6 个支架立柱顶梁窝被压穿，4 个支架底座立柱底窝被压穿；突水后 67d 内，工作面周期来压距离 10～15m，67d 后约 20m；工作面压力显现的同时涌水量明显增大。故底板突水量一定程度上也与基本顶失稳导致的扰动破裂程度和破裂深度相关；扰动强度高，底板破裂严重，裂隙发育和沟通程度好，底板突水量增大。同时，受底板突水和基本顶失稳扰动影响，工作面推进速度也呈现不同程度的降低；而突水量稳定后，工作面推进速度有一定提高。

基于此，结合采场矿压在线监测数据，可以实时反映工作面的支架压力状态，并提前预测工作面的扰动强度，当支架压力异常增加，或在短时内活柱下缩量快速降低，将导致底板岩体破裂程度和破裂深度的增加，应提前做好底板突水或突水量增加的防控措施，从而为底板突水防控提供预警。

8.3.4 底板破裂深度监测

为进一步做好底板突水预警，随回采推进可不定期监测底板破裂深度，从而依据底板破裂深度增加程度及时采取措施，以防止突水灾害发生。同时，也可利用探查钻孔探测底板水压或底板破裂深度变化状况[18]，在邢东矿 2127 工作面施工底板钻孔探测了底板破裂深度，见表 8.7。

表 8.7　邢东矿 2127 工作面底板破裂深度监测参数

孔号	施工地点	方位/(°)	倾角/(°)	孔深/m	备注
2	2127 车场偏口向外 8m 底板	66	−28	165（2# 煤底板下 31m）	未水
2-1	2127 车场偏口向外 6m 底板	63	−28	150（2# 煤底板下 30m）	未水
2-2	2127 车场偏口向外 3m 底板	63	−25	140（2# 煤底板下 22m）	钻进至孔深 125m 突水，突水量约 $1m^3/h$，继续钻进至 130m 突水量增大至约 $5m^3/h$，孔深 140m 终孔后实测突水量为 $4.2m^3/h$，水压 1MPa，水质为 SO_4^{2-}-Na^+ 型
2-3	2127 车场偏口向外 1m 底板	61	−27	125.5（2# 煤底板下 24m）	钻进至孔深 110m 突水，突水量约 $0.5m^3/h$，继续钻进至 125.5m 突水量增大至约 $7m^3/h$，拔钻杆后实测突水量为 $20m^3/h$，水压 0.6MPa，水质为 SO_4^{2-}-Na^+ 型

2127 工作面停采后，在 2# 煤底板下 30m 以浅，2 号和 2-1 号探查孔内未突水；但在 2-2 号和 2-3 号钻孔内，底板以深 22～24m 钻孔突水，且孔深不同，突水量和水压不同。2-2 号钻孔孔深 125m 时突水，水量约 $1m^3/h$，继续钻进至 130m 水量增大至 $5m^3/h$，孔深 140m 终孔后实测水量为 $4.2m^3/h$，水压 1MPa，水质为 SO_4^{2-}-Na^+ 型；2-3 号钻孔，孔深 110m 突水，水量约 $0.5m^3/h$，继续钻进至 125.5m 水量增大至约 $7m^3/h$，拔钻杆后实测水量为 $20m^3/h$，水压 0.6MPa，水质为 SO_4^{2-}-Na^+ 型。

因此，底板破裂深度范围内突水与否取决于底板破裂裂隙的网络发育，结合底板钻孔或底板破裂深度探测可测定底板不同深度的破裂裂隙发育、水压及水质状况，从而为分析底板突水与否或底板突水程度提供监测依据。

8.4　本 章 小 结

本章应用综合物探技术对深部开采底板的破裂结构开展了分区辨识解析和风险评价，结合底板岩体的空间展布断续特征及水体的连续流动作用，构建了底板突水分区监测预警体系，从而形成了地面与井下、静态探查与动态监测相结合的深部开采底板卸荷破裂分区评价与监测预警技术体系，主要得出以下结论。

（1）基于三维/二维地震勘探结果，结合井下无线电波坑道透视、直流电法、瞬变电磁等综合物探技术，建立了以"超前探测，综合物探"为主的深部开采超前底板破裂结构辨识解析分区技术，实现了对不同区域底板富水及破裂结构的探查与解析。

（2）综合运用底板卸荷破裂深度计算、钻孔探查等手段，构建了采场底板卸荷破裂风险分区评价技术，应用弹性理论及莫尔-库仑破坏准则研究了底板卸荷破裂深度与基本顶失稳扰动的关系，并指出：冲击载荷及支承压力的叠加作用导致底板破裂深度增加；随来压步距增大，底板破裂深度先增加后趋于稳定。

（3）融合地面与井下、静态探查与动态监测手段，构建了以水文动态、微震实时事件、矿压数据、底板破裂深度等监测指标为主的深部开采底板卸荷突水分区监测预警技术，并指出：①底板突水前后，突水点临近或周围的地面水文钻孔水位发生异常降低，一般具有 1d 以上的水位降低预警期；根据底板水的离子含量可判定突水水源，结合水化学示踪监测可判定地面钻孔内水与底板突水通道的水力联系。②现场应用微震监测系统连续获取采场底板深部的微震事件数量、分布空间位置及动态变化特征，实现底板破裂状况的实时及连续监测。③结合采场矿压在线监测数据及支架压力状态，可应用底板突水与采场来压存在明显的相关性规律，提前预警并采取防控措施应对底板突水量增加。④利用探查钻孔探测底板水压或底板破裂深度变化状况，测定底板不同深度的裂隙网络发育、水压及水质，从而监测底板突水与否或底板突水程度。

参 考 文 献

[1] 王丹. 煤矿井下陷落柱精细探查技术在邯邢地区的应用[J]. 煤炭与化工, 2023, 46(2): 60-63.

[2] 高春芳. 邢东矿大型疑似陷落柱异常区综合探测[J]. 河北煤炭, 2010(2): 31-32, 36.

[3] 高春芳, 魏树群. 三维地震勘探技术在邢东矿井深部采区的应用[J]. 河北煤炭, 2004(2): 28-30.

[4] 周杰民. 立体综合物探方法在邢东矿 1127 工作面的应用[J]. 煤炭与化工, 2019, 42(9): 76-80.

[5] 李玉宝. 煤矿井下物探技术发展回顾与展望[J]. 中国矿业, 2012, 21(S1): 449-453.

[6] 李玉宝. 环工作面采动破坏影响圈采前立体探测技术[J]. 煤炭与化工, 2014, 37(1): 10-13.

[7] 王家臣. 厚煤层开采理论与技术[M]. 北京: 冶金工业出版社, 2009: 186-190.

[8] 卢爱红, 郁时炼, 秦昊, 等. 应力波作用下巷道围岩层裂结构的稳定性研究[J]. 中国矿业大学学报, 2008, 37(6): 768-774.

[9] 徐学锋, 窦林名, 刘军, 等. 动载扰动诱发底板冲击矿压演化规律研究[J]. 采矿与安全工程学报, 2012, 29(3): 334-338.

[10] 褚怀保, 杨小林, 侯爱军, 等. 煤体中爆炸应力波传播与衰减规律模拟实验研究[J]. 爆炸与冲击, 2012, 32(2): 185-189.

[11] 宋振骐. 实用矿山压力控制[M]. 徐州: 中国矿业大学出版社, 1988: 84-207.

[12] 彭苏萍, 王金安. 承压水体上安全采煤[M]. 北京: 煤炭工业出版社, 2001: 91-112.

[13] 毕玉明. 邢东矿深部开采区域探查治理技术应用[J]. 煤炭与化工, 2017, 40(10): 92-94.

[14] 赵立松, 闫兴达. 邢东矿−980水平以深区域奥灰突水机理的研究[J]. 煤炭与化工, 2018, 41(8): 53-55.

[15] 李东雪, 卢玲敏. 邢东矿奥灰水文地质补充勘探方法研究[J]. 煤炭与化工, 2022, 45(7): 57-61.

[16] 张党育, 武斌, 贾靖, 等. 基于微震数据及模型的煤矿水害"双驱动"预警体系构建与应用[J]. 煤炭科学技术, 2023, 51(S1): 245-255.

[17] 杨军辉. 高水压孤岛工作面底板突水防治技术研究[J]. 煤炭工程, 2020, 52(6): 102-106.

[18] 蒋勤明. 大采深工作面煤层底板采动破坏深度测试[J]. 煤田地质与勘探, 2009, 37(4): 30-33.

9 深部开采底板应力卸荷分区分级防控关键技术

为降低深部开采底板卸荷突水的危险性，根据深部开采顶底板岩体的联动失稳与底板岩体的卸荷破裂致灾机理，并吸取赵固一矿及邢东矿深部开采的工程实践经验，以"精细探测，透视解析；精确评价，辨识风险；精选方案，分区治理；精准防控，动态预警"为防控技术路线，以底板应力卸荷调控为主，发展完善了深部开采底板应力卸荷分区分级防控关键技术体系，如图 9.1 所示，从而有效避免了底板突水灾害，并为实现深部煤炭的安全高效绿色开采提供了支撑。

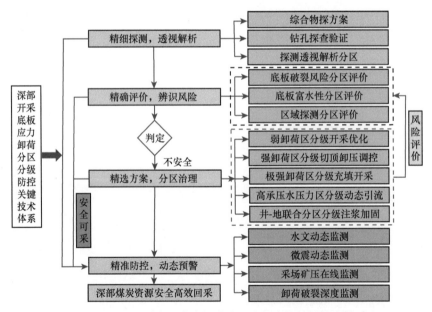

图 9.1 深部开采底板应力卸荷分区分级防控关键技术体系

9.1 深部开采底板应力卸荷分区分级调控技术

9.1.1 弱卸荷区分级开采优化调控技术

根据深部开采底板岩体的卸荷破裂力学机理及分区特征，控制底板岩体的卸荷应力、卸荷量或位移量可显著降低底板裂隙的扩展破裂及贯通程度。当处于隔水层厚度范围内的采场底板卸荷区内岩体卸荷应力、卸荷量较小时，可结合深部开采的工程实际，对开采技术条件进行分级优化调控，从而有效降低底板卸荷的突水危险性，以达到防控底板卸荷突水的目的。

9.1.1.1 弱动压区提高支架工作阻力

基于前述深部开采顶底板的联动破裂失稳机理，当顶板来压强度较低时，可采取提高支架工作阻力的措施，降低顶板失稳对底板的冲击扰动作用。

由式（8.9）可知，采场支架除受直接顶、基本顶重量外，还承载基本顶岩梁失稳的扰动载荷及其同步垮落的岩层重量。基本顶初次失稳的载荷强度高，对采场围岩及支架的冲击破坏能量高；赵固一矿 12041 工作面采用 ZF8600/19/38 型液压支架支护采场顶板，其额定初撑力仅为 8600kN，其支架工作阻力难以抵抗基本顶梁端载荷的强烈冲击造成底板破裂加剧。当基本顶来压步距 6m 时每个支架所需支撑力已超 8600kN，大于其额定初撑力；而合理的采场支护应给上覆可能形成的岩梁结构作用力，用以平衡并吸收部分扰动载荷，若支架工作阻力过小将导致立柱下缩量大甚至压架事故，进而造成底板破裂深度增加。

而后期，在地质条件类似的西二盘区 12031 及 12051 工作面回采时，支架变更为 ZF10000/20/38 型，额定初撑力仅提高 16.28%，液压支架使用加长杆后初撑力升至 10000kN，支架对顶板载荷的吸收能力增强，基本顶初次失稳的强度大幅减弱，初采后采场来压次数也大幅减少，且底板未出现大的突水事故。

同时，在赵固一矿井田西北翼，所有采场的液压支架改为 ZF18000/21/38D 型，额定初撑力大幅提高至 18000kN，较 12041 工作面提高了 1.09 倍，采用至今无剧烈冲击现象，显著提高了防御基本顶失稳的能力，底板变形破裂程度降低，并避免了底板突水事故。

可见，提高支架的初撑力和工作阻力仍是控制深部采场底板破裂深度及顶板稳定的重要技术。

9.1.1.2 强动压区优化采场斜长

根据第 3 章，基本顶失稳来压导致的扰动载荷越高，底板应力扰动强度和破裂深度越深，而降低采场斜长可有效减小基本顶的破裂宽度，从而降低基本顶来压导致的扰动强度。斜长减小，采场近场超前支承压力及侧向支承压力将有所降低，底板应力扰动深度也将降低，这在一定程度上可减小底板的卸荷破裂深度，从而有利于对底板突水防控。

同时，根据《建筑物、水体、铁路及主要井巷煤柱留设与压煤开采规程》，底板破裂深度与采场斜长的关系为[1]

$$h_1 = 0.7007 + 0.1079L_w \tag{9.1}$$

$$h_1 = 0.303L_w^{0.8} \tag{9.2}$$

$$h_1 = 0.0085H + 0.1665\alpha_L + 0.1079L_w - 4.3579 \tag{9.3}$$

式中，h_1 为底板破裂深度；H 为采深；α_L 为煤层倾角；L_w 为采场斜长。

为研究大埋深且反映采高（M）因素的底板破裂深度，可根据实测及收集的大埋深工作面底板破裂深度数据，运用数理统计回归分析法，获得其统计公式（9.4）[2]：

$$h_1 = 0.042H - 0.416\alpha_L + 0.013L_w - 3.276M + 7.255 \tag{9.4}$$

由式（9.1）～式（9.4）可知，底板破裂深度均与采场斜长呈正相关关系，即采场斜长越长，底板破裂深度越深，则底板突水威胁越严重。

结合邢东矿-980 水平实际，在不考虑其他防控措施情况下，统计了各工作面斜长与突水的关系，如图 9.2 所示。

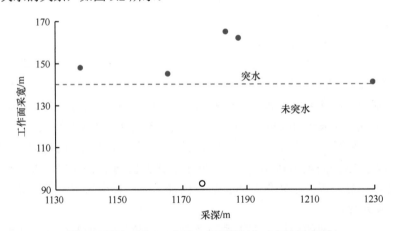

图 9.2　邢东矿-980 水平工作面斜长与底板突水关系

由图 9.2 可知，采深 1130m 以深的所有工作面，当采场斜长大于 140m 时均出现了底板突水；而采深为 1225m 的 2129 工作面，其斜长仅为 92.8m，仅为 140m 的 66.29%，其煤层开采后并未突水。虽然该工作面采取了切顶卸压、底板加固和疏截承压水的措施，但该采场底板未突水，与采场斜长的降低也应有一定关系。

若以底板隔水层厚度为 h_a，则当 $h_{max} \geqslant h_a$ 时，深部开采必然诱发底板突水；为避免底板卸荷破裂深度 h_{max} 高于 h_a，取一定安全系数 k_h，$0 < k_h < 1$，则

$$h_a > k_h h_{max} \tag{9.5}$$

若令 $h_{max} = h_1$，联立式（8.9）、式（9.4），则可获取采场斜长 L 与采深、采高、煤层倾角、基本顶来压步距等的关系，从而可获取不同影响因素下采场的最佳斜长，以降低底板的应力扰动深度和破裂深度，从而达到底板突水防控的目的。

9.1.1.3 强矿压显现区采场布局优化

根据前述，采场底板岩体的卸荷破裂条件取决于其应力卸荷起点、卸荷应力及卸荷量。因此，在强矿压显现区应根据采深、底板卸荷程度，并结合承压水压力及隔水层厚度、岩性，分析采场底板卸荷的强扰动危险性，确定合理的采场布局优化方案，以降低底板岩体的卸荷破裂程度，并进行效果监测、评估及优化，从而保证深部采场在高压力承压水上安全高效开采。

1）降低应力卸荷起点

采取削弱采动应力集中以降低应力卸荷起点的回采方案，从而提高底板岩体卸荷破裂的下限标准，可合理规划采区工作面布置，实行工作面顺序接替避免形成孤岛造成底板应力增大。采取窄煤柱护巷或无煤柱护巷，降低端头支承压力系数，从而减小底板应力的卸荷起点。加强端头支护降低端头应力集中程度，降低基本顶失稳的扰动载荷。初采时采取预裂爆破放顶，减小基本顶初次来压步距，降低基本顶初次失稳显现程度。基本顶周期失稳期间加强采场支护，减弱顶板失稳的扰动强度和深度。

2）减小底板应力卸荷量

开采前对底板裂隙岩体注浆加固，提高岩体质量，减少次生裂隙的扩展发育，优化注浆加固位置，重点加固端头底板深部裂隙岩体；开采后评估卸荷岩体质量，并估算卸荷破裂的危险性程度。

3）缩短应力卸荷时间

提高工作面推进速度，减小底鼓量，利用深部采场顶板的快速垮落充填开采空间，以降低底板卸荷幅度及底鼓量，使采空区底板岩体尽快成为应力恢复区，从而缩短应力卸荷时间，降低应力的卸荷损伤破裂程度。

4）开采效果监测、评估及优化

现场监测深孔基点位移、底鼓量、支护受力及围岩应力等参数，综合分析和

评估卸荷作用下采场底板围岩变形、破裂及底板注浆封堵的稳定性和可靠性，为评估底板岩体卸荷破裂的致灾危险性分析提供基础依据。

9.1.2 强卸荷区分级切顶卸压调控技术

根据前述，基本顶失稳来压导致的扰动载荷越高，底板应力扰动强度和破裂深度越深，底板卸荷程度越强，加之承压水的渗透破裂作用，基本顶失稳极易导致强卸荷区底板突水；故为控制基本顶的来压步距及采场矿压显现强度，降低由于基本顶失稳导致的底板应力扰动强度和破裂深度，可采取分级切顶卸压技术防控底板卸荷突水。

9.1.2.1 弱动压区水力压裂切顶卸压

邢东矿后期在-980 水平 2129 工作面施工了水力压裂顶板卸压钻孔[3-5]，施工时在回采巷道两侧分别采取不同的钻孔布置方案，以有效降低采场内基本顶和巷道外侧顶板的来压范围，钻孔布置图如图 9.3 所示。

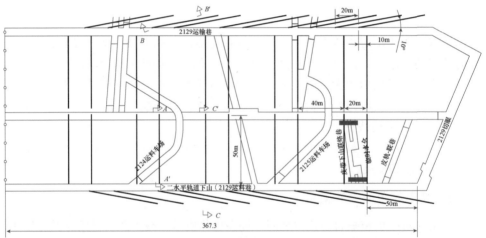

（a）钻孔布置平面

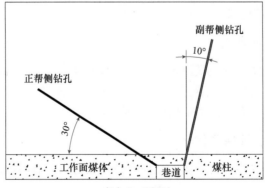

（b）C—C′剖面

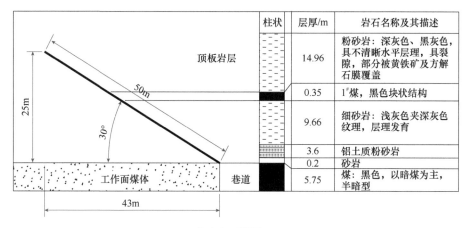

	柱状	层厚/m	岩石名称及其描述
顶板岩层		14.96	粉砂岩：深灰色、黑灰色，具不清晰水平层理，具裂隙，部分被黄铁矿及方解石膜覆盖
		0.35	1#煤，黑色块状结构
		9.66	细砂岩：浅灰色夹深灰色纹理，层理发育
		3.6	铝土质粉砂岩
		0.2	砂岩
巷道		5.75	煤：黑色，以暗煤为主，半暗型

（c）A—A′剖面

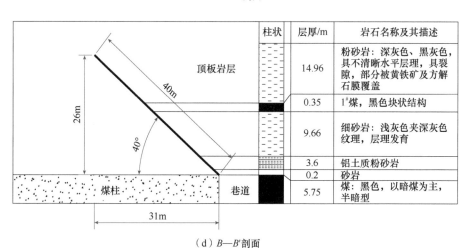

	柱状	层厚/m	岩石名称及其描述
顶板岩层		14.96	粉砂岩：深灰色、黑灰色，具不清晰水平层理，具裂隙，部分被黄铁矿及方解石膜覆盖
		0.35	1#煤，黑色块状结构
		9.66	细砂岩：浅灰色夹深灰色纹理，层理发育
		3.6	铝土质粉砂岩
		0.2	砂岩
巷道		5.75	煤：黑色，以暗煤为主，半暗型

（d）B—B′剖面

图 9.3 邢东矿 2129 工作切顶卸压钻孔布置

在 2129 运料巷布置了 A 孔 10 个，仰角 30°，钻孔长度 50m；B 孔 10 个，仰角 40°，与巷道夹角 10°，钻孔长度 40m。在 2129 运输巷布置 A 孔 10 个，仰角 30°，钻孔长度 50m；B 孔 10 个，仰角 40°，与巷道夹角 10°，钻孔长度 40m。施工时，钻孔直径为 56mm，钻进过程中降低了钻进速度，保证了钻孔的直线性。

应用该技术后，2129 工作面回采过程中，未发生剧烈的采场来压现象，有效弱化了基本顶失稳的扰动载荷作用。

9.1.2.2 强动压区预裂基本顶消除顶底板联动失稳效应

由于赵固一矿西二盘区 12041 工作面初采阶段未对基本顶预裂强制放顶；基本顶初次来压后，采场内可听到基本顶破裂失稳的连续剧烈声响，采场矿压显现非常剧烈，采场底板突水峰值达 486m³/h，故初采时必须对基本顶强制放顶，以减小初次来压步距和扰动强度从而避免突水事故。由表 1.3 及图 1.4、图 1.5 可知，12041 工作面来压分大小周期，小周期为 4~7d，来压步距 6~8m；大周期为 10~12d，来压步距 16~19m。为防止工作面回采后悬顶面积过大造成矿山压力骤增及煤层底板大面积破裂导致的底板突水程度增加，并有效解决 12041 工作面上、下端头及工作面中部的顶板压力问题，在 12041 工作面采空区侧顶板进行了强动压区爆破预裂基本顶。

1）爆破预裂基本顶方案

为避免采空区空顶导致基本顶失稳形成的冲击载荷，爆破预裂孔深度应使破碎岩石充满采空区，可避免因基本顶失稳造成矿山压力骤增及煤层底板破裂严重的现象，形成充满采空区所需顶板的厚度为 [6]

$$H_U = \frac{M}{k_p - 1} \tag{9.6}$$

式中，H_U 为基本顶预裂孔深度；k_p 为爆破预裂后岩块的碎胀系数，取 1.3；M 为采高，取 3.5m。

计算可知 H_U 为 11.7m。设基本顶岩石垮落角为 75°，则炮孔深度为 12.1m，如图 9.4 所示。考虑现场施工实际，预裂孔沿工作面采用单排孔布置，孔间距（煤层倾向）为 1.4~1.6m，预裂孔与巷道中线倾斜向上呈 75°~90°；预裂孔长度 12m，装药长度 6m，封孔长度 6m；炮孔直径 65mm。

在 12041 工作面 1#~20# 支架、48#~68# 支架、97#~117# 支架伸缩梁间隙布置单排预裂孔，每循环分三次装药爆破，一次爆破 20 个孔（1#~20# 支架一次，48#~68# 支架一次，97#~117# 支架一次），以后工作面每推进 10m 进行一循环预裂爆破。

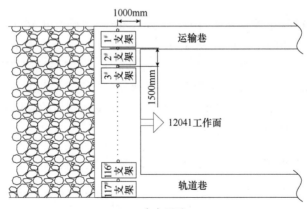

（a）平面

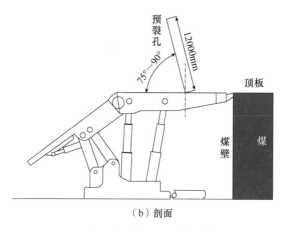

（b）剖面

图 9.4 基本顶预裂孔布置

2）炮孔布置及装药量

炮孔倾斜向上与水平线夹角为 87°，单孔布置 2 个电雷管和 6m 导爆索，炮孔装药长度为 6m，单孔需装炸药 18 卷（药卷规格：直径 32mm，0.3m/卷，0.33kg/卷），合计 5.94kg。

3）施工工序

收支架后尾梁插板→收后尾梁→敲帮问顶→支设气腿钻→连接风水管→定孔位→钻孔→装药→封孔→连线→起爆→爆破效果检查，爆破预裂流程如图 9.5 所示。

同时，根据式（3.4）、式（3.8），可计算基本顶的来压步距，采场推进至跨中前对基本顶预裂，其不但消除了基本顶岩梁失稳的跨中触矸效应，减弱触矸对采场底板的破坏，也降低了基本顶的来压步距及扰动载荷强度，从而减弱顶底板的联动失稳效应。

同时，根据式（8.9），若来压步距过大则扰动剧烈，底板破裂深度增加，故可采取对基本顶全层预裂爆破降低来压步距以减小扰动强度和底板破裂深度；若每推进 5m 对全工作面顶板预裂爆破一次，与来压步距 6m 相比，来压步距减小 1m，扰动载荷却降低约 8.8%，

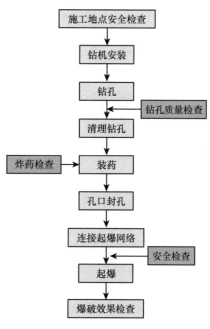

图 9.5 爆破预裂流程

支架载荷降低约 8.5%，底板破裂深度降低约 3.8%，故减小基本顶来压步距可有效降低扰动强度和底板破裂程度。

应用上述技术后，12041 工作面回采后期来压周期增加至 15d 左右，来压步距为 30～40m，来压强度明显减弱，且来压时底板未出现新增突水点，工作面推进速度由 1.2m/d 增加至 2.3m/d，生产效率提高了 91.7%，保证了安全回采。

而同为赵固一矿西二盘区的 12031 工作面，由于切眼处顶板采用锚索网联合支护，为减小切眼支护对初次来压的影响，采用与 12041 工作面爆破预裂相同的方法，在切眼及工作面推进 10m 时分两次进行预裂基本顶，以减弱顶板压力和基本顶初次失稳时形成的冲击载荷，其形成的垫层也能够缓和初次来压时矿山压力对煤层底板的破坏。现场初采结束发现，初采所进行的顶板爆破预裂，人为降低了基本顶的初次来压步距，消除了跨中触矸的扰动载荷作用，初采阶段有效避免了基本顶岩梁的剧烈失稳及底板突水事故。

9.1.3 极强卸荷区分级充填开采调控技术

受全部垮落法处理采空区影响，在煤层采出的自由空间作用下，基本顶由周边围岩体支撑，并形成了采场支承压力；而随基本顶跨距增加，基本顶失稳对底板形成动载扰动；底板应力临空范围不断增大，岩体应力不断卸荷而导致底板破裂深度进一步增加。当工作面已开采煤体空间被充填材料填充后，采出空间重新由充填材料配合周边围岩体支撑，降低了支承压力，避免了基本顶的剧烈失稳，且底板应力卸荷范围和卸荷时间均相应减小，进而使底板破裂深度减小。

尤其在底板隔水层厚度范围内，存在密集裂隙带、断层或陷落柱等破裂结构时，深部开采导致底板应力形成极强的卸荷区，采用开采优化及切顶卸压调控技术仍无法避免底板突水灾害发生；此时采用充填开采则可显著降低底板卸荷破裂程度，并达到充填开采防控底板突水的目的。

9.1.3.1 断裂发育区巷道矸石充填开采

当矿井区域底板含大量明显断裂构造时，可采用巷道矸石充填开采控制底板应力卸荷破裂程度，从而防止开采扰动而诱发底板突水灾害。邢东矿于 2002 年开始进行巷道矸石充填开采[7]，在解决矸石地面排放的环境问题时，也同步解决了断层密布区域的底板突水问题，如在深部-980 水平 21 采区多个工作面突水的区域，采用了巷道矸石充填技术，成功避免了底板突水灾害，提高了矿井的安全开采效益、矸石利用率及矿井经济效益。

巷道矸石充填技术是一项工艺较为简洁的安全、可靠技术，其可直接利用井下获得的矸石充填已完成掘进采煤或服务的废弃巷道。当巷道掘进完成或废弃后，及时将煤矸石充填进巷道中，主要工艺为进尺或整修、井下跳汰洗选所产矸石，经矿车、胶带输送机、溜子运至矸石仓，然后通过给料机或扒岩机，再经胶带输送机运输至充填巷迎头的矸石充填机，最后通过矸石充填机的抛矸胶带输送机上下左右摆动抛射充填矸石，将巷道充填密实接顶。根据巷道矸石充填的区域可将其分为单一巷道矸石充填及区域巷道矸石充填。

1）单一巷道矸石充填

由于井下矸石主要为岩巷掘进矸石和井下跳汰洗选的矸石，块度较大，为防止对胶带输送机造成破坏，需要对矸石进行破碎，一般要求粒径在 150mm 以下。破碎后的矸石再利用推车进入翻车机，下放到专用的矸石仓中，矸石仓底部装有给料机；由给料机转载到胶带输送机上，胶带输送机把矸石运输至待充填巷道的迎头。通过专用的抛矸机将矸石充填至巷道中。单一巷道矸石充填工艺如图 9.6 所示。

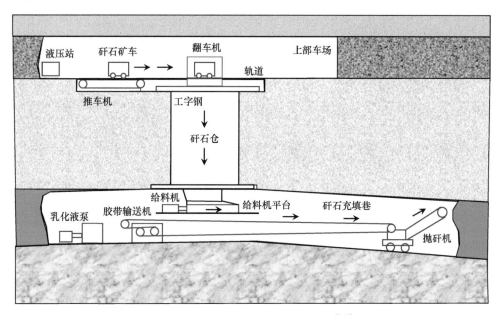

图 9.6 单一巷道矸石充填工艺示意[8-10]

单一巷道矸石充填系统的主要设备包括 EBZ-160 型掘进机、SGZ-40T 型刮板输送机、DSP650 型胶带输送机、YBJ-800 型激光定向仪、DSJ160/3500/3×500 型抛矸机、抛矸胶带输送机、跟进胶带输送机（图 9.7）。抛矸胶带输送机长约 7.5m，宽 0.9m，动力部使用该矿掘进机桥式皮带 11kW 电滚筒，实现了动力部与掘进机桥式皮带的互换；在抛矸胶带输送机上加装 6 根液压千斤顶，2 根调高千斤顶借用 SZZ800/200 型转载机涨紧千斤顶，实现抛矸胶带输送机在 2.5～5m 升降；2 根回转千斤顶借用该矿掩护式液压支架二级护帮千斤顶,实现抛矸胶带输送机左右各2.5m 的摆动,以上 4 根千斤顶均满足了充填巷道的断面尺寸需求。抛矸胶带输送机涨紧千斤顶借用该矿掩护式液压支架顶梁侧护千斤顶,并在抛矸胶带输送机上加装了集料斗及喷淋装置。

（a）抛矸机

（b）抛矸胶带输送机

（c）跟进胶带输送机

（d）巷道矸石充填工作面

图 9.7 单一巷道矸石充填装备及工作面示意 [11]

跟进胶带输送机总长约 4m,宽 900mm,后部可直接连接胶带输送机,从而与矸石运输系统实现直接连接。其中跟进胶带输送机采用框架结构与本体部连接,框架部分加装一根掩护式液压支架和二级护帮千斤顶,可实现跟进胶带输送机的倾斜调整。在框架及跟进胶带输送机中加装千斤顶、滚轮及滑道装置,可实现跟进胶带输送机的偏转位移。

因此,邢东矿巷道抛矸机可满足自由进退及拐弯的工况需求,巷道矸石充填通过抛矸机上下左右摆动抛射充填矸石,确保了巷道充填密实接顶。同时,为保证充填效果,现场应降低巷道原始变形空间比重,充填巷道尽可能布置成下山俯填,坚持快掘快充;降低待密实矸石潜在空间,优化矸石粒级配比;避免相邻巷道顶板应力集中使已有巷道产生过量变形。

2）区域巷道矸石充填

为对大范围区域进行巷道矸石充填开采，在单一巷道矸石充填工艺的基础上，邢东矿对拟充填开采区域统一规划，设置集中运矸联巷，通过掘巷道、留煤柱的方式进行充填巷布置，待充填巷上覆岩层稳定后再充填开采剩余煤柱，实现区域巷道矸石充填，从而避免巷道掘、充应力相互影响，并控制顶板压力和底板破裂深度。

为最大限度地提高煤炭资源的回收率，现场采用间隔跳采的方式掘进巷道，充填矸石。第一轮巷道掘进过程中两个巷道之间预留 10m 的煤柱，下一条巷道掘进过程中即可进行上一条巷道的充填，分 3 次完成煤柱的回收，如图 9.8 所示。

基于此，分别在工业广场等煤柱区域及 21 采区复杂地质条件区域进行区域巷道矸石充填，采用 EBZ-160 型掘进机切割出煤，掘出巷道后再支护顶板和两帮。掘进完成后，退出掘进机再由里向外对巷道进行充填；将进尺或整修所产生的矸石用矿车运至矸仓上口，由翻车机翻入矸石仓，再由给料机、胶带输送机运到充填巷工作面，经抛矸机抛射实现充填。

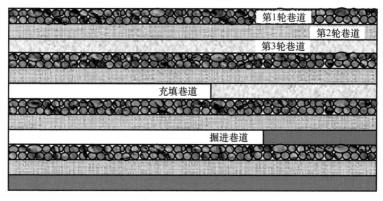

图 9.8　区域巷道矸石充填布置示意 [9]

为获取区域巷道矸石充填的围岩控制效果，现场在第一轮巷道充填结束后，采用钻屑法对煤体的受力进行观测，钻孔布置在距离巷道底板 1.0～1.5m 锚杆排的中间，共布置 3 个钻孔，深度为 9.0m；钻进过程中，每米取一次煤粉样，进行称重 [9]；结果如图 9.9 所示。

根据图 9.9，巷道矸石充填后，巷帮钻孔的钻屑量变化规律与采场巷道围岩基本一致，说明应力集中的程度与煤柱的宽度有关，近似呈正比例线性关系，同时，充填的矸石增加了对顶板的支撑，有利于减少中间煤柱的受力，降低顶板下沉量。

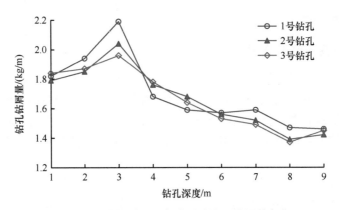

图 9.9 区域巷道矸石充填测试钻孔钻屑量变化

9.1.3.2 水文地质极复杂区域采场充填开采

邢东矿于 2011 年开始实施了采场超高水充填开采技术；为实现井下开拓巷道及原煤入洗产生的矸石全部就地回填，于 2012 年实施了综合机械化矸石充填开采技术；为解决矸石充填效率低的问题，2019 年开始实施了矸石充填开采技术，实现了矿区充填规模化。但超高水充填和矸石充填两种采空区顶板处理方式，均应用于浅部−760 水平的工作面，−980 水平均未采用充填开采工艺，通过 10 余年的实践应用发现，充填开采的矿压显现、底板破裂程度远小于全部垮落法处理采空区方式，并有利于防控底板突水事故发生。

1）采场矸石充填开采技术

矸石充填采煤方法是指在综合机械化采煤工作面的采空区侧开展矸石充填作业，以实现对顶板岩层的下沉量控制；其最大的优点在于矸石不升井，既降低了提升成本，又实现了绿色安全开采。矸石充填综采面与传统综采面最大的不同之处在于：矸石充填综采面的支架尾部有充填构件，主要包括运送矸石的刮板输送机和用于夯实矸石的千斤顶，从而在采空区一侧进行充填作业 [12]。

结合邢东矿技术条件及充填开采对采高的要求，采用单一厚煤层一次采全高倾斜长壁后退式综合机械化采煤工艺，用矸石充填方法控制采空区顶板。该矿综采面矸石充填系统主要包括储装运系统、充填回采系统两大部分 [12-13]。

a. 储装运系统

为解决井下矸石量低难以满足充填用量的问题，邢东矿建设了地面矸石投料及储装运系统，故邢东矿的储装运系统包括地面、井下两部分，建立了服务于区域性矸石处置的地面充填站及投料系统，解决了矸石的来源、储运、大垂深投放、远距离输送等难题，研发了同时利用本矿井矸石和外部矿井矸石的区域性矸石处置方法。

地面投料矸石充填开采工艺采用地面投料的方式，将外运矸石经垂直投料系统、井下固体充填物料输送系统，输送到支架后部刮板输送机，投放到采空区，最后由充填液压支架推压密实机构进行推压密实，如图 9.10 所示[7,10]；外运矸石主要为东庞及邢台煤矿的矸石山及洗选矸石。

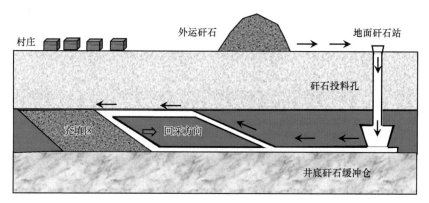

图 9.10　地面矸石充填系统示意[7,10]

井下储装运系统主要由翻罐笼、刮板输送机、破碎机、梭车、临时砟仓、胶带输送机等组成。矿井产生的矸石经翻罐笼翻运到破碎机进行破碎，破碎后的成品矸石储存到梭车和临时砟仓，然后使用胶带输送机将破碎矸石输送到工作面进行充填，如图 9.11 所示。井下矸石运输主要为：处理井下各头面生产、巷道整修、筛分跳汰系统产生的矸石，运输系统总长 4150m，矸石仓总容量 2050m³，可储存正常生产所需 1.2d 的矸石。

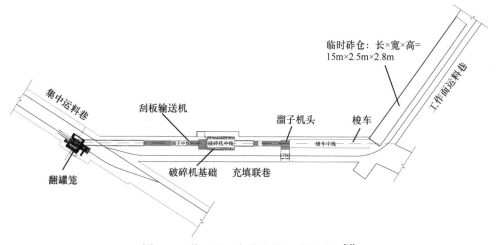

图 9.11　井下矸石充填储装运系统示意[12]

b. 充填回采系统

充填开采工作面包括采煤和充填两部分（图9.12）。采煤系统主要采用 MG500/1140-WD型交流电牵引采煤机双向穿梭采煤，前滚筒割顶煤，后滚筒割底煤，滚筒自旋使其截齿将煤破碎，利用机组滚筒螺旋叶片和运输机铲煤板将煤自行装入运输机；采用 SGZ-800/800 型双中心链可弯曲刮板输送机运煤，运输巷采用 SZZ-800/200 型转载机、PCM-160 型破碎机、DSP-1080/1000 型可伸缩皮带运输机运煤；工作面主体支护设备是 ZC-5160-29/48D 型充填液压支架（图9.13），两端头各使用一套 ZT9400-30/50 型端头支架支护。

（a）综采工作面　　　　　　　　（b）矸石充填

图 9.12　矸石充填工作面照片

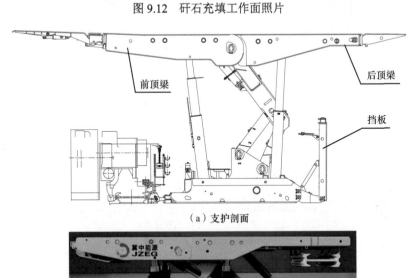

（a）支护剖面

（b）实物照片

图 9.13　矸石充填液压支架[14]

为提高生产效率，邢东矿采用回采与充填同时进行、平行作业工艺，即矸石充填作业紧随采煤作业进行，具体的采煤工艺为：割煤→移架→推溜→矸石充填，如图9.14所示。采煤机割煤后，调整充填支架后部刮板输送机，依次开动工作面后部刮板输送机、矸石转载机、运矸胶带输送机等运输设备，进行采空区充填。其中，矸石充填工作主要靠后部刮板输送机和推压机构共同完成；由胶带输送机、矸石转载机将矸石运输、转载至工作面充填支架后部刮板输送机上，通过刮板输送机卸料孔将矸石充填入采空区内，然后利用推压装置将矸石材料推实，具体施工工艺为：机尾拉移支架→拉移胶带转载机与后部刮板输送机搭接→工作面中间依次充矸→依次捣实→机头、机尾充矸捣实→上下端头人工擂矸充填。作业顺序由机尾向机头方向充填，当下面一个卸料孔落料到一定高度后，关闭卸料孔再开启上一个充填卸料孔，随即启动推实千斤顶推动铲板，对已落下的充填材料进行压紧推实，如此反复几个循环，直至采空区充满压实；调节千斤顶用于调节推实千斤顶和铲板的角度，可使充填料在支架后部接顶，从而实现完全充填。

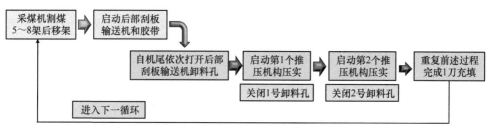

图9.14　矸石充填作业流程 [7,13]

为提高充填效率和充填效果，采取成组移架、交替落料、同步推实的工序，具体方法如下。

（1）成组移架：每班按照正规循环割煤，每3架为一组，割煤后将第1组充填支架向前推移一个步距，开始充填作业，每组支架同步动作，提高充填效率和充填效果，正规循环作业启动后，端部进刀不影响后部充填，采充可平行作业。

（2）交替落料：从充填输送机机尾向机头方向依次充填，即先打开第1组充填支架底卸刮板输送机机尾的卸料孔，对该段架后采空区充填，待第1组卸料孔对应的架后区域矸石充填至1/3高度时关闭卸料孔，打开第2组卸料孔进行落料，沿工作面向机头方向交替落料，保持落料的连续性。

（3）同步推实：第1组支架卸料孔关闭后，启动推实机构推压矸石，该组进行推实作业时不影响下组支架的落料，保证推实与落料同步进行，每组支架循环3次落料、推实动作，按照该工序依次作业完成1个循环。

充矸捣实过程中，多次漏矸，多次捣实，直至采空区充填矸石充分接顶并充捣压实为止。综采工作面生产系统、充填系统融合为一体，回采、充填同时进行。

以此，可满足每班 4 刀煤的充填效率，月产能力可达 7.2 万 t，从而实现了深部煤炭安全高效绿色开采。

2）采场超高水充填开采技术

超高水充填由于固体料用量少，主要原材料可直接使用矿井水，材料来源充足可靠，是一种生产能力较高的充填采煤方法。邢东矿充填开采初期，为解决矸石来源不足的问题，采用超高水材料进行充填；超高水材料是指水体积在 95% 以上，最高可达到 97% 的高水材料，主要由 A、B 两种物料，分别加入 8～11 倍水组成；A 料主要用铝土矿石膏等独立炼制并复合超缓凝分散剂构成，B 料由石膏、石灰和复合速凝剂构成。两者按一定比例配合使用，强度可根据需要进行调整，满足井下充填要求，超高水材料固结体具有体积应变小，凝固时间易调，输送便捷等优点 [15-16]。

超高水充填主要通过地面制浆系统及管路输送系统将 A、B 浆液由地面注浆站输送到井下回采工作面，再通过工作面布置的充填液压支架将采空区与工作面分隔开形成浆液充填区域，待地面输送的浆液凝固后实现充填开采。超高水充填工艺包括三个子系统：地面制浆系统、管路输送系统和充填回采系统。

a. 地面制浆系统

根据高水材料的需求，邢东矿建设了 A、B 两套制浆系统，A、B 制浆系统设备完全相同，每条生产线由上料装置、上水装置、配料装置、搅拌装置、卸料装置、气路控制及电器控制部分等组成，如图 9.15 所示。

单条制浆系统制浆能力为 $110m^2/h$，总制浆能力为 $220m^2/h$。浆液配制好后，把浆液暂时储存在储浆池内，每个储浆池的容量为 $20m^3$。待地面制浆完毕后，通过浆液自流系统将配置好的 A、B 两种浆液由地面注浆站输送到井下回采工作面，自流系统的下浆能力为 $220m^2/h$，与制浆系统匹配，即形成了完整的地面制浆系统。

b. 管路输送系统

管路输送系统分为注浆孔竖直段、大巷水平段和工作面输送段；竖直段长 800m，终孔下入 $\varphi168mm \times 10mm$ 无缝钢管，下部 50m 为 $\varphi172mm \times 12mm$ 无缝钢管。大巷水平段长 1500m、管径 $\varphi108mm$、壁厚 8mm，工作面输送段管径 $\varphi108mm$、壁厚 8mm，管路均铺设两趟，分别用来输送 A、B 浆液。在距离工作面 60m 左右设置管路混合器，两趟管路变为一趟，将 A、B 两种浆液混合在一起，混合器内置螺旋桨结构，通过混合器和 60m 外径为 152mm 的耐压 15MPa 胶管的单管，能够将两种浆液充分混合，从而保证充填材料凝固后的力学性能。然后，再经分流器分成 4 个充填管，分别充入架后充填袋内。

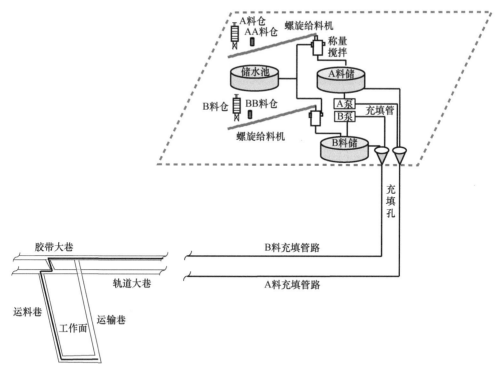

图 9.15 超高水充填工艺流程[7,10]

c. 充填回采系统

工作面充填方式采用充填袋（包）与开放式充填相结合的采空区混合式充填：利用 7 个隔板支架，将工作面分成 6 个区域，沿工作面方向共布置 6 个充填包，充填包最大外形尺寸 21.5m×2.5m×5.0m（长×宽×高），包与包间隔一个支架宽度，每个包横跨 10 个支架的充填空间。为了减小充填对采煤的影响，在充填回采工作面布置 5m 高充填液压支架，支架采用前后分离架的布局方式（图 9.16）；前架为正常基本支撑支架，负责采煤顶帮支护，后架采用掩护支架和隔板支架用来充填超高水材料，实现井下采充分离，平行作业，提高充填回采效率。采用采空区挂袋式封闭充填，提高了超高水充填的充填率，充填体成型规则，且充填体的密封性良好[15]。工作面采煤结束后将支架前拉，这样在每两个隔板支架间形成充填空间，在支架顶梁上悬挂特制充填袋，之后将超高水材料的混合液输送至充填袋，待混合液凝固后实现充填开采。

邢东矿超高水充填采用三刀一充，循环进尺 2.1m。具体充填工艺为：后置支架拉架→挂袋充填准备→输送料浆→正常充填→管道清洗→充填结束验收→凝固、检修。

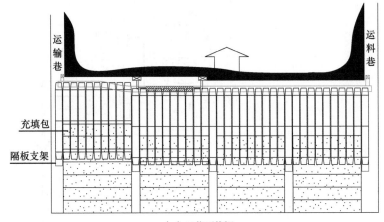

（a）工作面俯视

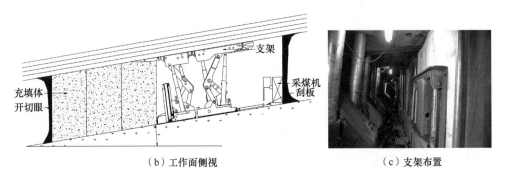

（b）工作面侧视 （c）支架布置

图 9.16 超高水充填开采示意

（1）工作面充填袋及固定点固定牢固后，检查注浆管路和设施完好后，注浆站准备制浆。

（2）注浆站将制浆信息反馈给工作面，施工人员再次检查各个阀体，打开联合开关，将料浆注入混合器，注浆站保持 A、B 两种料浆比例为 1∶1，比例发生变化，及时调整设备运行状况。

（3）供料后，充填人员观察出浆口的出料情况，待充填料混合均匀后将充填管路放入充填袋内进行充填。同时观察充填袋内部空气情况，通过充填袋顶部的放气孔将包内多余空气放尽。

（4）充填袋内的料浆达到其容积 95% 以上时，停止注浆，抽出注浆管路，将充填袋顶部的各个注浆孔封严实；充填面的各个充填区域可以同时进行充填工作。

（5）充填完毕后冲洗充填管路，然后将充填管路集中存放，保证充填注浆管路的清洁卫生。

因此，邢东矿自 2002 年开始固体巷道充填，在 20 余年的充填开采实践中，不但解决了可采资源紧张、建下压煤地表沉陷问题，也解决了采场顶底板动力灾害防控的难题，显著提升了矿井的安全回采能力。

9.1.3.3 顶底板卸荷破裂控制效果

1）顶底板破裂深度监测

为分析充填开采控制顶底板破裂的效果，分别在充填开采工作面与普通全部垮落法处理采空区的工作面进行顶底板破裂深度的监测，底板监测仪采用振弦式埋入型岩石裂隙计，顶板监测仪则为顶板多点位移计，如图 9.17 所示。

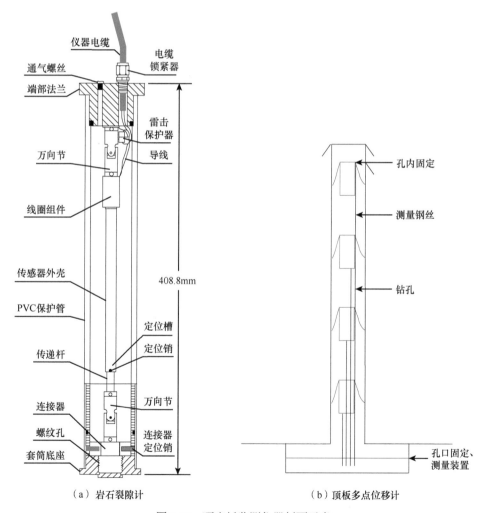

（a）岩石裂隙计 　　　　　（b）顶板多点位移计

图 9.17　顶底板监测仪器剖面示意

岩石裂隙计监测原理是利用埋置于底板中不同深度裂隙计的变形量来判断底板受采动影响产生的破裂程度。顶板多点位移计监测原理是利用顶部基点与孔口之间的相对位移作为该基点的变形总量。监测系统由监测站、埋设信号传输电缆线、顶板多点位移计、岩石裂隙计等硬件以及相应的软件组成，并分别在1128高水充填工作面和2225普通综采工作面进行监测。

a. 1128高水充填工作面

1128工作面采用高水充填法开采，工作面长度为60m。该工作面设2个测站，1号测站位于1128工作面运料巷与2223探巷交叉点处，主要对顶底板进行监测，在顶板岩层上安装7个顶板多点位移计，底板内安装4个岩石裂隙计；2号测站位于2223探巷中间，在顶板岩层上安装7个顶板多点位移计。测站布置如图9.18所示，测站仪器安装深度以及编号见表9.1。

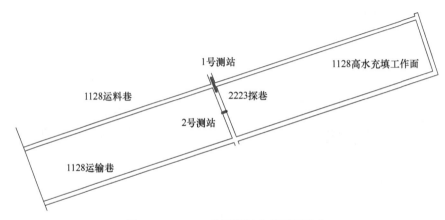

图9.18　1128工作面测站位置平面分布

表9.1　1128工作面测站监测仪器安装参数

监测位置	仪器标号	顶板测点垂深 （1、2号测站）	底板测点 （1号测站）	备注
顶底板	1	3m	7m	顶板： （1）顶板孔尽量竖直 （2）埋深为顶板多点位移计距孔口距离 底板： （1）底孔垂直向下 （2）垂深为岩石裂隙计探头距孔口距离
	2	6m	13m	
	3	9m	19m	
	4	12m	25m	
	5	15m		
	6	20m		
	7	25m		

根据工作面推进速度和现场生产情况，自测点距工作面236.5m开始监测，至

工作面推过测点 46m 停止；其中 1 号测站底板监测数据较为完整，而顶板监测仅有工作面推进到测站处的数据。分别以测点为原点，统计工作面向测点推进及推过测点后整个过程中顶底板不同深度的位移变化，如图 9.19 所示。

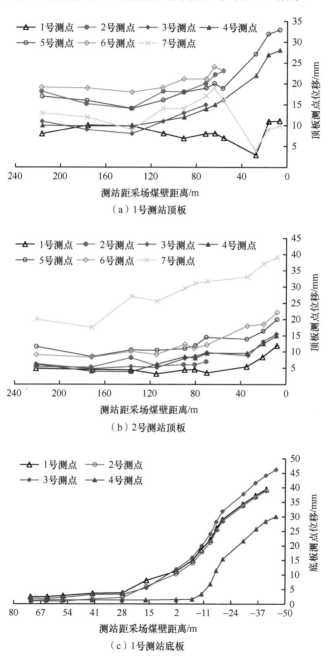

（a）1号测站顶板

（b）2号测站顶板

（c）1号测站底板

图 9.19　1128 工作面测点位移变化

根据图 9.19（a），工作面距测站 56.2m 以远时，各测点位移变化不大，保持相对平稳趋势。当工作面距测站 27.7m 时，巷道顶板各测点位移突变，其中 5 号测点位移较大，并且 1、4、5、7 号测点位移变化趋势相同，在工作面距测站 6.5m 处达到峰值。分析认为，当工作面距测站 27.7m 时，测站处顶板受采动影响产生位移，并随工作面推进位移逐渐增大。当工作面继续推进到距测站 6.5m 后，2、3、6 号测点中途断裂，巷道顶板下沉，测站损坏，未监测到数据。

由图 9.19（b）可知，2 号测站各测点整体变化规律与 1 号测站相似。当工作面距测站 56.2m 以远时，各测点位移均变化不大，保持相对平稳趋势；当工作面距测站 56.2m 至 27.7m 时，除 1、6、7 号测点有微小的位移外，其余测点几乎不产生位移；工作面距测站 27.7m 时，巷道顶面各测点位移突变，且变化速率相近；在工作面距测站 6.5m 时达到最大值，后期位移呈进一步增大的趋势。分析认为，当工作面距测站 56.2m 时，测站处顶板受工作面采动影响较小；当工作面距测站 27.7m 时，测站处顶板受工作面采动影响显著，位移产生突变，并随工作面推进，位移逐渐增大。

根据图 9.19（c），巷道底板 1、2、3 号测点变化趋势相同，而 4 号测点差异较大。当工作面距离测站 27.7m 时，巷道底板 1、2、3 号测点开始产生较明显的位移，4 号测点直至工作面推过测站 6.0m 时，才开始出现微小位移。从位移速率看，当工作面据测站 27.7m 至 -6.0m 时，1、2、3 号测点位移曲线的斜率（工作面每向前推进 1m 引起的位移量）为 0.7mm/m 左右，三者速率相近，此时 4 号测点位移速率几乎为 0；当工作面距测站 -6.0m 至 -20.2m 左右时，4 个测点的位移均显著增加，斜率约为 2.2mm/m；当工作面距测站 -20.2m 至 -46.0m 时，测点位移增加变缓，呈平稳趋势，此时斜率约为 0.8mm/m，且工作面推过测站越远，位移增加速率越小，这说明工作面推过测站 46.0m 后，底板位移逐渐减小，直至最后保持平稳。从底板破裂深度分析，由于 1、2、3 号测点出现相同的变化规律，而 4 号测点的位移值明显偏小，说明底板深度 7m、13m、19m 均出现了破裂，位移峰值在底板以深 19m 处，底板以深 25m 未出现破裂，分析认为工作面底板的最大破裂深度为 22m 左右。

因此，综合 1、2 号测站顶底板测点位移可知，受采动影响，高水充填工作面的采动影响距离为 27.7m 左右，之后顶底板岩层活动显著。

b. 2225 普通综采工作面

在 2225 普通综采工作面布置了 3 个测站，其中 1 号测站位于 2225 工作面运输巷，距 2225 切眼 100～120m，2 号测站位于 2225 运输巷与 2225 探巷交叉点处，测站布置如图 9.20 所示。

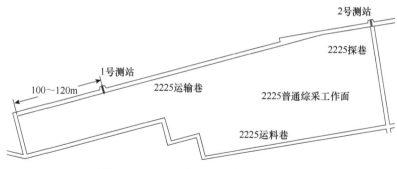

图 9.20 2225 工作面测站位置平面分布

2225 工作面底板监测最大深度由 1128 工作面的 25m 增加至 45m，监测点由 4 个增加到 6 个，其监测深度分别为 7m、13m、19m、25m、35m 和 45m，其中 1 号测站监测底板破裂位移，2 号测站对顶底板同时监测，各测站仪器安装深度及编号见表 9.2。

表 9.2 2225 工作面各测站仪器安装参数

监测位置	仪器标号	顶板测点垂深 （2 号测站）	底板测点垂深 （1、2 号测站）	备注
顶底板	1	3m	7m	顶板： （1）顶板孔尽量竖直 （2）埋深为顶板多点位移计距孔口距离 底板： （1）底孔垂直向下 （2）垂深为岩石裂隙计探头距孔口距离
	2	5.5m	13m	
	3	9m	19m	
	4	12m	25m	
	5	11.5m	35m	
	6	15m	45m	
	7	25m		

自工作面距测站 236.5m 时开始监测，至工作面推过测点 49.3m 结束，统计了各测点的监测数据，如图 9.21 所示。其中 2 号测站底板监测数据较为完整，包括工作面推进前后的监测数据，而顶板监测仅有工作面推进到测站处的数据。

根据图 9.21（a），各测点变化规律相同，测点之间位移差异不明显。当工作面距测站 40.5m 以远时，各测点均无明显位移，底板岩层活动不明显。工作面距测站 40.5m 至 10.0m 时，各测点开始产生微小位移，底板岩层开始活动。随工作面继续推进，各测点位移斜率逐渐增加，底板岩层活动愈加强烈。当工作面距测站-32m 至-42.8m 时，位移变化尤为明显，此时位移斜率达到 4mm/m。当工作面距测站-49.3m 时，位移增加逐渐变缓，趋于平稳。分析认为，工作面底板最大破裂深度已经超过 45m。当工作面距测站 40.5m 左右时，底板岩层开始活动，底板受工作面采动影响，工作面采动影响距离约为 40.5m。

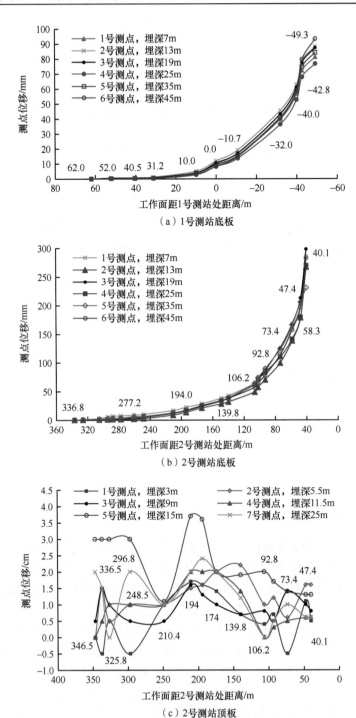

图 9.21 2225 工作面顶底板测点位移变化

由图9.21（b）可知，各测点变化规律与图9.21（a）类似。当工作面距测站248.5m以远时，各测点均无明显位移，底板岩层活动不明显。工作面距测站248.5m至92.8m时，各测点开始产生较小位移，底板岩层开始受到采动影响，此时位移速率仅为0.5mm/m。随工作面继续推进，各测点位移速率逐渐增加，底板岩层活动愈加强烈。当工作面距测站92.8m至40.1m时，位移变化较为明显，此时位移速率达到4mm/m。当工作面距测站40.1m以后时，测试仪器损坏数据中断，但分析可以发现，测点位移仍在急剧增加，无趋于平稳趋势。当工作面距测站40.1m时，测点位移已达300mm左右，远远超过1号测站最终的90mm。分析认为，工作面底板最大破裂深度已经超过45m。当工作面距测站92.8m左右时，底板岩层开始受到采动影响，底板受工作面采动影响，采动影响距离约为92.8m。

由图9.21（c）可知，当工作面距测站73.4m以远时，各测点位移变化规律并不明显，数据波动较大。当工作面距测站73.4m时，巷道顶板各测点开始产生较有规律的位移突变，其中5号测点位移较大，其余各测点位移较小。分析认为，当工作面距测站73.4m时，测站处顶板开始受工作面采动影响，顶板岩层活动产生位移，故工作面顶板的采动影响距离约73.4m。

由于2225工作面1号测站处工作面长度为50m，而2号测站处工作面长度为126m，根据监测数据可以看出，当工作面长度为50m时，底板受工作面采动影响的距离约为40.5m，底板最大破裂深度可超过45m。当工作面长度为126m时，底板和顶板受工作面采动影响，采动影响距离达到了92.8m，底板最大破裂深度也已超过45m，由此可知工作面长度直接影响工作面的采动影响距离。同时，2225工作面左侧为一采空区，2225较短工作面右侧为一宽煤柱，而较长工作面右侧为一窄煤柱，长工作面处相当于一个孤岛工作面，故工作面长度对超前顶底板岩层的扰动距离有显著影响。

根据1128高水充填工作面及2225普通综采工作面的监测数据，全部充填工作面前方的采动影响范围在27.7m左右，底板岩层的最大破裂深度介于19~25m，一般为22m；而全部垮落法处理采空区时，工作面长度对顶板覆岩和底板岩层的活动规律影响较大，当工作面长度较短时，工作面采动影响距离约40m；而工作面长度较长时，采动影响距离达92m左右，底板破裂深度可达45m左右。

2）巷道表面位移监测

为获取高水充填工作面与普通综采工作面回采巷道的表面位移差异，分别在1126高水充填工作面、2225普通综采工作面和12212矸石充填工作面进行回采巷道表面位移观测，观测方法如图9.22所示。

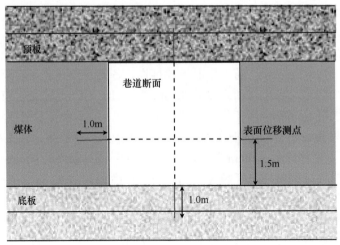

图 9.22　巷道表面位移测站剖面

a. 1126 高水充填工作面

在 1126 工作面运输巷和运料巷分别布置 2 组巷道表面位移观测站，测站距切眼均为 60m。经过 20d 持续观测，获得了运料巷和运输巷两帮收敛量、顶板下沉量及底鼓量随推进距离的变化，如图 9.23 所示。

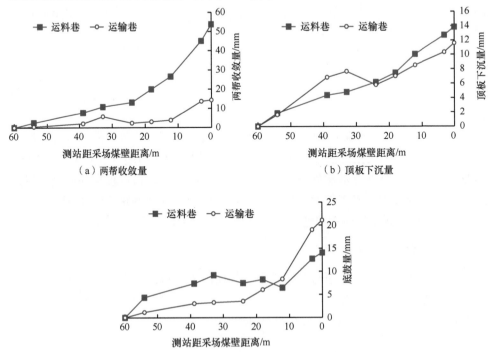

图 9.23　1126 工作面巷道表面变形量变化

由图 9.23 可知，随工作面距测站距离减小，两帮收敛量、顶板下沉量及底鼓量和总量均增加。当工作面距测站 20m 时，两帮收敛量增加速度变大，运料巷两帮的最终收敛量在 53mm，运输巷两帮收敛量最终达到 11mm 左右，运料巷两帮收敛量比运输巷更显著。运料巷顶板下沉量为 13mm，运输巷顶板下沉量为 11mm 左右，二者相差不大。而监测初始阶段，两巷底鼓量增加的速度比较缓慢，在采线距测站 15m 左右时，底鼓量随采场推进迅速增加；运料巷顶板下沉量为 22mm，运输巷顶板下沉量为 14mm 左右，故运料巷底鼓现象更为显著。

b. 12212 矸石充填工作面

在 12212 工作面的运料巷和运输巷进行表面位移观测，共观测 71d，运料巷观测最大距离 180m，运输巷观测最大距离 180m；运料巷和运输巷的表面位移监测结果分别如图 9.24、图 9.25 所示。

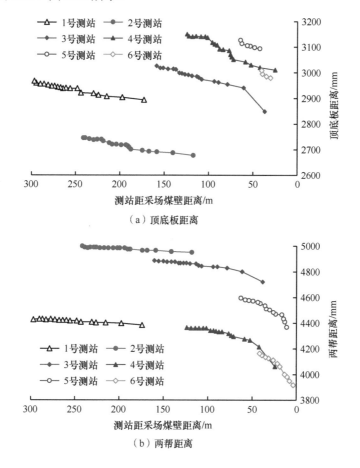

（a）顶底板距离

（b）两帮距离

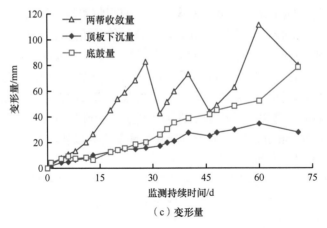

（c）变形量

图9.24　12212工作面运料巷表面位移变化

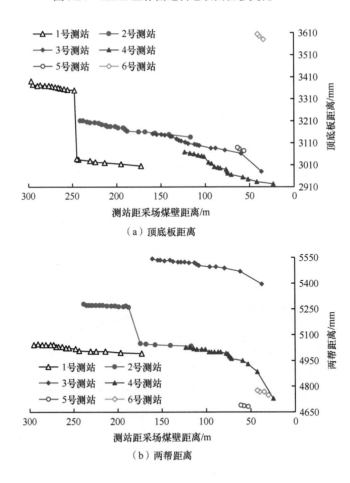

（a）顶底板距离

（b）两帮距离

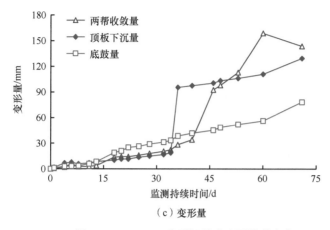

（c）变形量

图 9.25　12212 工作面运输巷表面位移变化

由图 9.24 可知，在 71d 持续观测时间内，巷道两帮收敛量均值为 80mm；顶板下沉量均值为 27.7mm；底鼓量为 78.3mm。两帮收敛、顶板下沉及底鼓变形速度分别为 1.8mm/d、0.7mm/d、0.97mm/d。其中巷道两帮收敛最多的是 6 号测站，累计收敛量 296mm；顶板累计下沉最多的是 4 号测站，累计下沉量 57mm；受卧底影响，5、6 号测站的基点被破坏，无法准确测量底鼓量，各测点变形比较平稳，说明工作面受采动影响不明显。

由图 9.25 可知，运输巷两帮收敛量均值为 143.7mm，顶板下沉量均值为 129.3mm，底鼓量均值为 78.3mm。两帮收敛、顶板下沉及底鼓变形速度分别为 0.6mm/d、0.6mm/d、1.05mm/d。受卧底与转载机遮挡影响，5、6 号测站未能全程监测，故最靠近采场的区域无法得到准确的变形量。图 9.24（a）中的 1 号测站和图 9.25（b）中的 2 号测站变形量呈现突变，可能受局部地质构造影响，而其他各测点变化比较平稳，说明工作面受采动影响不明显。

c. 2225 普通综采工作面

在 2225 工作面采用"十字"布置法监测回采巷道的顶底板移近量、两帮收敛量，监测结果如图 9.26 所示。

根据图 9.26，当工作面距测站 293.7m 至 106.2m 时，巷道两帮收敛量与顶底板移近量变化不大，而两帮收敛速度与顶底板移近速度几乎无变化。当工作面距测站 106.2m 至 47.4m 时，两帮收敛速度与顶底板移近速度微增。当工作面距测站 47.4m 至 40.1m 时，两帮收敛量以较快速度增加，两帮收敛速度接近 20mm/d。随工作面继续推进，两帮收敛量和顶底板移近量均在不断增大，至工作面距测站 40.1m 时，两帮收敛量将近 0.5m，顶底板移近量为 0.45m 左右，且二者均有继续增大趋势。当工作面距测站 47.4m 至 40.1m 时，两帮收敛速度最大，此时巷道受工作面采动影响强烈，进入采动影响剧烈区。

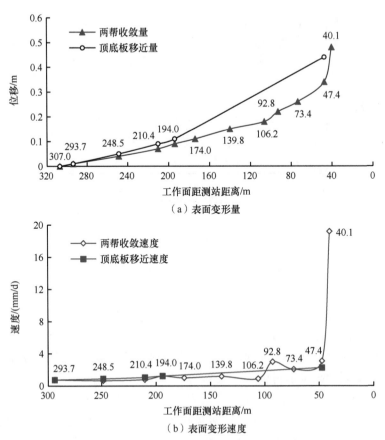

（a）表面变形量

（b）表面变形速度

图 9.26　2225 工作面回采巷道表面变形规律

同时，分别在 2122 工作面运料巷、2223 工作面运输巷进行了 161d、340d 的巷道表面位移观测，获得了 2122 工作面运料巷、2223 工作面运输巷表面位移变化规律，如图 9.27、图 9.28 所示。

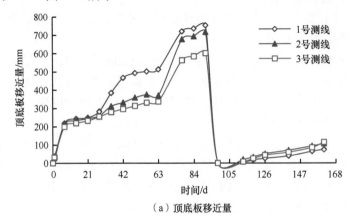

（a）顶底板移近量

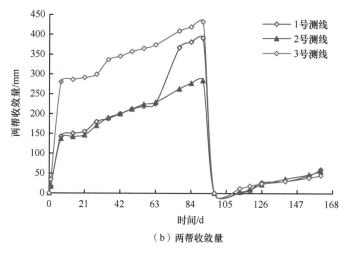

（b）两帮收敛量

图 9.27　2122 工作面运料巷表面位移变化

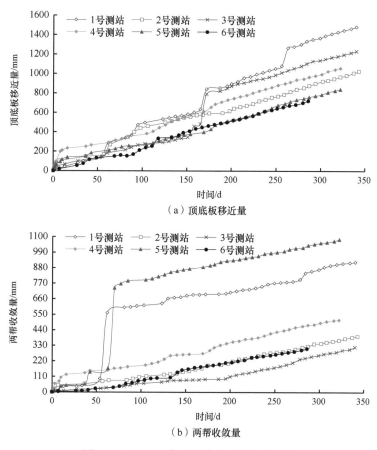

（a）顶底板移近量

（b）两帮收敛量

图 9.28　2223 工作面运输巷表面位移变化

为了便于比较，将12212工作面和非充填工作面2122和2223工作面的顶底板移近量和两帮收敛量情况列于表9.3。

表9.3 充填开采与非充填开采回采巷道表面变形量对比

测站序号	充填开采				非充填开采			
	顶底板移近量/mm		两帮收敛量/mm		顶底板移近量/mm		两帮收敛量/mm	
	12212 运料巷	12212 运输巷	12212 运料巷	12212 运输巷	2122 运料巷（扩帮前）	2223 运输巷	2122 运料巷（扩帮前）	2223 运输巷
1	197	195	114	136	753	1482	381	916
2	175	195	79	404	716	1023	277	388
3	244	225	36	137	601	1231	432	318
4	244	265	114	191		1041		511
5	327	364	204	245		835		1081
6						720		297
	243.1		166.0		933.6		511.2	

对比可知：

（1）充填开采顶底板移近量最大值364mm，最小值为175mm，平均值为243.1mm，且各测站顶底板移近量随距采场距离减小趋势平稳，无明显的采动影响；非充填开采顶底板移近量最大值为1482mm，最小值为601mm，平均值为933.6mm，各测站顶底板移近量随距采场距离减小变化量显著增加。采用充填开采顶底板平均移近量比非充填开采减少690.5mm，可见充填开采对控制顶底板活动具有良好效果。

（2）充填开采两帮收敛量最大值为404mm，最小值为36mm，平均值为166.0mm，且各测站两帮收敛量随距采场距离减小趋势平稳，开采扰动影响较小，变化不明显；非充填开采顶底板移近量最大值为1081mm，最小值为277mm，平均值为511.2mm，且各测站两帮收敛量随距采场距离减小显著增加。采用充填开采顶底板平均移近量比非充填开采减少345.2mm，可见充填开采对两帮活动也具有良好的控制效果。

因此，充填开采条件下，回采巷道围岩变形量小、变形速度慢，工作面及回采巷道顶底板受采动影响较小，顶底板岩层活动因充填体的有效支撑而明显减弱，工作面在充填回采期间无明显的矿压显现，未出现非充填开采的顶底板大范围卸荷破裂行为。

同时，邢东矿分别应用巷道矸石充填开采、超高水材料充填和矸石充填处理采空区。巷道矸石充填开采应用于深部-980水平后未产生底板突水灾害，采场超高水材料充填和矸石充填开采均应用于浅部-760水平的工作面；而采用充填开采的工作面至今无底板突水灾害发生。因此，充填开采不仅避免了基本顶失稳导致的剧烈采动影响，也显著降低了深部开采底板岩体的卸荷破裂深度及破裂范围，稳定了煤层顶底板含水层结构，大幅提升了深部高承压水压力上开采的安全保障水平，对于解决我国深部煤矿存在的底板突水问题具有重大的推广应用价值。

9.1.4　高承压水压力区分级动态引流调控技术

为降低底板承压水压力，在高承压水压力区可采取人为动态引流承压水与疏水降压相结合方式，对采场底板承压水卸压，以降低底板承压水压力，可有效降低底板水的导升高度并将水源引流至水仓，避免回采工作面底板突水。

据此，在2129工作面2222运输巷附近掘进一条2129泄水巷（图2.4），利用2129工作面仰采优势，在2129工作面回采时将底板水引流至水仓从而不断疏水降压，并实现对底板承压水的引流，避免承压水向采场煤壁附近涌出。统计了2129工作面回采结束前96d内泄水巷内排水泵每天的平均小时排水量及排水总量曲线如图9.29所示。

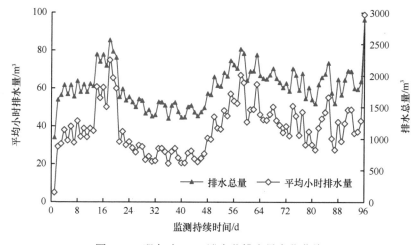

图 9.29　邢东矿 2129 泄水巷排水量变化曲线

根据图9.29，随2129工作面推进，2129泄水巷排水量变化与支架压力变化规律类似，但变化周期性较少。监测周期内，排水泵每天的平均小时排水量最大为96.18m³，最小为34.00m³；排水泵每天的最长排水时间为30.83h，最短为4.3h；排水总量除第1天排水总量为146.2m³外，其余均高于607.49m³，最高值达2965.57m³。因此，在2129工作面开采扰动下，泄水巷的疏水卸压和动态引流作用有效阻止了底板承压水向采场煤壁处的流动和涌出，达到了防控底板突水的目的。

9.2 深部开采底板井−地联合分区分级注浆加固技术

结合深部开采底板卸荷后岩体的质量评价，可基于底板岩体的裂隙分布、采深、含水层及隔水层特点，联合井下穿层钻孔、定向钻孔及地面水平分支钻孔实施区域底板注浆加固改造技术，以改善底板岩体质量，控制底板损伤破裂和连通程度，从而有效降低底板卸荷的突水危险性。

9.2.1 薄隔水层底板井下穿层/定向钻孔注浆加固技术

9.2.1.1 井下穿层钻孔注浆加固工艺

基于赵固一矿工程实际，实施了底板含水层穿层钻孔注浆改造设计，利用工作面上下顺槽布置注浆钻孔，通过注浆钻孔将水泥−黄泥浆液注入 L_8 灰岩含水层，充填 L_8 灰岩及其围岩岩溶裂隙，改变 L_8 灰岩含水性，封堵太原组中段 L_2 灰岩、奥陶系灰岩水对 L_8 灰岩的补给通道，同时消除导高，加固煤层底板，从而大大减弱含水层的富水性并切断水源补给通道，使受注含水层被改造为隔水层或弱含水层，同时增强了二$_1$煤层底板隔水层的强度，以降低工作面底板突水的可能性[17]。

1）底板注浆改造工程设计原则

（1）布孔依据：①相邻工作面实际揭露的地质资料以及三维地震、直流电法等物探资料；②工作面外围加固范围 30m 以上；③底板注浆改造钻孔应尽量与主裂隙方向正交或斜交；④浆液扩散半径 $r \leqslant 20m$；⑤断层带考虑平面和立体布孔，在垂直方向上加大加固深度，防止断层深部导水；⑥检查孔应布置在断层破碎带、水量大注浆量小的钻孔附近。

（2）采用双巷注浆，设计注浆钻孔时，工作面上、下巷同时布置钻场。在工作面上下平巷每隔 100m 施工一个钻场，上下平巷内钻场位置交错布置，每个钻场布置 4～5 个底板钻孔。

（3）对工作面底板全面注浆改造的同时，加强开切眼和停采线附近、破碎带等矿压易集中区域的注浆改造。

（4）施工过程中，对发现富水性、导水性较好的区域随时补孔和增加检查孔。底板改造工程应在确保水害防治安全的前提下达到最佳经济效果。

2）底板注浆改造工程参数的确定及依据

（1）注浆终压的确定。钻孔终孔压力以孔口压力为依据，确定注浆终压为 10.5～13.0MPa（出现底鼓、漏浆等异常情况时该钻孔终压可以低于 13.0MPa），达不到要求不得结束注浆。

（2）赵固一矿底板改造工程设计钻孔终孔位置达到 L_8 灰岩底面以下垂距 35m。

（3）检查孔终孔位置达到钻孔突水（水量大于等于 $10m^3/h$）位置以下垂距 5m 且必须达到 L_8 灰岩底面。

3）施工质量及技术要求

（1）施工单位接到设计后，编制施工安全技术措施，并严格按照设计钻孔的相关技术要求及参数进行施工。

（2）钻孔结构：开孔直径 $\varphi153mm$，一级管直径 $\varphi146mm$，二级管直径 $\varphi127mm$，三级管直径 $\varphi108mm$，四级管直径 $\varphi89mm$（需要时下入），终孔直径不大于 $\varphi75mm$。

（3）下入孔口管要求：钻机按钻孔设计参数稳设牢固后，首先使用大于设计套管直径的无芯钻头开孔，钻进至设计深度后，根据设计套管长度下入一级套管，一级套管下到设计位置后，将一级套管螺丝头与一级套管连接牢固，首先向套管内连续压 2～3min 清水，将套管与孔壁之间残留岩粉冲出，打通返浆通道，然后用泥浆泵将搅拌好的纯水泥浆（水灰质量比 1∶1.6）通过高压管压入孔内，直到管外返出水泥浆且注浆压力达到设计压力时，方可停止压浆，之后再用软性固体将套管口及孔口围裹严实，等待凝固，凝固时间不少于 20h（如水泥浆内添加水玻璃时凝固时间不少于 8h）。一级套管凝固后用破碎钻头透出套管 0.5～1m，并做耐压试验，试验压力稳定在设计压力，稳压时间不少于 30min，孔壁周围不漏水、不渗水为合格，否则必须重新固管。

一级套管试压合格后使用上述同样方法下设二、三级套管，然后裸孔钻进至设计终孔位置进行注浆。

4）注浆方式

在地面注浆站集中造浆，通过专用高压管路送浆，利用注浆孔采用全段连续注浆向含水层注浆，尽量填实岩溶裂隙。每孔注浆前，进行注浆管路耐压试验，耐压试验压力达到 16.0MPa 以上，稳压 30min 为合格，注浆时孔口需安装双压力表进行观测。

为提高钻孔利用率，注浆孔应分次序施工，相邻钻孔在含水层段小于 50m 时，不得同时透含水层。以连续注浆为主。若仅对工作面底板进行改造，单孔注浆量超过 $2000m^3$ 或干料 800t，可考虑间歇注浆，间歇时间一般为 4h，间歇期间必须将注浆管路冲洗干净。

5）浆液比重

注浆前根据初始泵量确定水泥添加量，一般情况下泵量在 102L/min 时黏土水泥浆、纯水泥浆比重控制在 1.15～1.20t/m³，泵量在 162L/min 时，黏土水泥浆、纯水泥浆比重控制在 1.15～1.30t/m³。

6）注浆结束标准

孔口压力达到 10.5～13.0MPa，泵量依次改为 102L/min、58L/min，至设计终孔压力并稳压 10min 以上。所有钻孔注浆结束后必须重新透孔，检验注浆效果，然后进行井下封孔。注浆尽量用黏土水泥浆，增大黏土用量，在断层破碎带、突水点等需要增加加固强度的地段可以考虑加大水泥用量或者用纯水泥浆注浆。

工作面自里向外每一块段注浆结束时，需要用物探和钻探进行检验，对比注浆前后物探资料进行异常区加固效果分析；若检查孔涌水量大于 10m³/h，则需继续打孔注浆，直到检验孔水量小于 10m³/h 为止。

7）注浆施工顺序

井上及井下注浆施工顺序如图 9.30 所示。

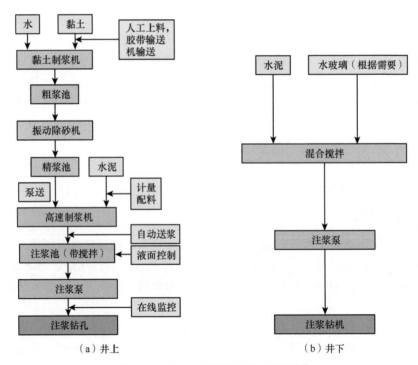

（a）井上　　　　　　　　　　　（b）井下

图 9.30　井上及井下注浆施工顺序 [17]

8）封孔

钻孔注浆结束后，待浆液凝固 48h 后，用 φ75mm 钻头扫孔，扫孔深度为验孔时的实际孔深，以比重 1.6t/m³ 的纯水泥浆封孔，封孔压力要求达到 13.0MPa。凝固 24h 后，孔口不漏水为合格。

同时，对已施工完毕的钻探及注浆加固效果进行分析、总结、评价，使工作面底板加固工程能够做到速度最快、效果最好，最终达到保证安全生产的目的。

9）穿层钻孔注浆加固效果

为改造采场底板 L_8 灰岩含水层，变含水层为隔水层或弱含水层，将原生导水裂隙及岩溶裂隙充填、闭合，提高底板岩体强度，同时切断底板 L_2 灰岩、奥陶系灰岩含水层与开采扰动破裂带的水力联系，赵固一矿所有顶分层开采工作面均采用穿层钻孔常规钻进方式对底板含水层进行注浆加固。钻孔布置示意图如图 9.31 所示。

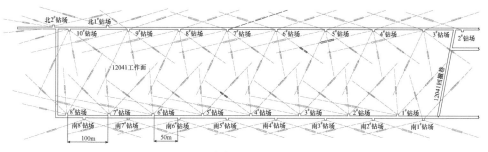

（a）平面图

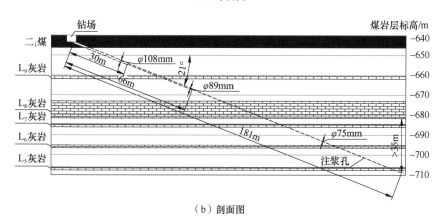

（b）剖面图

图 9.31 赵固一矿 12041 工作面底板注浆加固穿层钻孔布置示意

工作面上下两巷每间隔 100m 布置钻场，上下两巷钻场交错布置，错距 50m；同时，在上下两巷外侧布置钻场，与内侧钻场错距 50m。注浆孔布置与底板主裂隙或裂隙发育方向正交或斜交，临近钻孔终孔间水平距离控制在 40m 以内，终孔距 L_8 灰岩底面垂距 35m 以上，临近钻孔间揭露 L_8 灰岩的水平距离控制在 20m 以内，钻孔倾角在 20°～40°，并尽量多揭露 L$_8$ 灰岩。综合考虑平面和立体布孔，力争上下两巷间及邻近钻孔间注浆区域交叉重叠以保证注浆改造无盲区。同时，加大断层区、隔水层厚度薄区、裂隙发育区及富水性和导水性强区域的钻孔密度，并增加检查孔以确保注浆加固效果。

根据以上原则实施注浆加固后，赵固一矿多数工作面在扰动强度弱时均能保证安全回采，解决了多数工作面的安全回采问题。但西二盘区工作面及东翼 11111 工作面在初次来压或周期来压等扰动强烈期均不同程度地受到底板突水威胁；根据现场应用直流电法探测 11111 工作面及 12041 工作面突水点附近的视电阻率结果 [18]，如图 9.32 所示。

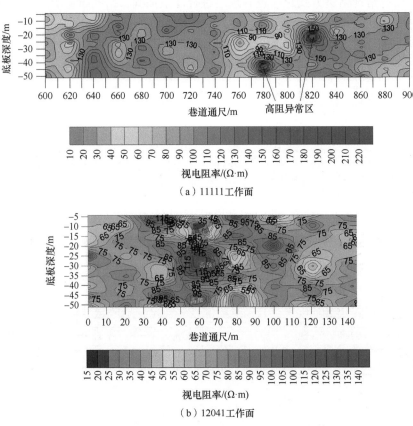

图 9.32　工作面轨道巷突水点位置直流电法探测结果 [18]

由图 9.32 可知，11111 工作面底板深部存在两处宽约 20m 的高阻异常区，表明该位置岩体裂隙发育但未充水，裂隙发育与底板含水层沟通将导致底板突水。12041 工作面则存在明显的三处低阻异常区和两处高阻异常区，低阻异常区主要在底板浅部，宽度 15m 左右，表明底板浅部充水裂隙发育；而在底板深部的高阻异常区宽度约 20m，裂隙发育明显。因此，采用穿层钻孔常规钻进方式易存在盲区或由于加固程度不高导致底板在强扰动及强卸荷作用下造成底板破裂深度增加或裂隙扩展范围增大，进而导致底板突水。

同时，12041 工作面来压期间，超前钻场内或采空区底板常涌出黄泥浆或水泥浆，主要是由于底板注浆封堵效果不良，导致底板岩体强度降低而突水。由 8.2 节及式（8.9）可知，注浆加固应尽量封堵底板全部原生裂隙，提高岩体强度，减少次生裂隙扩展。为保证注浆后浆液与岩体的凝固效果，设浆液凝固时间为 t_c，支承压力影响距离为 l_0，工作面推进速度为 v_c，则注浆钻孔加固结束时间至少超前工作面的距离 l_c 为 $l_c=v_ct_c+l_0$，否则将会漏浆。应合理控制注浆速度及压力，注浆速度快、压力大时，底板岩体挤压膨胀，反而破坏其完整度并产生次生裂隙，进而导致底板破裂深度增加。

此外，穿层钻孔也存在有效孔段短、可靠性差，不能确保有效加固岩体裂隙的缺点。故应优化注浆加固工艺参数，后期注浆加固时将终孔压力由 10.5～13.0MPa 提高至 12.5～15.0MPa，注浆深度增加至约 85m，并确保钻孔注浆量和充足的浆液凝固时间以提高注浆质量和岩体强度；同时，根据底板裂隙分布及现场注浆状况，对水泥浆液注浆效果差的地段改用纯黏土浆加固。

9.2.1.2 井下定向钻孔注浆加固技术

作为穿层钻孔底板注浆加固的有益补充，千米定向钻进技术对高水压含水层注浆加固得到不断应用，其可实现超长距离注浆改造，准确定位破裂带及地质异常区，减少钻场布置，降低材料成本，并提高钻探效率和加固效果。

1）定向钻孔防治底板水害技术原理

采用井下定向钻孔防治底板水害的技术原理，即利用随钻测量定向钻进技术与装备进行造斜和稳斜钻进，通过对钻孔实钻轨迹的实时测量和精确控制，确保其在目标地层内延伸。通过高压注浆填满目标地层和钻孔钻遇的导水裂隙，将隔水层加固，把含水层改造成隔水层，从而确保巷道掘进和工作面回采时底板承压水不突出。利用定向钻孔进行底板水害防治的技术优势表现为[19]：①可在工作面巷道掘进前进行钻进施工，能够实现工作面底板水害的超前区域防治；②可控制钻孔轨迹在目标地层内延伸，大幅增加有效孔段，有利于提高注浆效果；③可实时监测钻孔实钻轨迹参数，并准确计算突水点坐标位置，为检验钻孔布置和注浆效果评估提供依据；④可进行多分支钻孔施工，扩大钻孔覆盖面积；⑤可同时实现工作面底板地质构造超前探测。

2）定向钻孔设计

目标地层选择巷道安全隔水层厚度可采用式（9.7）进行计算[19]：

$$T_c = \frac{L_0\left(\sqrt{\gamma_f^2 L_0^2 + 8\sigma_{cf} q} - \gamma_f L_0\right)}{4\sigma_{cf}} \tag{9.7}$$

式中，T_c 为安全隔水层厚度，m；L_0 为巷道断面宽度，m；γ_f 为底板隔水层的平均容重，N/m³；σ_{cf} 为底板隔水层的平均抗拉强度，MPa；q 为底板隔水层承受的水头压力，MPa。

采场底板破裂深度受采深、工作面长度、煤层倾角和采高等多因素影响，可结合底板卸荷破裂分区进行计算确定。同时，鉴于定向钻进技术碎岩方式的特殊性，注浆目标地层应尽可能选择普氏硬度系数 $f<6$ 的岩层。

定向钻孔间距依据单孔注浆扩散范围确定，裂隙中浆液的扩散半径随岩石的渗透系数、注浆压力、注入时间的增加而增大，随浆液的浓度和黏度增加而减少。定向钻孔的布孔间距推荐值为 50～60m。

为达到工作面区域水害防治目的，定向钻孔应尽量沿工作面走向布置，并施工一个集束型钻孔群。设计集束型钻孔群时，先确定中间钻孔的开孔方位，再根据钻孔注浆加固半径合理设计两侧钻孔的开孔方位，保证钻孔水平稳斜段间距在注浆加固半径内。所有钻孔的主设计方位和水平稳斜段方位均应与工作面平行。

3）注浆加固工艺流程

煤层底板超前注浆加固定向钻孔由套管孔段、回转钻进孔段、定向造斜孔段和定向稳斜孔段组成。钻进时应综合采用螺旋钻杆回转钻进、稳定组合钻具定向钻进和螺杆钻具随钻测量定向钻进等多种工艺。定向钻孔施工工艺流程如图 9.33 所示[20]。

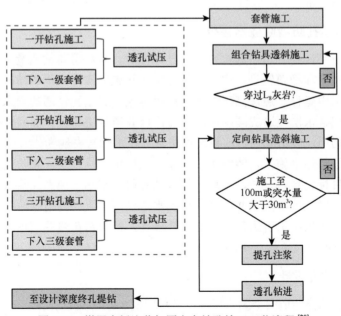

图 9.33 煤层底板注浆加固定向钻孔施工工艺流程 [20]

钻进时，先采用螺旋钻杆回转钻进工艺进行套管段施工，成功下入套管并试压合格；后采用稳定组合钻具定向钻进工艺钻至目的层位，使钻孔倾角略为增加，以减少后期定向钻进倾角调整难度；再使用螺杆钻具随钻测量定向钻进完成定向造斜段和稳斜段施工，使钻孔按设计轨迹在目的岩层中延伸直至达到设计要求。

4）定向钻孔注浆加固效果

为探测赵固一矿 L_8 灰岩下砂岩层的富水区段和导水通道（断层、裂隙带、陷落柱），封堵导水裂隙和地质异常区，提高隔水层有效厚度并补强其阻水性能，阻隔 L_8 灰岩下伏含水层高压水导升至卸荷破裂带，分别在 11151 顶分层工作面及 11112 下分层工作面应用定向钻孔超前注浆加固底板技术。

在 11151 工作面上巷与东翼回风大巷交叉点以西约 75m 处向底板 L_8 灰岩下的砂岩层内打设水平定向钻孔，距 L_8 灰岩垂距 3～9m，定向钻孔沿工作面走向布置，水平段钻孔间距 50～60m，先开中间钻孔并向两侧分别布孔，确保水平段孔间距在注浆加固半径内；开孔方位角在 120°～170°，根据钻场与工作面停采线确定开孔倾角向底板以下 18°～20°，当钻孔接近目标层位时进行造斜钻进，钻进至目标层位后稳斜段根据工作面地层起伏及走向长度确定终孔深度，11151 工作面钻孔具体参数见表 9.4[21]，钻孔布置剖面示意图（以 2 号钻孔为例）如图 9.34 所示。

表 9.4　赵固一矿 11151 工作面定向钻进钻孔参数 [21]

钻孔编号	开孔方位/(°)	开孔倾角/(°)	分段孔深			终孔深度/m
			直孔段/m	造斜段/m	稳斜段/m	
1	144	−20	62	69	>269	>400
5	120	−18	52	69	>279	>400
2	139.3	−20	72	60	>268	>400
3	159.3	−20	78	57	>265	>400
4	174.3	−20	84	69	>247	>400

在 11151 工作面共施工钻孔 6 个，最大钻孔深度为 610.5m，其中水平孔最长约 135m，单孔最大注浆量达到了 14889.30m³；在 11112 工作面共施工 7 个定向钻孔，单孔最大钻孔深度 660m，单孔最大注浆量 2984.43m³，施工时依次按表 9.4 中钻孔编号先后顺序打设定向钻孔，其具体突水数据及注浆量统计见表 9.5。

由表 9.5 可知，首先施工的加固钻孔突水量及注浆量大，而在前期加固后施工的加固钻孔突水量及注浆量均显著减少，可见定向钻孔注浆加固底板起到了加固作用。同时，上述钻孔加固完成后，为验证底板注浆加固效果，施工了 13 个注浆效果检查孔，涌水量 0.2～3.0m³/h，平均 1.6m³/h，加固效果明显。

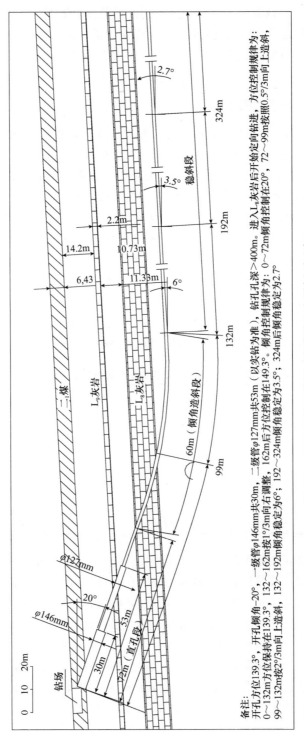

图 9.34 采场底板注浆加固定向钻孔布置剖面示意

备注：
开孔方位139.3°，开孔倾角-20°，一级管φ146mm共30m，二级管φ127mm共53m，一级管φ146mm按1°3m向右调整，132~162m按1°3m向右控制在149.3°，162m后方位保持在139.3°，192~324m倾角稳定为3.5°；192~324m倾角稳定为2.7°

表 9.5 赵固一矿定向钻孔突水及注浆量统计 [19,22]

工作面名称	孔号	突水次数/次	最大突水量/(m³/h)	注浆次数/次	注浆量/m³
11151	1	9	35	5	14889.30
	5	6	10	4	1633.20
	4	5	8.4	4	921.29
	2	3	10	3	646.77
	5补	0	0	1	58.94
	3	1	1	4	125.63
11112	1	2	30	2	718.92
	1	2	5	2	2265.51
	2-1	1	1	1	576.97
	2	2	15	2	398.64
	2	1	4	1	346.31
	3	0	0	0	656.64
	3	1	1	1	538.44
	4	1	3	1	1417.50
	4	1	11	1	1119.97
	5	3	2	3	960.50
	5	0	0	0	1523.04
	5	1	5	1	0
	4-1	2	6	2	650.12

根据图 9.32，顶分层 11111 工作面轨道巷突水点存在 5 处视电阻率异常区，下分层 11112 工作面采用定向钻孔加固后，掘进和回采期间底板未出现突水和底鼓现象，这也证明底板定向钻孔配合穿层钻孔底板的注浆加固效果显著。

同时，结合 8.2.1 节预估工作面底板破裂深度，在隔水层安全厚度及破裂深度范围内选择合适层位布置注浆加固定向钻孔，从而对工作面底板实现超前治理，隔断底板破裂带的导水通道，以实现深部煤矿高压力承压水上高效安全开采。

9.2.2 厚隔水层底板地面水平分支孔注浆加固技术

在邢东矿由于底板奥陶系灰岩含水层距 2# 煤层底板深度在 170m 以上，受施工工程量、注浆加固效果、施工空间及成本等因素影响，采用井下穿层钻孔或井下定向水平钻孔难以有效改造底板含水层并封堵水的补给，故应优选地面定向水平分支钻孔注浆加固技术，其利用特殊的井底动力工具与随钻测量仪器等技术钻成与斜直孔呈一倾角的钻孔，并保持角度基本不变钻进一定水平长度，对奥陶系灰岩含水层顶部区域进行注浆加固（图9.35），将其改造成相对隔水层，从而实现对底板高压力承压水的突水防控。该技术通过施工大角度定向钻近水平进入奥陶系灰岩顶部层位，进入目的层施工顺层定向分支钻孔，施工过程中采用分段式注浆，对钻进过程中钻遇的地质构造实施注浆治理，根据钻探、注浆情况，及时反馈，不断优化设计直至达到区域治理设计要求[23]。注浆材料选用32.5#矿渣硅酸盐水泥。

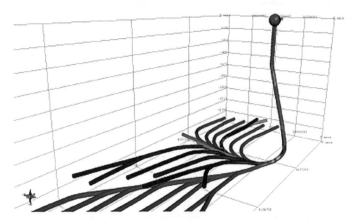

图9.35 邢东矿−980水平地面水平分支钻孔底板注浆加固钻孔布置三维示意[24]

1）施工设备及器具

主要施工设备及器具为：1台ZJ-40型钻机，1部JJ225/42-K4型井架，2台RL3NB-1300A型泥浆泵，1台NJ-5.5型泥浆搅拌器，3台G12V190PZL1型柴油机，2套MWD型无线随钻测斜仪。

钻杆及钻头等钻具参数为：一开钻具主要由φ346m牙轮钻头+φ203mm、φ165mm钻铤+φ114mm钻杆+四方立轴组成；二开钻具主要由φ245mm PDC型钻头+φ165mm钻铤+φ185mm螺杆钻具+φ102mm加重钻杆+φ114mm钻杆+四方立轴组成。

2）斜直孔工程

斜直孔采用φ346mm牙轮钻头一开钻进，每钻进20～30m，及时采用JJX-3D型高精度测斜仪检测井斜、方位角变化情况，钻进至孔深338.53m（进入基岩27.43m）。在孔深+4.90～338.53m下入φ273.05mm×8.89mm J55型石油套管，并按规范做注水及耐压试验。试验合格后，使用专业固井车进行水泥固井。用22.5t 42.5#普通硅酸盐水泥进行固井封闭止水，水泥浆密度为1.83g/cm³。采用孔内压注方法把纯净水泥浆返至地表，候凝72h后下钻具扫水泥。

随后，回转钻机采用φ245mm PDC型钻头+螺杆二开钻进，采用无线随钻测斜仪检测井斜、方位角变化情况。在孔深+0.20～1478.60m 下入 φ193.68mm×8.33mm/10.92mm J55/P110 型石油生产套管。并按规范做注水及耐压试验。试验合格后，与一开钻工序一致，并使用 48.90t 42.5# 普通硅酸盐水泥进行固井封闭止水。

3）定向近水平顺层分支钻孔群工程

地面定向近水平顺层分支钻孔群由 1 个主斜直钻孔+2 个定向水平钻孔+水平定向羽状分支钻孔组成，其中主孔（直孔段+定向斜孔段）造斜层位为 2# 煤底板以下 60m，孔底进入奥陶系灰岩 25m；定向水平钻孔（造斜段+水平段）孔底进入奥陶系灰岩顶面以下 80～100m，顺层钻进，分为 N1 孔（北区）、S1 孔（南区）。考虑采掘工程接替，钻探工程分五期进行，为了提高注浆治理效果，每期钻孔分序施工见表 9.6。

表 9.6 地面近水平分支钻孔钻探次序

钻孔期次	所属区域	钻探次序	钻孔目的
一期	北区	N2、N1、N3、N7	覆盖北区 2125 工作面底板，水平钻孔间隔施工
二期	北区	N8、N9、N10、N11、N12、N13	覆盖 2224 工作面底板；针对 2222 突水点进行治理
三期	北区	N4、N4t、N4t-1、N5、N6、N6t、T1	覆盖 2126 工作面及下水平矸石充填巷与 2127 工作面之间区域
四期	南区	S1、S2、S3、S4、S5、S6、S7、S8	覆盖 2226 与 2228 工作面底板
五期	2129 工作面	T1～T14，共 14 孔	2129 工作面南侧外推 220m 区域，工作面北侧外推 90m，工作面切眼及停采线附近外推 93m，并尽量利用前四期钻孔

其中，前四期水平羽状孔沿奥陶系灰岩顶面以下 70～100m 顺层钻进水平孔，孔间距为 70m；根据钻探过程中浆液漏失量，奥陶系灰岩含水层岩溶裂隙发育具有分层的特点，岩溶裂隙主要发育在奥陶系灰岩顶界面以深 70～90m，奥陶系灰岩顶界面以深 90～130m 岩溶裂隙不发育；−980 水平奥陶系灰岩岩溶裂隙发育不均一，岩溶裂隙较小或岩溶裂隙扩张范围较小，裂隙之间的连通性差，高压浆液对裂隙有一定的压裂、连通作用；部分区域裂隙发育较好，且容易沟通。

经过前四期注浆加固，现场 2125、2126、2228 工作面回采时均发生了底板突水灾害，区域注浆加固效果不明显。为进一步保证 2129 工作面开采的安全性，第五期对 2129 工作面底板注浆加固时，水平孔间距加密为 60m，治理层位改为奥陶系灰岩顶面以下 50m 以浅，并确保 2129 工作面治理区域达到工作面南侧外推 220m，工作面北侧外推 90m，工作面切眼及停采线附近外推 93m 区域，钻孔布置时尽最大可能利用原−980 水平工程钻孔，如图 9.36 所示。

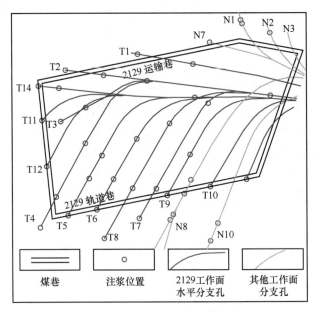

图 9.36　邢东矿 2129 工作面及周边注浆点分布

根据图 9.36，2129 工作面共施工区域探查治理孔 14 个，孔号分别为 T1～T14，其中，T1～T4、T7 和 T8 孔目标层位控制在奥陶系灰岩含水层顶面以下 70～90m；T5、T6 和 T9～T14 孔目标层位控制在奥陶系灰岩含水层顶面以下 10～50m。此外，N1、N2、N3、N7、N8 和 N10 共 6 个前期施工钻孔也对该工作面边角区域进行了覆盖，其层位控制在奥陶系灰岩含水层顶面以下 78～117m。因此，2129 工作面底板深部裂隙及含水层得到了不同空间层次的注浆改造，并在 2129 工作面回采时得到了验证。

同时，邢东矿−980 水平以深区域探查治理工程自 N2 孔第一次注浆起至 T10 孔最后一次注浆，先后共进行注浆 98 次，每次均对钻孔进行抽水洗井并观测水位，共测得奥陶系灰岩含水层水位数据 201 组，按钻孔注浆次序绘制了抽水前后钻孔水位变化曲线[25]，如图 9.37 所示。

根据图 9.37，经过抽水洗井后，钻孔内奥陶系灰岩水位总体上升，但个别钻孔抽水后水位下降，故经过抽水洗井后，奥陶系灰岩水径流通道被疏通，所观测奥陶系灰岩水位更接近实际。此外，在 N9 孔第 3 次注浆前后，即第 25 次注浆前后，奥陶系灰岩水位较之前水位上升明显；考虑该区于第 3 次注浆前后发生了强降雨，主要由大气降水及地表水补给；T4 孔最后一次注浆开始（2018 年 3 月 12 日），水位降低，且波动明显，其主要受 2228 工作面突水及治理过程影响，区域奥陶系灰岩水位波动。因此，邢东矿−980 水平区域底板深部奥陶系灰岩水的径流通道较好，进一步说明底板破裂带发育。

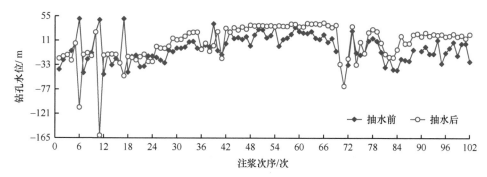

图 9.37 邢东矿−980 水平地面水平分支钻孔抽水前后钻孔水位变化曲线[25]

由于邢东矿 2# 煤底板奥陶系灰岩八段较厚，为 70m，治理层位最初选择在奥陶系灰岩顶面以下 70～90m。治理工程实施后，区域治理范围内的 2125、2126、2228 工作面回采时相继发生了奥陶系灰岩水突水事故[26]。同时，底板区域注浆加固改造治理时，相比周边 2125、2126 及 2222 工作面底板，2129 工作面区域注浆层位发生了改变，对工作面南侧外推 220m、北侧外推 90m、工作面切眼及停采线附近外推 93m 区域布置钻孔，加密孔间距为 60m，治理层位改为奥陶系灰岩顶面以下 50m 以浅区域，注浆加固效果得到了一定提升[27]。

此外，2129 工作面回采前，对工作面顶板进行水力压裂技术，降低其顶板来压步距，实现切顶卸压回采。与−980 水平其余工作面斜长 140～170m 相比，2129 工作面斜长仅 92.8m，工作面采宽降低，一定程度上也减轻了采场的矿山压力显现程度，降低了对底板的扰动破裂深度。在以上防控技术共同作用下，邢东矿 2129 工作面未发生底板突水，实现了深部煤炭承压水上高效安全开采。

9.3 本 章 小 结

本章根据深部开采底板岩体与顶板的联动破裂及其分区破裂演化与卸荷破裂致灾机理，以"精细探测，透视解析；精确评价，辨识风险；精选方案，分区治理；精准防控，动态预警"为防控关键技术路线，以底板应力卸荷调控为主，发展完善了深部开采底板应力卸荷分区分级防控关键技术体系，主要得出了以下结论。

（1）当处于隔水层厚度范围内的采场底板卸荷区内岩体卸荷应力、卸荷量较小时，提出了以降低底板应力卸荷起点、减小卸荷量、缩短卸荷时间为主的"弱动压区提高支架工作阻力，强动压区优化采场斜长，强矿压显现区采场布局优化"的底板弱卸荷区分级开采优化调控技术。

（2）从降低顶底板联动失稳关系角度，提出了"弱动压区水力压裂切顶、强动压区预裂基本顶"为主的底板强卸荷区分级切顶卸压调控技术,其不仅降低了基本顶的来压步距及扰动强度,也减弱了触矸对底板卸荷破裂的贡献。

(3)深部开采底板隔水层厚度范围内,存在密集裂隙带、断层或陷落柱等破裂结构时易形成底板极强卸荷区,采用开采优化及切顶卸压调控技术仍无法避免底板突水灾害发生,据此提出了以"断裂发育区巷道矸石充填开采、水文地质极复杂区域采场充填开采"为主的分级充填开采调控技术,其不仅降低了支承压力,避免了基本顶失稳,且底板卸荷水平及卸荷破裂深度减小,显著降低了底板卸荷破裂程度,也稳定了煤层底板含水层结构,有效避免了底板突水灾害。

(4)从降低底板承压水压力角度,现场人为干预实施了承压水分级动态引流与疏水降压相结合的底板承压水调控技术,不但实现了疏水降压,降低了底板水的导升高度,亦实现了水源引流至水仓排出。

(5)从提高底板岩体卸荷破裂能力并弱化裂隙网络连通程度角度,提出了"薄隔水层底板井下穿层/定向钻孔相配合及厚隔水层底板地面水平分支钻孔"相结合的深部底板井-地联合分区分级注浆加固技术,可有效降低底板卸荷破裂致灾的危险性。

参 考 文 献

[1] 国家煤炭工业局. 建筑物、水体、铁路及主要井巷煤柱留设与压煤开采规程[M]. 北京: 煤炭工业出版社, 2000.

[2] 许延春, 杨扬. 大埋深煤层底板破坏深度统计公式及适用性分析[J]. 煤炭科学技术, 2013, 41(9): 129-132.

[3] Li C Y, Zuo J P, Xing S K, et al. Failure behavior and dynamic monitoring of floor crack structures under high confined water pressure in deep coal mining: A case study of Hebei, China[J]. Engineering Failure Analysis, 2022, 139: 106460.

[4] 王朋朋. 深部高承压水上采动底板损伤破裂突水机理及控制研究[D]. 北京: 中国矿业大学(北京), 2022.

[5] 杨军辉. 高水压孤岛工作面底板突水防治技术研究[J]. 煤炭工程, 2020, 52(6): 102-106.

[6] 钱鸣高, 石平五, 许家林. 矿山压力与岩层控制[M]. 徐州: 中国矿业大学出版社, 2010.

[7] 高浦. 邢东矿建下充填开采关键技术研发及工程示范[J]. 煤炭与化工, 2023, 46(3): 22-26.

[8] 刘建功, 赵庆彪, 张文海, 等. 煤矿井下巷道矸石充填技术研究与实现[J]. 中国煤炭, 2005(8): 36-38, 4.

[9] 靳学乾, 邢世坤. 巷道矸石充填技术在邢东矿的应用[J]. 煤炭与化工, 2021, 44(4): 6-8, 12.

[10] 孙建, 邢世坤. 深井厚煤层全域连续自动化充填开采技术实践[J]. 煤炭与化工, 2023, 46(2): 5-8, 13.

[11] 邱艳海. 邢东矿二代矸石回填机的研究与应用[J]. 煤炭与化工, 2019, 42(3): 63-65.

[12] 杨军辉. 深部大采高综采面矸石充填开采技术[J]. 煤矿开采, 2014, 19(6): 77-80, 109.

[13] 韩永斌, 姚波. 综采机械化矸石充填开采技术研究与应用[J]. 矿山测量, 2021, 49(2): 10-15.

[14] 康进东. 矸石充填技术在深部矿井的应用实践[J]. 煤炭与化工, 2022, 45(5): 50-52.

[15] 丁玉, 冯光明, 王成真. 超高水充填材料基本性能试验研究[J]. 煤炭学报, 2011, 36(7): 1087-1092.

[16] 谢国强. 大采高综采面高水材料充填开采矿压显现规律研究[D]. 北京: 中国矿业大学 (北京), 2012.

[17] 姜文浩. 底板含水层注浆改造技术在赵固一矿的应用及日常管理[J]. 价值工程, 2014, 33(31): 119-120.

[18] 李见波. 双高煤层底板注浆加固工作面突水机制及防治机理研究[D]. 北京: 中国矿业大学 (北京), 2016.

[19] 刘建林. 基于井下定向钻孔的煤层底板水害防治技术研究[J]. 煤炭工程, 2017, 49(6): 68-71.

[20] 李泉新. 煤层底板超前注浆加固定向钻孔钻进技术[J]. 煤炭科学技术, 2014, 42(1): 138-142.

[21] 董昌乐, 牟培英, 李泉新, 等. 煤层底板注浆加固钻孔施工技术及发展趋势[J]. 煤炭科学技术, 2014, 42(12): 27-31.

[22] 李泉新, 石智军, 史海岐. 煤矿井下定向钻进工艺技术的应用[J]. 煤田地质与勘探, 2014, 42(2): 85-88, 92.

[23] 蒋向明, 任虎俊, 陈亚洲. 区域超前探查治理技术在邯邢矿区深部采煤底板水害防治中的应用[J]. 煤炭工程, 2020, 52(3): 66-71.

[24] Mao D B, Liu Z B, Wang W K, et al. An application of hydraulic tomography to a deep coal mine: Combining traditional pumping tests with water inrush incidents[J]. Journal of Hydrology, 2018, 567: 1-11.

[25] 高耀全, 方刚, 闫兴达. 邢东煤矿深部区域奥灰水害探查治理技术[J]. 煤矿安全, 2021, 52(5): 87-95.

[26] 张党育, 蒋勤明, 高春芳, 等. 华北型煤田底板岩溶水害区域治理关键技术研究进展[J]. 煤炭科学技术, 2020, 48(6): 31-36.

[27] Li C Y, Zuo J P, Huang X H, et al. Water inrush modes through a thick aquifuge floor in a deep coal mine and appropriate control technology: A case study from Hebei, China[J]. Mine Water and the Environment, 2022, 41: 954-969.

10 创新点与展望

10.1 创　新　点

本书基于华北型煤田深部开采底板岩体的卸荷破裂及突水行为实际，综合运用理论分析、数值模拟、力学试验、现场实测与工程实践等手段系统研究了深部煤炭开采底板岩体的卸荷致灾机理及分区分级防控关键技术，主要创新点如下。

（1）建立了深部开采基本顶初次、周期失稳的顶底板结构模型及底板力学模型，揭示了深部开采底板压剪、卸荷破裂与基本顶结构失稳的联动机理，确定了底板冲击载荷的计算方法；建立了基本顶结构失稳后底板卸荷变形的力学模型，获得了底板卸荷变形与采深及卸荷应力的关系，明确了深部开采底板岩体卸荷破裂的触研效应。

（2）建立了深部开采底板分区破裂模型，细化界定了基本顶结构失稳扰动作用下底板的应力及裂隙破裂分区；结合加卸荷试验及渗流理论，获得了不同应力环境下底板分区裂隙岩体的破裂与渗透演化规律。

（3）划分开采卸荷作用下底板裂隙破裂模式为倾斜破裂模式和近似垂直破裂模式两种，获得了底板破裂发育的优势角度，提出了依据采空区侧煤壁附近的底鼓量估算主裂隙倾角的计算方法，明确了底板裂隙破裂的分形几何特征。

（4）确立了岩体应力卸荷量与损伤因子的关系，建立了深部开采底板岩体卸荷破裂模型，获得了深部开采底板岩体卸荷的强扰动特征；确立了底板岩体的卸荷破裂条件及其卸荷破裂致灾机理，细化了底板岩体卸荷分区，评价了深部开采底板卸荷破裂的强扰动危险性。

（5）多手段融合形成了地面与井下、静态探查与动态监测相结合的超前、采场及采空区底板岩体卸荷破裂分区评价与监测预警技术体系；以降低底板应力卸荷起点、减小卸荷量并消除触研效应为目标，根据底板应力卸荷强弱系统实施构建了开采技术与工艺分级优化、采场与动压区分级切顶卸压、断裂发育与水文地质极复杂区域充填开采、承压水分级动态引流与疏水降压、薄厚隔水层井-地联合区域治理等应力卸荷调控及注浆加固协同的深部开采底板应力卸荷分区分级防控关键技术体系。

10.2　展　　望

本书以赵固一矿西二盘区及邢东矿−980水平深部煤层开采为研究背景,综合采用理论分析、试验研究、数值模拟和工程实践等方法,基于深部开采基本顶剧烈失稳的扰动作用,对深部开采底板岩体卸荷破裂力学及其致灾机理进行了深入研究,得到了一些有助于现场安全开采实践的研究成果,可为深部煤矿安全高效绿色开采提供指导,但仍存在诸多不足,仍有大量工作需今后进一步深化和完善。

(1)本书以基本顶失稳作为强扰动作用的研究起始点,建立了深部开采顶底板联动失稳力学模型,获得了底板卸荷破裂与基本顶失稳的联动关系,但书中未明确底板岩层结构的变化,仅从煤壁端部及触矸区出发应用压力拱理论进行了研究,后期应结合煤系地层层状底板结构现状,研究隔水层厚度范围内卸荷作用下底板破裂的厚板力学模型,并进一步分析底板岩梁结构与应力变化的关系,以更好解释深部开采强扰动作用下底板岩体的破裂力学机制。

(2)本书研究了开采扰动及卸荷作用下底板岩体的卸荷破裂机制及分区演化规律,但对随机裂隙长度、间距、密度、方位角和摩擦系数等因素影响的研究较少,下一步应研究各因素对底板应力卸荷的影响,并探讨裂隙间相互作用与底板应力场的互馈效应。

(3)书中应用数值模拟和室内试验对底板岩体应力的卸荷作用开展了大量研究工作,分析了不同工程尺度下底板岩体的应力卸荷量变化,并应用综合物探、钻孔探查等方法探测底板裂隙,从侧面揭示了底板的卸荷作用,但当前现场仍无法实测底板应力卸荷的变化程度,后期应研究新的现场监测手段或开发新监测设备,从而验证深部开采底板岩体的应力卸荷变化规律。